명화 속 흥미로운 과학이야기

명화 속 흥미로운 과학 이야기

이명옥 · 김제완 · 김학현 · 이상훈 · 이식

SIGONGART

목차

여는 글

신 새벽 잠에서 깨어나 창 밖을 보니까 세상이 온통 하얗게 변했더군요. 다양한 일상의 색깔들을 흰색으로 천하통일한 눈을 보면서 새삼 눈의 경이로움과 오묘함을 깨달았습니다. 먼저 눈은 모든 것을 공평하게 덮어요. 집과 건물, 거리, 산과 들을 편 가르지 않으며, 골고루 감싸줍니다. 그 덕분에 세상은 한 이불을 덮은 가족처럼 가까워졌어요. 또한 눈은 너무 익숙해서 식상해진 사물들을 보다 새롭게 바라볼 수 있는 기회를 제공합니다. 눈의 감싸는 의미를 세계적인 설치미술가 크리스토의 작품에 비유해 보겠어요.

크리스토는 역사적인 건물이나 평야, 계곡, 심지어 외딴 섬까지도 천으로 감싸는 이색적인 설치작업으로 유명해요. 그가 대자연과 건축물을 천으로 포장하는 것은 관객의 호기심과 상상력을 자극하는 동시에 감춰진 대상의 의미를 깊이 되새기도록 하기 위해서입니다.
예를 들면, 평소 무심코 지나치는 건물을 갑자기 천으로 감싼다고 가정해 보세요. 행인들은 의아해진 나머지 포장된 건물에 눈길을 돌리게 되고, 급기야 천 안에 숨겨진 건물에 대해서도 궁금증이 생겨요. 아울러 건물의 색깔이나 형태 등을 기억 속에서 열심히 떠올리면서 그 의미를 돌이키게 됩니다. 이는 늘 곁에 있던 사람이 없을 때, 빈자리의 허전함을 더욱 절실히 느끼는 것과 마찬가지 경우가 되겠어요. 크리스토는 감추는 것이 곧 드러내는 것임을 증명하기 위해서 점찍은 대상을 천으로 감싸는 것입니다.

이런 점이 눈을 경이롭게 여기는 첫 번째 이유라면, 그 두 번째는 눈의 순수함을 들 수 있겠어요. 결 고운 눈 위에는 티끌 같은 먼지도 흔적을 남기며, 떨어지는 낙엽도 선명한 지문을 찍습니다. 이런 눈의 순결함과 섬세함이 마음에 굳은살이 박힌 인간들을 한없이 감동시키는 요인이 아닐까 싶어요.

제가 미술과 과학의 만남을 기리는 책의 첫머리에 난데없는 눈을 향한 찬미가를 바친 까닭이 있어요. 바로 세계 공통어인 미술과 과학으로 독자들의 마음을 포장하고, 두 미지의 영역에 독자들의 발자국을 남기고 싶은 갈망 때문입니다.
사실, 이제야 고백합니다만, 저를 아끼는 사람들마저도 감성적인 예술과 이성적인 과학의 조합을 시도하려는 생뚱맞은 책의 의도에 우려의 눈길을 보냈어요. 그러나 그들이 미처 깨닫지 못한 부분이 있어요.

선구적인 미술가들은 일찍부터 과학을 듬직한 예술적 동지로 여겼답니다. 특히 혁신적인 예술가들일수록 새로운 미술의 창조에 과학이 기름진 거름이 된다는 것을 잘 알고 있었어요. 예를 들면 피카소는 프랑스 과학자 푸앙카레의 저서 〈과학과 가설〉이나 아인슈타인의 상대성이론, 사진술, 영화, 엑스레이 등과 같은 과학적 요소에 영향을 받아서 입체주의를 창안했습니다. 또 1909년 이탈리아에서 태동한 미래주의 예술가들은 과학기술이 인류에게 유토피아를 선사하는 동시에 인간성을 해방시킬 수 있다고 믿었으며, 과학의 진보와 미래에 대한 희망을 예술가들이 앞장서서 실천하기를 부추겼습니다.
그 외도 숱한 예술가들이 새롭고 현대적이며 혁명적인 미술을 창조하기 위해서 대담하게 과학과 손을 맞잡았습니다. 지금도 '예술은 시대의 거울'임을 증명하기 위해서 과학을 공부하는 예술가들이 많아요. 이들 예술가와 과학자는 공통점을 지녔어요. 바로 호기심과 실험정신, 탐구심과 열정입니다.

이제, 이번 책을 쓰게 된 보다 직접적인 동기를 말씀드리겠어요. 제가 출간한 책은 대부분 사비나미술관에서 열렸던 전시와 밀접한 관련이 있어요. 사비나미술관은 1년에 통상 2회의 기획전을 치릅니다. 기획전은 대체로 미술의 지평을 넓힐 수 있는 주제를 선정합니다.

피를 말리는 아이디어 경합 끝에 마침내 주제가 결정되면 각종 자료수집에 들어갑니다. 그 과정에서 주제에 관련된 수많은 참고문헌을 읽는 것은 지극히 당연한 일입니다. 이어서 작가 선정과 예산 편성, 홍보와 도록 제작, 디스플레이 등과 같은 품이 많이 드는 밑 작업을 거쳐서 드디어 기획전이 열립니다.

그러나 이처럼 공들여서 개최한 전람회이지만 아쉽게도 관객들과의 소통에는 상당한 어려움이 따라요. 세상에서 오직 한 점뿐인 작품을 전시하는 미술품의 특성상 한정된 시간과 공간에서 전시를 치러야 하니까요.

더 많은 사람들과 교감하고 싶다는 바람은 늘 마음의 아쉬움으로 남았어요. 아쉬움은 자연스럽게 같은 주제의 책을 출간하고 싶은 갈망으로 바뀌었어요. 왜냐하면 책은 얼마든지 복제되고, 또 어디에도 갈 수 있으니까요.

예를 들면 2005년 여름에는 '미술과 수학의 교감'이라는 전시회를 열면서 〈명화 속 신기한 수학이야기〉를 출간했어요. 〈명화 속 흥미로운 과학이야기〉 역시 2005년 겨울 기획전 '예술과 과학의 환타지'를 기념하는 책입니다.

그러나 비록 전람회와 동일한 주제의 책을 쓴다고 하지만 그 일은 생각만큼 녹록하지 않습니다. 늘 책을 낼 때마다 하는 푸념이요, 타령이지만 특히 이번 책은 유독 힘들었어요. 가장 애를 먹었던 점은 무려 네 분의 과학자를 공동저자로 모시고 대담을 나눈 점입니다. 물리, 화학, 지구과학, 생물을 머리를 싸매고 공부하면서 네 분께 드릴 질문지를 준비하느라 하루해가 짧을 정도였어요.

애써 터득한 과학적 지식을 머릿속에 채우면 순식간에 다 새어나가서 얼마나 맥이 빠지던지요. 하지만 신기하게도 콩이 든 체에 물을 부으면 물은 다 빠져나가도 콩나물은 쑥쑥 자라는 것처럼 무언가가 남아서 뿌리를 내리고 줄기를 뻗더군요. 그 열매가 바로 〈명화 속 흥미로운 과학이야기〉입니다.

끝으로 지면을 빌어서 미술의 파트너가 되어 주신 김제완, 김학현, 이상훈, 이식선생님께 진심으로 감사드립니다. 선생님들의 명쾌한 설명 덕분에 과학 맹이던 제 귀가 트이고, 말문도 열렸어요. 또 귀한 도판의 사용을 허락해 주신 고 이대원 선생님, 고 오지호 선생님 후손 분들께도 깊이 감사드립니다. 아울러 미술과 과학의 징검다리가 역할을 해 주신 시공사와 담당 편집자인 전우석님께도 감사드려요. 이 소중한 분들이 미술과 과학의 만남에 첫발자국을 남기신 주인공들입니다.

2006년 1월에, 이명옥

1

힘과 빛, 그리고 시간의 삼중주

4차원을 표현한 위대한 예술가 피카소

모네가 사랑한 빛의 과학

거울의 비밀, 그리고 빛의 반사현상

발라의 화폭에 흐르는 속도, 에너지

시간을 바라보는 다양한 시선들

보이지 않는 힘, 중력

4차원을 표현한

위대한 예술가 피카소

Picasso

지적 호기심이 유독 강했던 피카소는 프랭세의 혁신적인 과학강의에

영감을 받아서 입체주의 미술을 더욱 발전시킨 것입니다.

프랭세 이외도 아인슈타인의 상대성이론과 사진술, 영화, 엑스레이의 발견도

피카소의 입체주의 회화에 막대한 영향을 끼쳤어요.

〈아비뇽의 처녀들〉에서 코가 기형적으로 휜 여인의 얼굴이 그 증거입니다.

피카소는 이런 다양한 과학적 지식과 현대기술문명의 자양분을

스펀지처럼 빨아드린 결과 현대미술의 제왕이 될 수 있었던 것이지요.

피카소 ㅣ 아비뇽의 처녀들 Demoiselles d'Avigon ㅣ 1906~1907 ㅣ 캔버스에 유채 © 2005 - Succession Pablo Picasso - SACK (Korea)

이제야 고백합니다만, 책의 주제를 선정하고 구성하며, 집필하기까지는 많은 어려움이 따랐어요. 지인들도 감성적인 예술과 이성적인 과학의 조합을 시도하려는 제 생뚱맞은 의도에 우려 반 걱정 반의 눈길을 보냈어요. 그러나 평소 미술에 깊은 애정을 가졌던 선생님은 잘 아실 거예요. 미술가들은 오래 전부터 과학을 듬직한 예술적 동지로 여겼다는 사실을 말입니다.

예술가들은 천성적으로 낡은 것을 거부하고 새로움을 추구하는 기질을 지녔어요. 특히 위대한 예술가일수록 제도와 전통을 뿌리째 뒤엎고 싶어 합니다. 이런 혁명적인 예술가들에게 과학은 틀에 박힌 예술을 탈출할 수 있는 비상구였어요. 그럼 예술의 선구자들이 과학이라는 비상구를 통해서 그토록 갈망하던 미술의 신대륙에 발을 어떻게 내딛었는지 확인해 볼까요?

p. 011 ⸱⸱⸱⸱ 가장 먼저 현대미술의 제왕으로 불리는 피카소의 작품을 살펴보겠어요. 〈아비뇽의 처녀들〉은 현재 '20세기 최고의 걸작이요, 가장 위대한 현대미술 작품'이라는 극찬을 받고 있습니다. 그러나 발표 당시 미술계에서는 가장 추악한 그림이요, 회화의 괴물이라는 비난을 퍼부었습니다. 당시 미술인들이 거품을 물고 그림을 매도한 까닭이 있어요. 수백 년 동안 고이 지켜온 미술의 전통을 완전히 파괴해버렸기 때문입니다. 이는 유럽의 구체제를 단숨에 쓸어버린 프랑스 대혁명에 비유할 수 있겠어요.

그렇다면 그림의 어떤 점이 그토록 혁명적인지, 그 이유를 살펴보겠어요. 다섯 명의 여인이 화면에 등장했어요. 네 명의 여인은 서 있으며, 나머지 한 여인은 앉아 있습니다. 맨 왼쪽 여인이 한손으로 커튼을 밀치면서 화면

속으로 서서히 걸어 들어와요. 이런 여인의 몸짓에 화답하듯 오른쪽에 서 있는 여인 역시 두 팔을 들어올려서 커튼을 열어젖힙니다. 두 여인이 걷은 커튼은 화면 가운데 여인들의 몸을 휘감습니다. 한편 오른쪽 아래는 괴물처럼 생긴 여인이 부자연스런 자세로 바닥에 앉아 있어요. 이렇게 총 다섯 여인이 그림의 주인공입니다.

〈아비뇽의 처녀들〉은 미술의 역사상 가장 악명을 떨친 작품답게 한눈에 보아도 괴기하며, 흉측하게 느껴져요. 먼저 화면 오른쪽에 서 있는 여인의 얼굴을 보세요. 얼굴이 아닌 가면이며, 두 눈마저 대칭의 법칙을 무시하고 있어요. 게다가 동굴처럼 깊게 패인 왼쪽 눈은 정면을 향하지만 오른쪽 눈은 옆을 바라보고 있어요. 여인의 젖가슴 또한 기하학적인 형태예요. 피카소는 불경하게도 고귀한 인체를 훼손하고 그것도 부족해서 신체의 형태까지 변형시킨 것입니다.

그러나 더 파격적인 것은 쭈그리고 앉은 여인입니다. 여인은 짝짝이 눈에, 얼굴의 구조상 도저히 불가능할 정도로 휘어진 코를 지녔어요. 몸체는 더욱 가관입니다. 등을 돌리고 앉은 자세인데도 얼굴은 정면을 향하고 있잖아요. 즉 여체는 앞면과 뒷면을 동시에 보여 주고 있어요. 화면 왼쪽 두 번째 여인의 얼굴도 정상이 아닙니다. 얼굴은 앞을 향하고 있는데도 코는 옆에서 본 형태예요. 피카소는 왜 코를 이처럼 이상하게 그렸냐는 사람들의 질문에 이렇게 태연하게 대답했어요.

> '나는 의도적으로 코를 옆에서 본 형태로 묘사했다.
> 코는 측면에서 볼 때 가장 코답게 보이니까.'

피카소는 코의 특징을 선명하게 드러내기 위한 의도에서 정면의 얼굴에 측면의 코를 결합한 것입니다. 그러나 미술의 형식을 무시하고 여성을 괴물로 만든 피카소의 돌출 행동은 주변 사람들을 불쾌하게 만들었어요. 동료화가는 말할 것 없고 친구들과 그의 후원자들마저 미술을 모독하는 행위로 여겼습니다. 미술비평가들은 험담을 퍼붓느라 하루해가 짧을 지경이었어요. 당시 얼마나 많은 사람들이 이 작품을 놓고 입방아를 찧었는지 증명할 자료가 있어요. 다음은 '르 크리 드 파리'지에 실린 기사내용입니다.

> '현재 갤러리 쁘와레에서는 입체주의들이 화면 가득 절단된 인체가 등장하는 여인의 누드작품을 전시 중이다.…… 그 주동자격인 피카소는 입체주의자들 패거리 중에서는 비교적 덜 어수선한 인물이다. 그는 비록 난도질을 당했지만 손발이 제대로 붙어 있는 다섯 명의 여인들을 보여 준다. 무신경한 시선을 지닌 여인들은 마치 돼지 같은 얼굴을 하고 있다.'

대체 피카소는 왜 이런 수모를 감수하면서까지 흉측한 괴물들을 그리려고 한 것일까요? 바로 미술의 전통을 파괴하고 새로운 미술을 창안하고 싶은 갈망 때문입니다. 피카소가 파괴해야 할 대상으로 삼은 전통미술이란 원근법을 적용한 미술을 가리켜요. 서양미술은 르네상스 이후 19세기말까지 원근법의 완벽한 지배를 받았어요. 원근법은 400년 동안 화가들의 우상으로 군림했습니다. 원근법이란 대체 어떤 법칙이기에 그토록 오랜 기간동안 화가들을 사로잡은 것일까요? 원근법의 신봉자였던 레오나르도 다 빈치의 입을 빌어 그 의미를 헤아려 보겠어요.

> '원근법은 다음과 같은 세 가지 성질을 지녔다. 첫 번째는 축소의 원리이며, 이는 대상이 눈에서 멀어질수록 크기가 작아지는 것을 말한다. 두 번째는 색채의 변화이며, 이는 대상이 눈에서 멀어질수록 그 색채가 다르게 보이는 것을 의미한다. 세 번째는 형태의 변화이며, 이는 대상이 눈에서 멀어지면 멀어질수록 그 형태가 희미해지는 것을 말한다. 이상 세 가지를 선원근법, 색채원근법, 소실원근법으로 부른다.'

화가들이 원근법에 열광한 것은 2차원의 화면에 3차원의 형상을 감쪽같이 표현할 수 있기 때문입니다. 원근법을 적용하면 화면에 가상의 공간이 생기며 그려진 대상이 실물처럼 느껴져요. 즉 실제로 착각할 만큼 사물을 완벽하게 재현하고 싶은 열망이 원근법을 탄생시킨 것이지요.

원근법이라는 마술에 홀린 화가들은 이 신종 기법을 보다 효과적으로 회화에 적용하기 위해서 '카메라 옵스큐라'라는 신종 기계까지 발명했어요. 카메라 옵스큐라는 최초의 사진기, 즉 카메라의 원조인데 이 기계를 사용하면 실물과 똑같은 효과를 낼 수 있어요. 그러나 마법의 원근법은 진실이 아닙니다. 원근법적인 회화를 그리기 위해서 화가는 대상을 특정한 시점에 두고서 묘사해야 합니다. 하지만 인간이 정지한 상태에서 오직 한 눈으로 대상을 보기란 불가능해요. 왜냐하면 인간의 눈은 끊임없이 움직이며 또한 두 눈으로 사물을 보기 때문이지요.

피카소는 이런 원근법의 모순을 깨달았어요. 그는 화가들에게 절대적인 영향력을 끼쳤던 원근법이 허구임을 밝혀내기 위해서 엄청난 실험을 합니다. 피카소가 〈아비뇽의 처녀들〉을 완성하기 위해 무려 800점에 달하는 스케치를 한 사실은 그가 원근법을 파괴하고 새로운 공간을 창조하기 위해 얼마나 많은 노력을 기울였는가를 말해 주고 있어요.

숱한 카메라 실험과 수많은 밑그림을 통해 원근법은 착시에 불과하다는 사실을 확신한 피카소는 대상을 여러 시점에서 관찰하면서 공간을 탐색한 혁신적인 그림들을 연달아 창조해 냅니다. 앞서 소개한 〈아비뇽의 처녀들〉에 ⋯⋯ p.011 서 앞모습과 뒷모습을 동시에 보여 준 여인을 떠올려 보세요. 이 여인은 바로 앞면과 뒷면에서 본 인체를 하나로 결합한 것입니다.

〈아비뇽의 처녀들〉이 다시점 원근법 파괴의 시작이라면 지금 감상할 〈만 ⋯⋯ p.016 돌린을 든 여인〉은 그 결정체입니다.
한 여인이 만돌린을 켜고 있어요. 그러나 여인의 모습은 일반 초상화 모델과는 너무도 달라요. 여체는 마치 종이를 조각조각 오려서 붙인 특이한 형태를 취하고 있어요. 피카소는 인물을 수많은 단면으로 해체한 후 기하학적 형태로 재구성했어요. 이런 그림을 가리켜 '입체주의 회화'로 부릅니다. 입체주의란 큐브Cube, 즉 입방체로 구성된 그림을 가리키는 미술용어예요. 피카소가 화면에 입체주의 방식을 도입한 것은 하나의 관점만이 절

피카소 | 만돌린을 든 여인 Girl with Mandolin | 1910 | 캔버스에 유채

대적으로 옳다는 원근법의 권위에 정면으로 도전하기 위해서였어요.
여기서 말한 하나의 관점이란 인간의 사고를 한곳에 묶어두는 제작방식을
의미해요. 예를 들면 르네상스 시대 원근법의 규칙을 정했던 알베르트는
화가들에게 다음과 같은 까다로운 요구를 했어요.

'화폭을 지면에서 정확히 1m 지점에 놓아라. 혹은 대상을 한 시점에서 바라보아라.'

이는 사진을 찍을 때 카메라를 움직여서는 안 되는 것에 비유할 수 있겠어

요. 화가가 원근법을 적용해 공간을 묘사하기 위해서는 눈과 머리를 고정시킨 채 한 시점에서 사물을 관찰해야 합니다. 말하자면 화가는 마치 카메라처럼 행동해야 하는 것이지요.

그러나 피카소는 대상을 앞에 두고서 절대로 움직이지 않으며, 일정한 거리를 유지해야한다는 알베르트의 경고를 무시한 채 여러 각도에서 인체를 관찰했어요. 그는 실물과 똑같게 그리려고 노력하는 대신 대상을 인식할 수 있는 다른 요소들, 예를 들면 인체가 공간 속에서 차지한 위치와 빛이 어떻게 비치는가 등을 표현하려고 했어요.
그런 의도에서 화폭을 위아래로 자유롭게 움직이고 엉뚱한 각도에서 바라보기도 했습니다. 피카소는 이렇게 다시점에서 관찰한 인체를 조각조각 해체한 후 기하학적으로 재구성했어요. 조각난 대상을 입방체 형태로 다시 구축한 것은 기하학에 대한 경외심 때문입니다. 기하학은 비례와 질서, 조화와 통일을 상징해요. 피카소는 질서정연한 세계에 대한 동경심을 입방체 형태를 빌어 〈만돌린을 든 여인〉에 표현한 것입니다.

그런데 피카소가 정지된 원근법이 아닌 사방을 돌아다니면서 관찰한 바 움직이는 원근법에 눈을 뜬 것은 당시 눈부시게 발전하는 과학의 영향을 받아서예요. 입체주의 그림에 몰두하던 시절 피카소는 프랭세라는 아마추어 과학자와 절친한 사이였어요. 프랭세는 '입체파 수학자'라는 애칭으로 불릴 만큼 입체파 화가들과 친분이 두터웠으며 과학자에 버금갈 만큼 과학적 지식도 풍부했습니다. 프랭세는 2천 년 동안 절대적인 진리로 군림했던 유클리드 기하학에 도전장을 던진 비유클리드 기하학에 심취했어요. 이런 그에게 결정적인 영향을 끼친 책은 프랑스 과학자 푸앙카레의 〈과학과 가설〉이었습니다.

유클리드 공간 이외 또 다른 공간들이 존재한다는 푸앙카레의 주장에 매료된 프랭세는 독학으로 터득한 새로운 과학이론을 피카소를 비롯한 전위 예술가들에게 강의했어요. 지적 호기심이 유독 강하였던 피카소는 프랭세의 혁신적인 과학강의에 영감을 받아서 입체주의 미술을 더욱 발전시킨 것입니다.

프랭세 이외도 아인슈타인의 상대성이론과 사진술, 영화, 엑스레이의 발견도 피카소의 입체주의 회화에 막대한 영향을 끼쳤어요. 〈아비뇽의 처녀들〉에서 코가 기형적으로 휜 여인의 얼굴이 그 증거입니다. 피카소는 이런 다양한 과학적 지식과 현대기술문명의 자양분을 스펀지처럼 빨아드린 결과 현대미술의 제왕이 될 수 있었던 것이지요.

참, 입체주의 미술과 과학이 밀접한 관련이 있다는 사실을 증명하는 또 하나의 사례가 있어요. 입체주의 홍보대사 격인 시인 아폴르네르가 입체주의는 4차원 미술이라는 것을 공개적으로 선언한 것입니다. 아폴르네르는 4차원 세계에서는 물체의 모든 면을 볼 수 있다는 이론을 제시하며 입체주의가 과학혁명과 정답게 손을 맞잡고 간다고 주장했어요. 아울러 과학적 입체주의란 눈에 보이는 것이 아닌, 인식에서 얻은 요소들을 새롭게 조합한 미술이라고 정의했습니다.

입체주의 스타 화가였던 피카소는 과학적 원근법의 노예가 되기를 거부하고 자유로운 예술을 꿈꾸었던 거인입니다. 그는 '하늘을 날려고 할 때 가장 적절한 방법은 새의 겉모습을 모방하는 것이 아니라 날갯짓의 작동원리를 적용하는 것이다.'라는 명언을 작품을 통해 증명했어요. 〈아비뇽의 처녀들〉과 〈만돌린을 든 여인〉은 미술과 과학의 짝짓기를 시도했던 한 천재의 치열한 탐구심이 낳은 걸작입니다.

그러나 화가들의 우상인 피카소도 공간을 지각하는 노하우를 저절로 깨달은 것은 아니에요. 그의 탐구심에 불을 지른 정신적 스승이 있었기에 가능했어요. 그 선구자는 바로 '현대미술의 아버지'로 불리는 세잔입니다.

세잔은 동일한 대상을 여러 시점에서 관찰한 후 그림에 표현했던 최초의 화가입니다. 그는 다시점을 구사한 그림으로 고전적인 원근법을 신봉했던

세잔 | 정물 The Kitchen Table | 1889~1890 | 캔버스에 유채

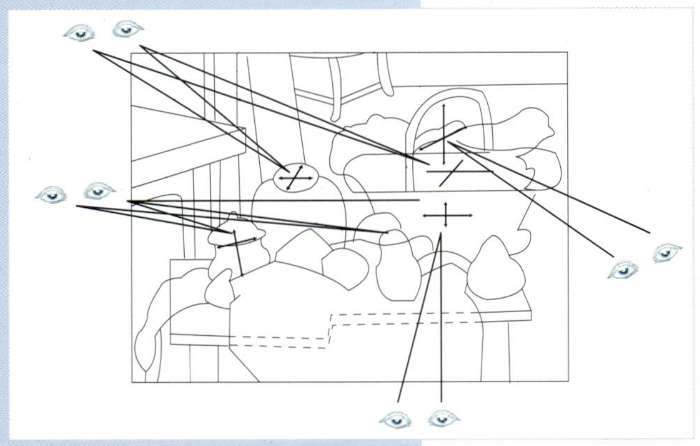

얼 로란이 분석한 세잔 〈정물〉의 여러 시점

화가들을 충격에 빠뜨렸어요. 지금 보는 그림이 다시점을 화면에 적용한
것입니다.

p.019 ··· 꽃병은 화면 왼쪽 위에서, 설탕 단지는 수평선 높이, 과일바구니는 화면 아래쪽, 바구니 속 과일은 화면 오른쪽에서 본 것을 각각 표현했어요. 그 바람에 전통적인 원근법을 적용한 그림에서는 한 개이던 소실점이 무려 네 개로 늘어났어요. 그림으로 보면 이해가 더 빠를 것 같아서 1943년 과학자 얼 로란이 분석한 것을 참고자료로 준비했습니다.

대체 세잔은 어떻게 이런 혁명적인 발상을 하게 된 것일까요? 자신이 실제로 체험한 공간을 화폭에 재현하고 싶어서예요. 일찍이 원근법은 착각에 불과하다는 것을 깨달은 세잔은 전통적인 회화기법, 즉 단일한 시점과 조화롭고 통일된 공간에 대한 애착을 머릿속에서 말끔히 씻어냈습니다. 그리고 선입견이 없이 사물을 바라보았어요. 눈이 본대로 정직하게 그리기 위해서 사물들이 어떤 관계를 맺는가를 파악하고 각각의 요소가 공간에서 차지하는 위치를 치밀하게 분석했습니다. 정물을 단골주제로 선택한 것은 조형적인 가능성을 탐구하는 데 가장 적합한 주제였기 때문입니다. 정물은 시간적 여유를 갖고 연구할 수 있으며, 또 언제든지 재배치할 수 있는 장점이 있으니까요. 그러나 다양한 시점에서 사물을 관찰한 후 종합한 세잔의 혁신적인 그림은 전통회화에 익숙한 사람들의 마음을 불편하게 했어요.

p.019 ··· 그림 속 탁자를 자세히 살펴보세요. 보자기가 없다고 가정하고서 탁자의 직선을 그으면 선이 어긋납니다. 또 탁자 귀퉁이의 각진 선도 흐릿하게 표현했어요. 세잔의 다른 정물화는 이 보다 더 심해요. 탁자의 선이 흐르다가 뚝 끊어져 어디론가 사라지고 말아요. 소실점이 전혀 없는 경우도 있어요. 이런 이상한 그림을 그렸으니 세잔은 혹독한 대가를 치르게 되지요. 그는 죽을 때까지 자질이 없는 화가요, 엉터리 화가라는 혹평에 시달립니다. 그러나 그 어떤 비난이나 험담도 새로운 공간을 탐색하겠다는 세잔의 굳은 의지를 꺾지 못했어요. 그가 1906년 아들에게 보낸 편지를 보면 알 수 있어요.

'같은 소재라도 각도를 달리할 때마다 극도로 흥미진진하게 연구할 수 있단다.
그 양상이 얼마나 변화무쌍한지 한자리에서 그저 몸을 오른쪽,
왼쪽으로 조금씩만 기울여도 끊임없이 새로운 모습이 보이는구나.
이런 추세라면 몇 달이고 한 자리에서 계속 새로운 모습을 그려낼 수 있을 것 같다.'

절대공간의 신화가 허구임을 입증한 세잔의 실험정신은 피카소를 비롯한 전위 예술가들에게 엄청난 영향을 끼칩니다. 얼마나 강한 영감을 주었으면 피카소와 함께 20세기 미술을 주도했던 마티스가 '회화의 신'으로, 입체주의 화가인 브라크는 가장 위대한 화가로 극찬했을까요? 피카소 역시 세잔을 유일한 스승으로 여기며, 그가 이룩한 연구를 더욱 심화시켜 현대미술의 혁명을 달성하게 됩니다.

김제완 박사님, 이처럼 입체파는 유클리드의 세 가지 차원에 또 하나, 즉 4차원을 추가했는데요, 이 4차원이란 과연 무엇인지 과학적으로 설명해 주시겠어요?

“ 관장님께서 제게 무척 어려운 질문을 던지시는 군요. 흔히 우리는 멋진 생각을 차원 높은 생각이라고 이야기합니다. 범상한 생각을 벗어난 탁월한 생각들을 이렇게 표현하곤 하는데 3차원의 세계에 익숙한 우리에게 한 차원 높은 4차원은 이해하기 쉬운 상대는 결코 아닙니다. 말 그대로 한 차원 높은 사고의 전환이 필요한 것이지요. 이 어려운 이해에 맞부딪치기 전에 일단 쉬운 것부터 출발하도록 합시다. 즉 우리들보다 한 차원 낮은 2차원 세계에 사는 사람(?)들이 우리들보다 얼마나 무지할까 생각해 보는 것이지요. ”

딱딱한 이야기를 피하기 위해 영국인 아보트의 소설 〈평면인〉을 소개하도록 하겠습니다. 완전하지는 않지만 꽤 그럴싸한 설명이 될 것이기 때문이지요. 아보트는 평면인의 나라에서 그 사회의 구성원들을 기하학적인 모

양인 직선, 삼각형, 사각형, 오각형…… 원 등으로 표시했어요. 그는 변이 많으면 많을수록 사회적 지위가 높은 사람으로 설정했으며 여성분들에게는 대단히 죄송하지만 사회적으로 가장 계급이 낮은 사람을 농부의 아내로 정했습니다. 변이 세 개인 삼각형은 하인, 변이 네 개인 사각형은 농부, 그리고 변이 다섯 개인 오각형은 하급관리로 정하였고, 변이 가장 많은 원은 그 당시 사회적으로 계급이 가장 높은 신부神父로 정했답니다.

그런데 선과 삼각형 그리고 원들이 어우러져 살아가는 이 평면의 나라에 이상한 일이 생겼어요. 3차원 세계에서 흔히 볼 수 있는 구球가 나타난 것이지요. 당구공이나 구슬 같이 아주 흔한 보통의 구였지만 3차원을 경험하지 못한 평면인들에게는 구의 존재는 난해함 그 자체였습니다. 똑똑한 수학자나 물리학자가 아니면 꿈도 꿀 수 없는 일이였죠.
그들이 3차원의 구를 어떻게 이해했는지 그림을 보면서 설명하겠습니다. 아보트의 평면인 나라에서는 구의 존재를 알 수 없으며 평면을 벗어난 바로 위의 공간도 알지도 못합니다. 따라서 그들에게 구는 존재하지 않는 미지의 세계인 셈이지요. 그런데 구가 내려와서 면에 걸치면 어떻게 될까요? 평면인들은 구의 평면 단면적만을 볼 수 있기 때문에 작은 원으로 보일 것입니다. 구가 평면으로 더 내려가면 그 원은 더 커지게 되고, 구의 반 이상이 평면을 지나게 되면 다시 원은 작아질 것입니다. 완전히 평면 밑으로 가라앉으면 원은 사라지게 되겠지요.

무지하고, 답답하고, 생각이 꽉 막힌 평면인들은 이 일련의 사건에 이렇게 반응하지 않았을까요? '하늘이나 땅에서 갑자기 신부가 솟아나듯 이상한 것이 나타났다가 사람들이 보는 눈앞에서 점점 커지더니 또 다시 작아졌어요. 그러다 어느새 하늘로 솟았는지 땅으로 꺼졌는지 묘연히 사라졌답니다.' 모양을 자유자재로 바꾸고 하늘에서 갑자기 나타났다가 홀연히 떠난 이 신부야말로 진정한 하나님의 아들이라고 말했을지도 모르지요.

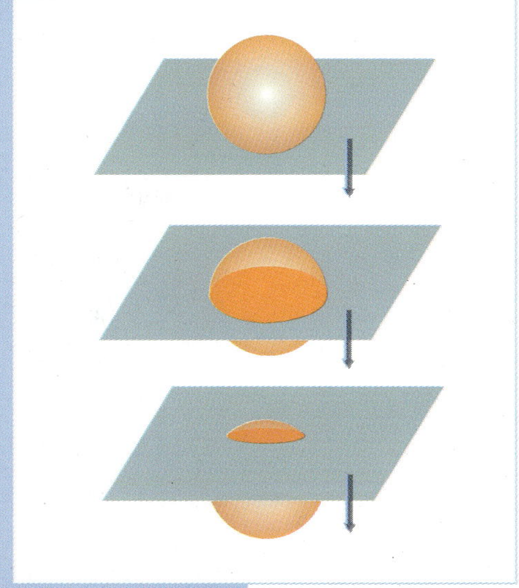

2차원에서의 구의 인식

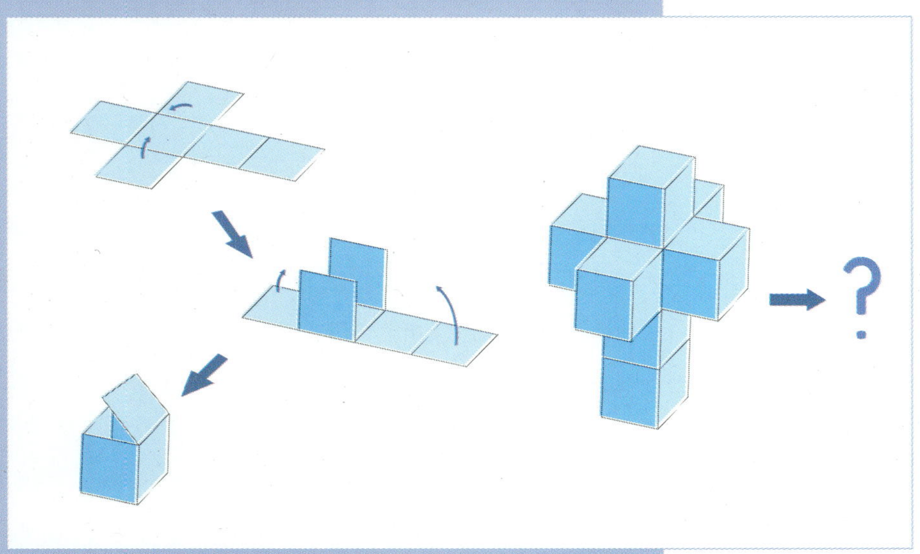

3차원 입방체

이렇듯 평면인들은 단순하고 별 것도 아닌 일을 과장해서 생각하는 사람들입니다. 그렇다고 깔보면 곤란하겠지요. 우리도 3차원의 세계에 익숙해서 4차원의 사물들을 알아보지 못하기 때문입니다. 생각해 보세요. 3차원만 인식하는 사람들이 어떻게 4차원을 알아보겠습니까?

p.023 ←··· 또 다시 2차원의 사람들이 되어서 성냥갑 같은 3차원의 입방체를 어떻게 이해할지 생각해 봅시다. 앞의 그림처럼 입방체를 펼쳐서 2차원인 평면에 늘어놓으면 그 면이 여섯 개임을 알 수 있어요. 평면인 중 천재적인 생각을 한 사람들은 이 광경을 이렇게도 상상할 수 있을 겁니다.

'평면의 입방체 즉 사각형은 변이 네 개이며, 평면은 가로와 세로로 직교하는 두 축(X축과 Y축)만 있으면 그 위치가 정해질 수 있다. X축과 Y축은 각각 두 방향(+ 및 − 방향)이 있으므로 2×2=4, 즉 네 개의 변이 있는 사각형은 2차원의 입방체에 해당한다. 3차원에서는 X축, Y축, Z축이 서로 직교하므로 +와 − 방향을 생각하면 3×2=6, 즉 3차원 입방체(보통 우리가 말하는)는 여섯 개의 면을 갖는다. 2차원에서 3차원으로 갈 때 변을 면으로 고치고 2×2변을 3×2=6개의 면으로 고치는 것이 2차원에서 3차원으로 가는 사고의 요약이다.'

그렇다면 4차원 입방체는 어떨까요? 마치 2차원의 세계만을 인지하는 사람이 3차원의 구나 입방체를 상상할 수 없듯이 우리 역시 4차원 입방체를 머릿속에서 쉽게 떠올릴 수는 없습니다. 그러나 영리한 평면인이 3차원 입방체를 2차원에 펼친 여섯 개의 사각형 면에서 짐작하는 방법으로 4차원 입방체를 만든 4차원에서의 면을 생각할 수는 있겠지요. 즉 3차원 입방체의 면은 3차원보다 차원이 하나 낮은 평면의 4각형인 것을 미루어 짐작하면 4차원 입방체의 면은 4차원보다 차원이 낮은 3차원 입방체일 것입니다. 평면인들이 3차원 입방체의 면을 짐작할 때 3×2, 즉 여섯 개의 면이 있다고 생각했던 것처럼 4차원 입방체의 면은 4×2, 즉 여덟 개의 입방체 입방면이라고 하는 것이 적절할지도 모른다일 것입니다. 지금까지의 긴 설명을 요약하면 보통 입방체를 평면에 펼쳐서 보면 십자가가 되고 4차원 입방체를 공간 3차원에 펼치면 앞의 그림처럼 4차원의 십자가가 됩니다.

피카소 | 마라 부인 Potrait Mara | 1937 | 캔버스에 유채

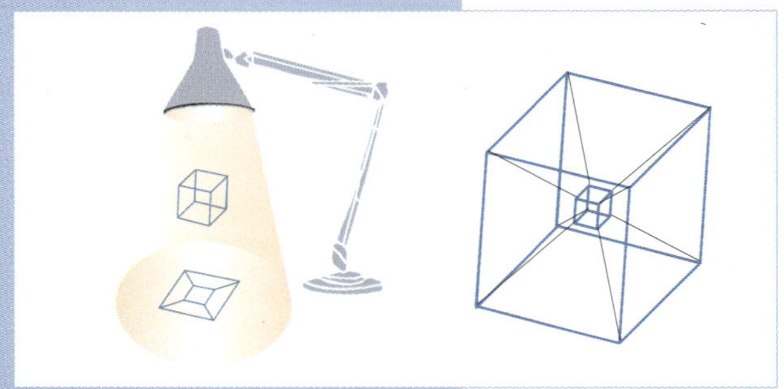

전등에 비친 입방체

p.025 ◀◀◀

4차원 입방체를 3차원의 다른 각도에서 생각해 보도록 합시다. 관장님과 함께 감상한 피카소의 작품은 아니지만 같은 작가의 〈마라 부인〉에 주목해 보도록 하지요. 그림 왼편에 그려진 직육면체를 보세요. 그리고 이 육면체가 아주 투명한 유리로 되어 있고 그 변은 검은 칠을 한 선이라고 생각해 보세요. 누가 전등을 켜서 이 육면체를 위에서 아래로 비춘다면 육면체의 변들이 평면 위에 비춰진 그림자는 그림과 같을 것입니다. 즉 입방체의 윗면은 전등으로부터 가까운 까닭에 더 확대되어 크게 투영될 것이고 전등으로부터 먼 쪽에 있던 면은 좀 더 작게 확대되어 투사되면서 큰 사각형 속에 위치하게 될 것입니다. 두 면을 이은 수직으로 된 변은 두 사각형의 꼭지점을 서로 잇는 선이 되어 그림처럼 사각형 속에 사각형으로 나타나게 되겠지요.

이제 피카소의 〈마라 부인〉의 얼굴에 눈길을 돌려 보세요. 그림처럼 한쪽 얼굴의 눈 속에 눈이 있는 이런 모습은 4차원의 3차원 투시도를 암시한다고 생각할 수 있습니다. 하지만 피카소 같은 예술의 천재들이라도 4차원의 수학을 이해하고 이렇게 표현했으리라고는 믿어지지 않아요. 다만 이들이 가진 천재적인 영감이 이런 표현을 가능하게 했으리라 생각할 수 있습니다. 이런 점에서 그들이 위대하다고 하는 것에 추호도 의심의 여지가 없는 것이지요.

" 네, 박사님의 설명을 듣고 피카소의 그림을 보니까 그 의미가 더욱 새롭게 다가옵니다. 서로 다른 관점들을 동시에 화폭에 재현한 공적으로 현대미술의 제왕 자리에 오른 피카소. 놀랍게도 한국에도 입체주의와 유사한 미술이 존재합니다. 그것도 오래 전 조선시대에 제작된 민화에서 그 흔적을 찾을 수 있어요. "

민화는 민중의 정서와 생활풍속, 고유한 신앙을 담은 그림을 말해요. 조선의 서민들로부터 많은 사랑을 받았으며, 그 전성기는 조선 후기 영조시대입니다. 민화란 용어를 최초로 사용한 사람은 일본 미술평론가인 야나기 무네요시예요. 그 이전에는 '속화'나 '민중화', '농민화' 등으로 불렸어요. 조선의 미술을 무척 좋아했던 야나기 무네요시는 조선민화의 예술성을 높이 평가한 나머지 민화란 용어를 만들었으며, 또 다음과 같은 정의를 내리기도 했어요.

'민화란 민중 속에서 태어났으며, 민중을 위한, 민중에 의해 구입되는 그림을 말한다.'

민화 중 책거리 그림이 있는데 바로 이 그림이 입체주의와 쌍벽을 이룰 만 ···▶ p.028
큼 다시점을 절묘하게 활용하고 있어요. 책거리란 책과 그 주변에 있는 물건들을 그린 것을 말하며, 책과 문방사우가 단골 소재로 등장합니다. 문방사우는 종이, 붓, 벼루, 먹 등 네 가지를 가리켜요. 또 문방사우이외도 선비들의 방에 놓여진 화병, 꽃, 필통, 과일, 등잔, 도자기, 부채, 안경 등도 주요 소재로 다뤄지곤 했어요.

책거리 그림은 주로 사랑방을 장식했습니다. 조선시대는 책이 무척 귀했던 시절이니까, 이를 통해 늘 책을 곁에 두고 싶었던 서민들의 책 사랑을 느낄 수 있어요.
조선인들은 책거리 병풍을 보면서 글공부의 게으름을 뉘우쳤으며, 더욱 열심히 공부할 것을 다짐하곤 했습니다. 즉 책거리 그림은 글공부를 좋아하고 면학 분위기를 권장했던 당시 사회 분위기를 거울처럼 반영하고 있습니다.

그런데 책거리 그림은 특이하게도 감상자가 그림을 바라보는 것이 아니라 그림이 감상자를 바라보는 역 원근법적 화법으로 그려졌어요. 더욱 놀라운 것은 다시점을 취하고 있다는 것입니다. 세잔과 입체파 화가들이 그토록 머리를 싸매고 탐구하던 새로운 공간을 조선의 이름 없는 화가들이 훨씬 먼저 시도한 것입니다. 책거리 그림이 어떻게 이처럼 현대적인 화법을

작가미상 | 책거리 | 조선시대

개발했는지는 아직껏 밝혀지지 않고 있어요.

원근법의 구속을 받아본 적이 없는 조선의 무명화가들이 과학적 사고를 그림에 반영할 리는 물론 없었겠지요. 그래서 이런 추측을 해 보았어요. '감각지각, 즉 겉모습이 아닌 사물의 본질을 탐구하고 싶은 마음은 과학자뿐 아니라 화가들의 바람이기도 하다. 따라서 조선의 민초인 화가들 역시 진실을 표현하고 싶은 마음이 싹텄을 것이며, 공간의 본질을 탐구하고 싶었으리라.' 즉 눈으로 보이는 것만이 전부가 아니라는 조선화가들의 자각이 이런 초현대적인 그림을 그리게 된 계기가 되지 않았을까요?

모네가 사랑한

빛의 과학

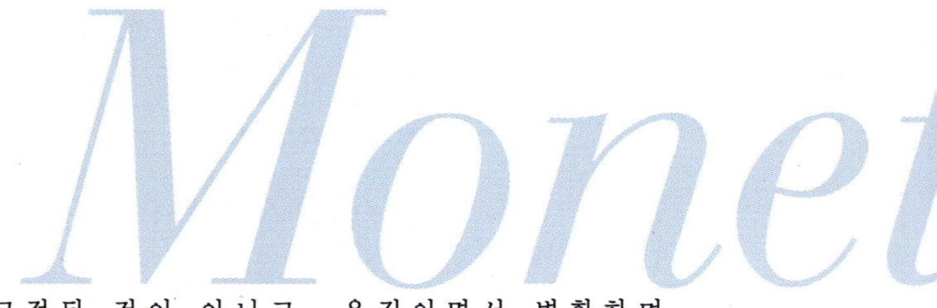

평소 모네는 사물의 형태는 고정된 것이 아니고, 움직이면서 변화하며,
또 시간에 따라서 그 정확성도 달라진다고 믿었어요.
색채 역시 고유한 색깔은 없으며, 빛과 반사광에 따라서 달라진다고 생각했습니다.
그래서 흐린 날과 맑은 날을 각각 구분해서 그림을 그리면 빛의 변화를
충분히 표현할 수 있겠거니 지레 짐작했어요. 그런데 실제로 그림을 그려보니까
생각과는 많이 다르다는 것을 확인했어요. 당연하지요.
빛은 단 한순간도 멈추지 않고 끊임없이 변하니까요.

모네 | 건초더미 연작
(위에서 아래로)
Grainstacks at the End
of the Summer,
Evening Effect, 1890
| Two Grainstacks at the End
of the Day, Autumn, 1890
| Grainstacks, Snow Effect,
1890~1891

모네 | 루앙 대성당 연작 (왼쪽에서 오른쪽으로) Rouen Cathedral, 1892 | The Portal and the Tour d' Albane(Morning Effect), 1893 |

" 김제완 박사님, 새로운 기하학적 공간과 4차원의 세계를 화폭에 창조하기 위해서 열정을 불태웠던 피카소에 대한 이야기를 나누다보니 그에 못지않은 열정과 실험정신을 지닌 한 화가가 머릿속에 떠오릅니다. **"**

바로 인상주의 창시자인 모네인데요, 그 어떤 화가보다도 빛에 관심이 많았던 그는 평생에 걸쳐서 빛의 흐름을 집요하게 탐구했어요. 빛에 푹 빠진 나머지 그림에서 가장 중요한 것은 광선이라고 굳게 믿을 정도였습니다. 빛이 대상의 색채와 형태까지도 결정짓는 절대적인 요소라고 확신한 모네는 자신의 신념을 그림을 통해 증명했습니다.

The Portal(Morning Effect), 1893 | The Portal and the Tour d' Albane AT Dawn, 1893

그는 빛의 효과를 극적으로 보여 주기 위한 대상으로 파리의 명소인 루앙 대성당을 점찍었어요. 그리고 캔버스를 여러 개 세워놓고 루앙 대성당을 실시간 단위로 묘사합니다. 모네가 이처럼 동일한 대상을 시간의 흐름에 따라서 달리 표현한 까닭은 무엇일까요? 시시각각 변하는 빛이 성당 건물의 형태와 색깔을 어떻게 변화시키는지 보여 주기 위해서였습니다.

지금 보는 그림이 모네의 야심이 담긴 〈루앙 대성당 연작〉입니다. 견고한 성당은 빛에 의해 해체되어 마치 꿈속 풍경처럼 보여요. 흥미로운 것은 똑같은 건물인데도 아침과 낮, 해질 무렵에 다르고, 또 맑거나 흐른 날에 따라서 각각 다르게 보인다는 점입니다. 이 그림은 빛에 대한 모네의 생각이 결코 허황된 것이 아니라는 것을 생생하게 증명하고 있어요. 더욱 놀라운 것은 모네가 그림의 소재로 루앙 대성당을 선택한 배경입니다. 모네는 프랑스의 민족 유산이요, 기독교의 상징물인 루앙 대성당이 갖는 미적 가치나 종교적 의미에는 전혀 관심이 없었어요. 신성한 대성당을 단지 그림의 소재로만 대했어요.

그가 성당을 평범한 건물로 여긴 것은 햇빛에 의해서 대성당의 색채가 어떻게 달라지는가에만 관심을 두었기 때문입니다. 즉 이 그림의 주인공은 대성당이 아닌 빛이라고 믿었던 것이지요. 루앙 대성당은 오직 빛에 의해서만 존재가치를 갖는다고 확신한 모네는 자신의 이론을 증명하기 위해서 여러 개의 캔버스를 펼쳐놓고 성당을 그렸습니다. 모네의 특이한 제작방식이 궁금한 독자들을 위해 보충설명을 하겠어요.
평소 모네는 사물의 형태는 고정된 것이 아니고, 움직이면서 변화하며, 또 시간에 따라서 그 정확성도 달라진다고 믿었어요. 색채 역시 고유한 색깔은 없으며, 빛과 반사광에 따라서 달라진다고 생각했습니다. 그래서 흐린 날과 맑은 날을 각각 구분해서 그림을 그리면 빛의 변화를 충분히 표현할 수 있겠거니 지레 짐작했어요. 그런데 실제로 그림을 그려보니까 생각과는 많이 다르다는 것을 확인했어요. 당연하지요. 빛은 단 한순간도 멈추지 않고 끊임없이 변하니까요. 모네는 매순간 달라지는 빛의 효과를 정확히 표현하기 위해서는 캔버스들을 죽 늘여놓고 그림을 그릴 수밖에 없다는 판단이 들었습니다.

이 그림도 여러 개의 캔버스를 세워놓고 빛이 바뀔 때마다 성당을 관찰한 후 순간적인 빛의 인상을 재빨리 화폭에 옮긴 것입니다. 자, 보세요. 같은 건물일지라도 빛에 따라서 저토록 다르게 보이지 않나요? 무려 40점이나 되는 〈루앙 대성당 연작〉은 빛의 효과를 과학적으로 추적하겠다는 모네의 집념이 고스란히 담긴 걸작입니다. 빛의 효과를 채집해 화폭에 고정시킨 〈루앙 대성당 연작〉은 새로운 미술을 열망하는 사람들을 감동시켰어요.

그중 가장 열광한 사람은 모네의 친구이며, 정치가인 클레망소였어요. 그는 〈루앙 대성당 연작〉에 '성당의 혁명'이라는 찬사를 바칩니다.

김 박사님, 그렇다면 빛의 변화에 따라 색이 다르게 보이는 현상을 과학적으로 어떻게 설명할 수 있나요? 또한 빛과 연관된 재미있고 흥미 있는 과학이야기가 있다면 들려주세요.

" 관장님의 설명과 함께 모네가 열광한 빛을 작품으로 잘 감상했습니다. 빛은 참으로 오묘합니다. 그러기에 화가들이 빛에 매료되는 것은 당연한 일인지도 모릅니다. 도대체 누가 이 빛을 우리에게 선사하는 것일까요? **"**

바로 태양입니다. 드높은 파란 가을 하늘이나 붉게 물든 저녁노을, 낮 하늘 ···➤ p.036 의 오묘한 색도 모두가 태양 빛의 조화로 만들어진 것입니다. 이렇듯 태양 빛은 환경에 따라 여러 가지 조화를 부립니다. 그렇다면 우주공간의 하늘은 무슨 색일까요? 화려한 별들의 향연으로 아름다운 빛을 띠고 춤을 출 것 같지만 실은 검은색입니다. 하지만 우리가 보는 하늘의 색은 푸릅니다. 이런 차이가 발생하는 이유는 바로 우리들이 공기의 분자들 때문에 산란한 태양 빛을 보고 있기 때문입니다. 우주에는 공기가 없습니다. 자연히 산란하는 빛이 없을 것이고 그 결과 우주의 하늘은 온통 검게 보이는 것이지요. ···➤ p.036

빛은 온도에 따라서도 다르게 보입니다. 예를 들어 표면온도가 6,000°인 태양의 경우 그 자체의 빛은 백색광에 해당됩니다.

일출의 장관

일몰의 아름다운 색채

어두운 우주

우리가 고기를 구워먹는 숯불의 경우는 어떤가요? 붉은 불꽃을 품지요. 붉은색은 약 700° 정도의 온도에서 나타나는 색입니다. 만약 숯불의 온도가 좀 더 올라간다면 파란색으로 바뀌게 될 겁니다. 여기서 태양의 색에 대해 언급하지 못한 것을 마저 이야기하는 것이 좋을 듯 하군요. 앞서 태양의 온도가 6,000°라고 이야기했고 백색광을 낸다고 했습니다. 그렇다면 가장 뜨거운 온도에서 빛은 흰색을 띠게 되는 것일까요? 태양의 경우 모든 색이 섞여있기 때문에 흰색을 발광하는 것입니다. 우주공간에서 태양을 보면 흰색으로 보입니다. 그러나 지구에서 태양을 보았을 땐 장소와 시간에 따라서 다르게 보일 겁니다. 이 이유 또한 이미 언급한대로 공기층이 빛을 어떻게 산란하는가에 따라 달라지는 것이지요.

그렇다면 도대체 공기 중에는 어떤 성분들이 들어있기에 빛을 산란시키는 것일까요? 공기의 주성분은 질소와 산소입니다. 질소가 78%이고 산소가 21%를 차지하고 있으며 나머지는 거의 아르곤 가스와 수증기가 차지하며, 탄산가스는 극소량이 섞여 있습니다. 아침 해와 저녁노을이 붉게 보이는 이유는 아침에 뜨는 해와 저녁에 지는 해가 공기층을 비스듬하게 지나기 때문이지요. 즉 더 긴 공기층을 통과하면서 빛이 더 많이 산란하게 되는 것입니다.

그런데 공기의 주성분인 질소와 산소는 푸른색 빛을 더 많이 산란합니다. 따라서 아침노을과 저녁노을이 붉게 보이는 것은 푸른색이 많이 제외된 태양 빛이 우리 눈에 들어오기 때문이지요. 그러나 한낮의 하늘은 직접 시야에 들어오는 태양 빛이 아닌 산란된 태양 빛을 보게 되므로 파랗게 보이는 것입니다. 정오의 태양이 이글거리고 희게 보이는 것은 당연합니다. 정오에는 해가 머리 위에 있어 햇빛이 곧바로 얇은 공기층을 뚫고 오기 때문이지요. 아침이나 저녁의 경우처럼 푸른빛을 산란할 시간적 여유가 없어 흰색 그대로 보이는 것입니다. 이때의 태양은 직사광선이기에 다른 시간 때의 빛보다 이글거리고 뜨거운 것은 당연합니다.

모네 | 건초더미 연작, 눈의 효과 (왼쪽에서 오른쪽으로) Grainstacks, White Frost Effect, 1890~1891 | Grainstacks, Winter Effect, 1890~1891

> **"** 김 박사님의 설명을 들으면서 황홀한 노을은 공기가 준 아름다운 선물이라는 사실을 뒤늦게 깨달았어요. 또 한낮의 태양이 하얗게 보이는 까닭과 시간의 흐름에 따라서 햇볕의 색깔이 달리 보이는 이유도 덤으로 이해하게 되었어요. 이처럼 소중한 과학적 지식을 얻게 되니까 은근히 욕심이 생겨요. 김 박사님, 내친김에 모네의 그림을 연달아 감상하면서 빛 이야기를 계속 이어가면 어떨까요? **"**

지금 감상할 그림은 그의 연작 중 하나인 〈건초더미 연작, 눈의 효과〉입니다. 추수가 끝난 농촌 들판에 건초더미가 정겨운 모습으로 서 있어요. 밤새 눈이 내렸던가. 세상은 온통 은빛세계로 변모했습니다. 눈이 시리도록 투명한 겨울 햇살이 건초더미 밑으로 푸른 그림자를 드리워요. 모네는 루앙대성당을 그릴 때처럼 빛과 눈이 어우러진 효과와 그 빛이 건초더미에 미치는 변화 과정을 과학자처럼 냉정하고 세밀하게 관찰했어요.

그리고 자신의 독특한 시각적 체험을 〈건초더미 연작, 눈의 효과〉에 생생하게 기록했습니다. 저 눈밭에 스며든 푸른빛의 그림자를 보세요. 그림자가 칙칙한 검은색이라는 선입견을 단숨에 깨 부시지 않나요?

Grainstacks in the Morning, Snow Effect, 1890~1891

모네는 강추위를 무릅쓰고 눈밭에 나가서 건초더미를 관찰한 덕분에 그림자가 주변 물체에서 반사된 빛을 흡수해 생각만큼 어둡지 않다는 혁명적인 발견을 하게 되었어요. 그러나 그 소중한 경험을 얻기 위해 치러야 할 대가는 너무도 컸어요. 순식간에 사라지는 빛의 인상을 추적하기 위해서 캔버스 사이를 오가며 신들린 듯 붓을 놀려야 했으며, 불과 몇 분 안에 작품을 완성하는 초능력을 발휘해야 했으니까요. 변덕스런 빛을 쫓는 일이 얼마나 힘에 부쳤으면 평론가 제프루아에게 이렇게 고통을 하소연하는 편지까지 보냈을까요?

'나는 각기 다른 효과의 건초더미 연작을 열심히 작업 중이네.
하지만 올해는 해가 너무 빨리 지기 때문에 도저히 해를 따라잡을 수가 없네.
작업하는 데 시간이 너무 걸려서 수시로 절망에 빠지곤 하지만 작업에 몰두할수록 순간성,
특히 외관에 넘쳐흐르는 빛을 묘사하려면 더욱 노력해야 한다는 것을 깨닫게 된다네.'

〈건초더미 연작, 눈의 효과〉는 자연의 비밀을 캐기 위해 일생을 바친 모네의 집념이 녹아 있는 걸작입니다. 빛과 눈은 모두 순간의 아름다움을 상징해요. 빛은 곧 사라지고 눈은 이내 녹으니까요. 그러나 모네는 그 찰나적인 아름다움을 채집해서 화폭에 영원히 살아 숨쉬게 했어요. 찬란한 햇살과 눈부신 눈을 결합해서 순간을 영원으로 승화시킨 것이지요.

참, 인상주의에 대해 궁금한 독자들이 있을 거예요. 인상주의란 화가가 대상을 보고 느낀 순간적인 인상과 감각을 재현한 회화를 가리킵니다. 인상파 화가들이 가장 흥미를 느낀 대상은 출렁이는 바다와 파도, 하늘에 떠다니는 구름과 태양, 연기와 수증기, 안개 등 끊임없이 움직이는 것들이었어요. 그들은 빛을 가장 중요하게 여겼으며 이런 대상들은 빛을 탐구하기에 가장 효과적이었기 때문이지요.

그렇다면 인상주의가 후세에 전하는 의미는 무엇일까요? 그들은 순간적이고 즉흥적인 자연의 인상을 그림으로 표현했어요. 인상파 이전의 어떤 화가도 그들만큼 빛으로 충만한 그림을 그리지 못했어요. 인상주의 화가들 덕분에 사람들은 감각이 지성만큼 값지다는 것을 깨달았습니다. 특히 인상주의 시조인 모네는 살아 있는 경험과 현재의 순간이 그 무엇보다 중요하다는 것을 감동적으로 보여준 산 증인입니다. 순수한 감각으로 자연과 빛을 관찰했던 모네! 평생토록 빛을 탐구했던 그의 집념은 말년에 지인에게 보낸 편지에도 잘 드러나 있어요.

> '내가 세운 공적이라고는 대상에 대한 순간적인 내 인상을 탐구하고 전달하기 위해서 자연을 직접 관찰하고 그린 것뿐일세.'

이번에는 빛을 탐구한 인상주의가 한국의 화가들에게 어떤 영향을 끼쳤는지 살펴보겠어요.
한국의 자연 풍경과 인상주의를 결합한 오지호의 풍경화입니다.

오지호는 한국 최초의 인상주의 화가이며, 한국 미술사의 거목입니다. 그역시 서양의 인상파들처럼 그림에서 가장 중요한 것은 빛이라고 믿었어요. 아니 한 걸음 더 나아가 빛은 생명의 근원이며 화면의 색채를 열에너지로 바꾸는 엄청난 힘을 갖고 있다고까지 생각했습니다. 이 풍경화에도 빛에 대한 그의 절대적인 사랑이 담겨 있어요. 봄날 오후의 눈부신 햇살이 폭포처럼 쏟아지고 있어요. 집 뜰 앞에는 집채만한 나무 한 그루가 하늘을 가르

오지호 | 남향집 | 1939

며 서 있으며, 나무 뒤편으로 초가집 한 채가 보입니다. 담장 옆에는 봄날의 나른함에 취한 화가의 애견 삽사리가 햇살을 이불 삼아 단잠을 즐기고 있습니다.

너무도 투명한 봄 햇살에 홀린 것일까요? 빨간 옷을 입은 소녀가 햇살의 세례를 받으며 문지방을 넘어서요. 소녀는 화가의 둘째딸인 금진입니다.

화면을 쳐다보기만 해도 눈이 부실 정도로 그림 속은 온통 햇볕의 축제예요. 환한 햇살을 반사하는 저 돌담을 보세요. 눈부신 햇볕이 담벼락의 원래 색깔마저 바꾸어 버렸어요. 저 돌담에 아름다운 무늬를 새기는 고목의 그림자는 또 어떤가요. 티 없이 맑은 한국의 하늘처럼 선명한 푸른색을 띠고 있잖아요.

오지호는 서양의 인상주의 이론을 풍경화에 실험했습니다. 빛이 한국의 자연에 어떤 색깔의 옷을 입히는지 눈으로 직접 확인하고, 한국의 빛과 한국의 색채, 한국의 자연을 서구화가들과 다른 방식으로 표현했습니다. "회화란 빛의 예술이며, 태양에서 태어났다."고 입버릇처럼 한 자신의 말을 풍경화를 통해 기념한 것이지요.

김 박사님, 오지호 화백의 풍경화를 감상하면서 한국의 가을 하늘을 떠올렸어요. 우리의 가을 하늘은 청명하기로 유명한데요, 왜 다른 계절에 비해 가을이 되면 이렇게 하늘이 드높아질까요? 이것도 빛의 특별한 성질과 어떤 연관이 있는 것인지요?

여름내 따스했던 공기 온도가 가을이 되면서 내려가게 되면 공기밀도의 변화를 일으키게 됩니다. 앞서 색은 빛의 산란과 밀접한 관련이 있다고 했는데 산란은 또한 밀도의 변화와도 관계가 있습니다. 그렇기 때문에 가을 하늘은 더 푸르고 높게 보이는 것이지요.

모네가 느꼈던 아침과 정오, 그리고 해 지는 저녁의 성당의 색깔 표현은 다분히 주관적인 점도 있습니다. 그러나 빛은 산란도 하며 굴절도 하는 까닭에 하루에도 태양에서 오는 빛의 색은 다양할 수밖에 없습니다. 아무래도

유난히 파란 가을 하늘

아침에는 공기층이 밤공기를 머금고 있기 때문에 차갑겠지요. 때문에 공기가 뜨거웠다가 식어가는 저녁 때와 굴절과 산란이 다르게 느껴지겠지요. 확실히 붉게 물든 저녁노을과 붉은 동녘 하늘은 달리 느껴집니다. 아침 햇살이 더 눈부신 것도 밤의 어두움에서 점점 밝아지는 환경적 요인이 크게 작용하기 때문이지요.

2005년 10월 26일에 미국의 로체스더대학 과학자의 연구결과에 의하면 '눈을 통해서 들어오는 빛의 색은 우리들 뇌에서 다시 정리하기 때문에 개인에 따라 다르게 느낀다.'는 연구결과가 발표되었습니다. 모네가 본 성당의 느낌과 제가 보는 느낌이 틀림없이 같을 수는 없을 것입니다. 그렇지만 확실한 것은 모네나 오지호가 남긴 작품의 색은 아름답고 고귀하다는 것입니다. 그곳에는 아직 과학이 깨닫지 못하는 알 수 없는 마력이 우리를 사로잡기 때문입니다. 그래서 위대한 예술은 영원히 우리 영혼을 맑게 하는 모양입니다.

거울의 비밀, 그리고 빛의 반사현상

얀 반 에이크는 볼록거울의 신비한 효과에 깊이 매료되었던 것 같아요.

그의 눈에는 볼록거울의 불완전함이 오히려 장점으로 보였습니다.

볼록거울을 사용하면 화면에 그릴 수 없는 것까지도 표현할 수 있으니까요.

그는 그림 속에 또 다른 공간이 존재한다는 것을 알리고 싶은 야망을 가졌던 것이 분명해요. 볼록거울을 활용하면 화면에서는 미처 그리지 못했던 아르놀피니 부부의 뒷모습과 또 다른 실내, 그리고 두 사람의 증인까지 모두 담을 수 있잖아요.

따라서 그림 속 볼록거울은 현실의 다른 면을 표현하고 싶은 화가의 숨은 의도를 증명하는 거울 역할을 하고 있어요.

이 그림은 미술사에서 중요한 위치를 차지하고 있어요. 우선 두 가지를 손꼽을 수 있는데 첫째는 회화 역사상 인물의 전신을 그린 최초의 초상화라는 점입니다. 얀 반 에이크 이전의 화가들은 초상화 모델의 상반신만을 그렸어요. 그러나 얀 반 에이크는 인물의 머리에서 발끝까지 화폭에 죄다 묘사했습니다.

둘째는 유화로 그려졌다는 점입니다. 얀 반 에이크는 유화의 창시자예요. 유화를 개발한 그의 공적을 기리기 위해 그가 죽으면 오른팔을 성스런 유품으로 보관해야 한다는 이야기가 나올 정도였어요.

얀 반 에이크가 유화를 발명한 것이 대체 왜 그토록 커다란 반향을 불러일으켰을까요? 미술의 표현영역을 넓혔기 때문입니다. 유화란 색소에 기름을 섞은 물감을 말해요. 유화가 개발되기 전 화가들은 계란 노른자에 색소를 섞은 템페라 기법으로 그림을 그렸어요. 그러나 계란을 사용하면 치명적인 결점이 생깁니다. 물감이 마르는 속도가 너무 빠르고 금세 딱딱해지기 때문에 색채를 혼합할 수 없어요. 하지만 기름을 사용하면 마르는 속도가 느리기 때문에 색채를 혼합할 수 있으며 물감이 마른 뒤에도 여러 번 덧칠할 수 있어요. 또한 명암의 미묘한 변화도 자유자재로 연출할 수 있어서 입체적인 효과를 낼 수 있어요. 이 같은 장점을 지닌 유화가 발명된 덕분에 화가들은 대상을 정밀하게 묘사할 수 있을 뿐 아니라 다양한 조형적 실험도 얼마든지 가능하게 되었어요. 그림은 사진처럼 정밀하게 그려졌는데, 바로 유화 기법을 사용했기 때문입니다. 정말이지 화가들은 얀 반 에이크에게 경의를 표해야 마땅하다는 생각이 듭니다.

이 작품은 네덜란드 브뤼게에 거주하는 대 부호인 아르놀피니 부부의 약혼식 장면을 그린 것입니다. 이탈리아 루카 출신의 아르놀피니는 귀족 출신은 아니지만 장사로 떼돈을 번 성공한 사업가였어요. 아르놀피니는 시대적인 흐름을 재빨리 간파한 덕분에 벼락부자가 되었는데 그 배경을 잠깐 살펴볼까요?

15세기 말 브뤼게 시는 해운과 상업, 금융 교역의 중심지였어요. 브뤼게 시는 상업의 요충지라는 이점을 활용해 증권시장을 창설했으며 상인들의 상거래를 위한 독립회관도 세웠어요. 이 바람에 전 유럽의 상인들이 매매 계약서를 체결하기 위해서 브뤼게 시로 몰려들었습니다.

노련한 장사꾼 아르놀피니가 이런 절호의 기회를 놓칠 리 없지요. 그는 상업적 수완을 발휘해서 마침내 황태자의 재무를 담당하는 자리에 오를 만큼 벼락출세를 했어요. 신흥부자가 된 그는 자신의 경제적 부를 초상화를 통해 과시하고 싶었어요. 아르놀피니는 자신이 소유한 값진 물건들을 초상화에 함께 그려줄 것을 화가에게 요구했습니다.

그럼 아르놀피니가 얼마나 값비싼 물건들을 갖고 있었는지 함께 살펴보겠···▶ p.045
어요. 차양이 드리워진 호화로운 침대와 조각된 팔걸이가 달린 붉은색 등받이 의자가 눈을 황홀하게 만듭니다. 침대 밑에는 사치스런 터키의 아나톨리아 산 양탄자가 깔려있어요. 천정에는 정교하게 세공된 청동 샹들리에가, 벽에는 화려한 테두리 장식을 한 베네치아 산 볼록거울이 붙어 있어요. 15세기에 베네치아 산 거울을 집 안에 걸 수 있다는 것은 그가 엄청난 부자라는 사실을 증명합니다. 거울의 왼쪽 벽에는 크리스털로 만든 기도용 구슬 띠가 걸려 있어요. 창틀에는 스페인에서 수입한 오렌지가, 탁자 위에는 값비싼 수입산 과일이 놓여 있습니다.

신랑신부의 의상도 실내 장식품 못지않게 호화로워요. 먼저 신랑의 옷차림을 볼까요? 그는 검정 셔츠에 담비 털로 테두리를 장식한 보라빛 벨벳 망토를 걸쳤으며 챙이 넓은 검정 모자를 썼어요. 신부 역시 모피로 잔뜩 멋을 부린 화려한 녹색 벨벳 드레스를 입었습니다. 두 사람의 발치에 앉은 애완 견마저 아르놀피니의 부유함을 자랑하고 있어요. 이처럼 네덜란드 초상화 는 그림을 주문한 고객의 경제적 부와 소유물까지 자세하게 묘사하고 있어 요. 관객들은 그림 속 물건들을 보면서 초상화 주인공의 직업과 그가 소유 한 물건들의 목록까지 알게 됩니다. 아울러 당시 네덜란드 지방에서 상거 래가 활발하게 이루어졌다는 정보도 덤으로 얻게 됩니다. 이 그림은 실제 약혼식 장면을 묘사한 것이지만 화가는 각 소재들을 마치 퍼즐처럼 정교하 게 구성했어요.

그 핵심적인 역할을 하는 것은 바로 화면의 한가운데 위치한 볼록거울입니 다. 거울을 자세히 들여다보면 테두리를 장식한 열 개의 메달에 그리스도 수난과 부활 장면이 묘사되어 있는 것을 발견할 수 있어요. 놀라운 것은 거 울에 약혼식 서약 장면은 물론 그림에 표현되지 않은 약혼자들의 뒷모습과 창문, 심지어 다른 방의 구조까지 보인다는 점입니다. 더욱 신기한 것은 거 울 속에 비친 낯선 두 남자의 존재입니다. 파란색 옷을 입은 남자는 화가 얀 반 에이크이며, 붉은색 옷을 입은 또 다른 남자는 결혼식 증인으로 추정 됩니다. 얀 반 에이크는 자신과 증인을 거울에 감쪽같이 그려 넣은 후 태연 하게 거울 면에 '얀 반 에이크가 여기에 있었노라.'라는 서명까지 했어요. 15세기에 이처럼 정교한 눈속임을 구사한 초상화가 그려졌다는 사실이 도 저히 믿어지지 않습니다. 그런데 이 결혼식에는 또 다른 숨겨진 증인이 있 어요. 세 번째 증인은 신입니다. 천정에 매달린 샹들리에에 달린 일곱 개의 촛대 중 오직 한 촛대에 촛불이 타고 있어요. 대낮인데도 불빛을 환히 밝힌 촛불은 예비부부를 축복하는 신의 은총을 상징합니다.

이쯤에서 다시 거울에 관한 이야기로 돌아가겠어요. 그림 속 거울은 볼록 인데 이는 당시 거울을 만드는 기술이 극히 초보적인 단계였기 때문입니 다. 15세기 장인들은 유리 안쪽에 주석 합금을 칠해서 거울을 만들었어요. 그렇게 만든 거울도 찻잔 정도의 크기를 넘지 못했으며, 가운데가 볼록 튀

〈아르놀피니의 약혼〉의 볼록거울 부분

어나온 기형적인 형태였어요. 곡면은 거울에 비친 모습을 원래의 모습과 다르게 보이도록 했어요. 주석을 입힌 볼록거울에 비친 모습은 불완전할 뿐 아니라 거대한 물체가 아주 작게 나타나는 등 결함을 지녔지만 호기심 강한 사람들의 넋을 뺏기에는 충분했어요. 크기가 작았던 이 거울은 실내 장식품이나 장신구로도 인기가 높았어요. 옷에 달기도 하고 종교의식에 쓰이기도 했습니다.

얀 반 에이크는 볼록거울의 신비한 효과에 깊이 매료되었던 것 같아요. 그의 눈에는 볼록거울의 불완전함이 오히려 장점으로 보였습니다. 볼록거울을 사용하면 화면에 그릴 수 없는 것까지도 표현할 수 있으니까요.
그는 그림 속에 또 다른 공간이 존재한다는 것을 알리고 싶은 야망을 가졌던 것이 분명해요. 볼록거울을 활용하면 화면에서는 미처 그리지 못했던 아르놀피니 부부의 뒷모습과 또 다른 실내, 그리고 두 사람의 증인까지 모

크리스투스 | 성 엘리기우스 Saint Eligius | 1449 | 목판에 유채

두 담을 수 있잖아요. 따라서 그림 속 볼록거울은 현실의 다른 면을 표현하고 싶은 화가의 숨은 의도를 증명하는 거울 역할을 하고 있어요.

거울이야기를 해서 그런지 거울이라는 단어가 자꾸 입안에 맴돕니다. 이렇게 독자들은 현실을 보여 주고 싶은 화가의 욕망과 숨겨진 대상을 교묘히 드러내어 관객의 호기심을 자극하고 싶은 화가의 충동이 볼록거울을 통해 나타났다는 것을 알게 되었습니다.

그런데 김제완 박사님 왜 거울 앞에 서면 물체의 좌우가 바뀌게 되는 것인지 궁금합니다. 그리고 빛이 거울에 반사되는 현상을 과학적으로 어떻게 설명할 수 있나요? 이 질문들의 답과 함께 빛의 성질을 잠시 언급해 주세요.

파장의 움직임인 파동은 벽에 부딪치면 반사하게 되는데 메아리도 같은 원리에서 발생하는 현상입니다. 또한 빛은 다른 물질에 들어가면 굴절하기도 합니다. 물이 담긴 유리컵에 젓가락을 꼽아 놓으면 굽어보이는 것도 이런 까닭 때문이지요.

그렇다면 거울에 빛이 비치면 어떻게 될까요? 신기하게도 거울은 전파인 빛을 모두 반사하고 통과시키지는 않습니다. 전파인 빛은 반사할 때 입사각과 반사각이 동일해야 합니다. 왜 그래야만 하는지 설명하려면 지루한 말이 계속 이어져야 하기 때문에 그저 물리의 법칙이 그렇다고만 받아들여도 좋을 듯 합니다.

〈빛의 반사〉에서 보는 것처럼 화살표의 꼭지에서 거울 표면에 간 빛은 되돌아오고, 꼭지점에서 거울 밑 부분 중앙으로 간 빛은 같은 반사각 θ을 유지하며 되돌아옵니다. ···▶ p.052 〈거울에 비친 전구〉를 보시면 거울 속의 영상이 어떻게 생기는지를 알 수 있을 것입니다. ···▶ p.052 즉 전구에서 나간 빛은 거울에서 같은 각도로 반사되어 우리의 눈에는 거울 속의 허상이 들어오게 되는 것이지요. 이때 거울의 상과 실제의 상은 좌와 우가 서로 바뀌게 됨을 곧 알 수 있습니다.

하지만 빛은 반사뿐만 아니라 굴절도 합니다. 무지개를 떠올려볼까요? 옛날 서양인들은 무지개를 타고 건너가면 그 끝에는 유토피아가 있다고 생각했습니다. 그래서인지 팝송에도 '무지개 끝에는 금 항아리가 묻혀있다.' 는 가사가 있습니다. 이렇듯 무지개는 우리에게 신비의 대상이었으며 우리의 정서를 어루만지는 역할을 하기도 합니다.
그런데 과학자들은 이런 입장과는 거리가 멀게 무지개를 해석하지요. 무지

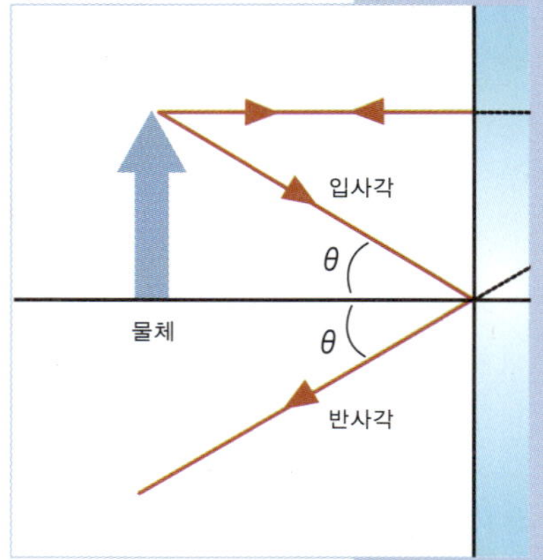

빛의 반사

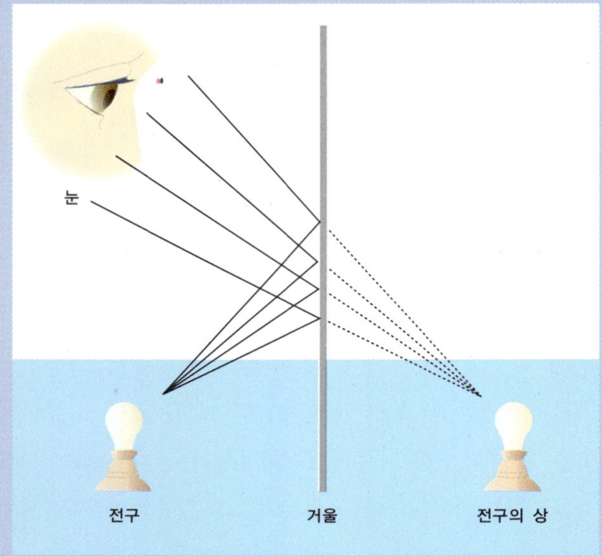

거울에 비친 전구

아름다운 색의 무지개

개의 낭만과 신비를 송두리째 앗아가 버립니다. 과학자들은 무지개를 '물방울이 여러 가지 빛깔을 다른 각도로 굴절시켜서 일어나는 현상'이라고 무미건조하게 설명하지요.

혹 이 글을 읽으면서 '왜 서로 다른 색의 빛은 다른 각도로 굴절하나요?'라고 질문하실 분이 있을 듯 합니다. 그 질문에 간단하게 답변하겠습니다. 관장님께서도 아마 프리즘이라는 피라미드형 유리를 보셨을 것입니다. 이 프리즘은 여러 색의 빛을 다르게 굴절시키는 과학기기입니다. 즉 백색광을 일곱 색깔의 무지개로 만들어 주는 기기이지요.
너무 신기하기만 할 것 같은 프리즘의 원리는 단순합니다. 앞서 빛이 전기와 자기의 파동 즉 전파라고 했던 것을 다시 한번 떠올려 보세요. 붉은빛은 긴 파장의 전파이기 때문에 프리즘 유리의 영향을 덜 받아서 적게 휘어 나갑니다. 즉 적게 굴절하는 것이지요. 하지만 푸른빛은 파장이 짧아서 프리즘 속에서 더 많은 파형을 만들어야만 통과할 수 있으므로 굴절하는 양이 더 많아지는 것입니다. 그럼 무지개의 경우는 어떠할까요? 원리는 같습니다. 다만 공기 중의 물방울이 프리즘의 역할을 대신할 뿐입니다.

이러한 빛의 물리학을 이용하여 관장님과 함께 감상한 얀 반 에이크의 〈아르놀피니의 약혼〉에 다시 시선을 돌려보겠습니다. 이 그림을 보고 일부 학자들은 렌즈와 거울을 이용하여 그렸다는 주장을 제기하고 있습니다. 물리학자들 사이에는 전신상과 중앙의 거울이 그림의 포인트가 아니라 거울이 도구였다는 주장이 제기되어 더 유명세를 치렀습니다. 이런 주장은 화가인 데이비드 혹크니와 물리학자인 첼스 활코에 의하여 제기되었지요. 그는 초기 르네상스 시대의 그림들이 너무나 정교한 이유를 바로 렌즈와 거울을 이용해 그 영상을 화폭에 비추어 전체적인 윤곽을 잡고 그 위에다가 색칠한 것에서 찾고 있습니다. 그는 이 같은 주장의 근거로서 중앙에 있는 샹들리에의 모습이 너무 정교하다는 것에 주목했습니다. 그러나 스텐포드 대학의 데이비드 스토크 같은 사람은 렌즈와 거울에서 생기는 영상을 컴퓨터로

····▶ p.045

'렌즈와 거울을 이용했다.'는 의혹이 제기된 〈아르놀피니의 약혼〉의 부분 영상

재생해 볼 때 혹크니의 주장이 다소 의심스럽다는 반대 의견을 내놓고 있어요. 작년으로 기억합니다만 켄사스에서 열린 물리학 학술회의에서도 이 초기 르네상스 시대의 작품 〈아르놀피니의 약혼〉을 놓고 '광학을 이용하여 영상을 얻었다.'는 주장과 정반대되는 주장이 팽팽하게 맞서며 도마 위를 장식하기도 했습니다.

지금껏 빛의 성질은 반사와 굴절에 대해 이야기했습니다. 하지만 빛은 회절하기도 합니다. 빛은 아주 짧은 파장의 전파이기 때문에 자신과 비슷한 간격의 파장은 잘 인지하지 못하지요. 때문에 직진하지 않고 돌아가는 성질이 있습니다. 물감을 섞지 않고 점으로 표시한 쇠라가 빛의 이런 성질을 이용한 대표적인 화가인 셈이지요.

간단하지만 관장님의 질문에 충분한 답이 되었기를 바라며 이번에는 거꾸로 제가 관장님께 부탁을 드리겠어요. 혹 〈아르놀피니의 약혼〉이외에 거울을 활용한 명화가 있다면 소개해 주시겠어요?

"상대의 심리를 꿰뚫는 김 박사님의 독심술에 감탄을 금할 수가 없네요. 실은 제가 또 한 점의 명화를 소개하고 싶어 은근히 시간을 재고 있었거든요. 지금 감상할 그림 역시 사물의 숨겨진 이면을 거울을 통해 생생하게 보여 주고 있어요. 바로 마네의 대표작인 〈폴리 베르제르 바〉입니다."

이 장면은 마네가 파리의 명물인 '폴리 베르제르 바'의 실내정경을 그린 것 ··➡ p.056
입니다. 폴리 베르제르 바는 카페와 술집, 카바레와 서커스 공연장을 겸한 대형 유흥장입니다. 화면 중앙에 서 있는 여인은 이곳에서 일하는 여급인 쉬종이예요. 그녀는 양팔을 대리석 탁자 위에 얹은 채 어딘가를 물끄러미 바라보고 있어요. 그녀의 등뒤로 대화를 나누는 손님들의 모습이 보입니다. 그런데 배경을 유심히 살펴보세요. 여급의 등 뒤에 커다란 거울이 걸려 있는 것을 발견할 수 있을거예요.
이쯤 되면 눈치 빠른 독자들은 금세 감지하시겠지요. 그래요. 지금 이 장면은 실제 카페 정경이 아닌 거울에 비친 이미지입니다.

마네는 휘황찬란한 불빛이 어른거리고, 손님들로 북적이는 카페의 실내를 거울에 반사된 이미지로 표현했어요. 잠깐 화면의 오른쪽을 볼까요? 쉬종의 뒷모습과 검은 모자를 쓴 남자가 그녀를 향해 말을 건네는 모습이 보여요. 즉 관객은 거울에 비친 두 사람을 보고 있는 것이지요. 게다가 거울 속 두 남녀의 모습은 원근법적으로 맞지 않아요. 관객의 눈길은 여급의 앞에 있습니다. 그런데 거울 속 인물들은 그보다 훨씬 오른쪽에 비칩니다. 이것은 광학적 원리에서 볼 때 있을 수 없는 현상입니다. 마네는 거울을 교묘하게 이용해서 의도적으로 현실을 왜곡시켰어요.

마네 | 폴리 베르제르 바 A Bar at the Folies-Bergère | 1882 | 캔버스에 유채

대체 마네는 왜 이처럼 모순된 그림을 그린 것일까요? 바로 화가의 사명이
라고 할 수 있는 현대성을 표현하기 위해서였어요. 거울에 등장한 사람들
은 19세기를 주도한 부르주아 계층입니다. 마네는 소비와 향락생활의 주역
으로 급부상한 부르주아의 실상을 그림을 통해 보여 주고 싶었어요. 거울
에 반사된 대상들은 관객의 욕망을 끝없이 자극하는 동시에 그것의 덧없음
을 보여 줍니다. 즉 마네는 현실의 끈끈한 욕망과 물거품 같은 허상을 극명
하게 대비시키기 위해서 거울을 등장시킨 것이지요.

한편 마네가 폴리 베르제르 바를 선택한 것은 시민계층에게 가장 인기있는
장소였기 때문입니다. 그가 살던 시대 파리는 눈만 뜨면 카페, 레스토랑,
뮤직 카페가 생겨 났어요. 이처럼 유흥업소가 폭발적으로 늘어난 것은 파

리 시내에 공공사업이 추진되면서 산업이 급속도로 발달했기 때문입니다. 프랑스 역사상 새 시대의 도래를 이처럼 강렬하게 느낄 수 있었던 시대는 없었어요. 1851년 쿠데타를 일으켜 절대 권력을 장악한 나폴레옹 3세는 경제 성장과 문예 진흥으로 프랑스를 유럽의 선두에 내세울 야망을 품었어요. 그는 자신의 야심을 실행하기 위해서 파리 근대화 계획에 착수했습니다. 도시 재건을 위해 낡은 집들을 철거하고 현대적인 공공건물을 신축했어요. 파리가 산뜻한 모습으로 단장을 마치기가 무섭게 카페 문화가 활짝 꽃피웁니다. 예술가들은 현대성의 상징물인 카페를 즐겨 찾았으며, 열띤 토론을 하면서 밤을 지새우고 그곳 정경을 그림에 담곤 했습니다.

마네 역시 카페를 즐겨 묘사했어요. 마네는 그림에 등장한 폴리 베르제르 바의 단골손님이었어요. 틈만 나면 그곳에 찾아가서 몇 시간씩 앉아서 스케치를 하곤 했습니다. 그러던 어느 날 그는 폴리 베르제르 바를 대작으로 그리고 싶은 충동이 생겼어요. 마네는 여급 쉬종에게 자신의 화실로 와 줄 것을 요청했습니다. 그녀가 화실에 도착하자 마네는 연극 무대 장치 같은 즉석 술집을 차렸으며, 샴페인병과 술잔, 과일이 담긴 크리스털 그릇, 꽃 등 여러 소품들을 진열했습니다. 그리고 유니폼을 입은 쉬종을 대리석 카운터에 서 있게 했어요. 이 작품은 그가 카페의 실내장면을 묘사한 마지막 대작입니다.

이렇게 명화 속 거울이야기는 끝을 맺는데요, 빛의 반사를 절묘하게 활용해서 회화의 지평을 넓힌 예술가들의 실험정신에 새삼 경의를 표하고 싶습니다.

발라의 화폭에 흐르는

속도, 에너지

20세기 초 예술가들은 왜 유독 속도에 집착했을까요?

인간의 삶 자체가 변했기 때문입니다. 멀미를 앓을 정도로 급속히 발전한 과학기술은

사람들의 세계관을 뿌리째 뒤흔들었어요. 자동차와 증기동력선, 기관차,

엑스선, 마천루, 전화와 무선전신의 발달은 인간의 의식구조와 작업스타일, 심지어

생각하는 방식에도 지대한 영향을 끼쳤습니다.

당시 사람들이 얼마나 속도에 열광했으면 20세기인들은 18세기 사람들보다

삶의 속도가 100배 이상 빨라졌다는 말이 나올 정도였을까요?

당연히 그림을 감상하는 방식이나 취향에도 많은 변화가 생겼습니다.

발라 | 쇠사슬에 묶인 개의 역동성 Dynamism of a Dog on a Leash | 1912 | 캔버스에 유채 © Giacomo Balla | by SIAE - SACK, Seoul, 2005

작품들은 한결같이 현대문명의 특징인 속도를 느끼게 해요. 그림이란 정지된 것이요, 움직이지 않은 것이라는 고정관념을 단숨에 깨부숩니다.

p.059 ← 먼저 이탈리아 출신의 미래주의 화가 발라의 〈쇠사슬에 묶인 개의 역동성〉을 감상하겠어요.

멋진 드레스 차림의 여인이 닥스훈트 개를 데리고 길을 가고 있어요. 애견은 주인과 함께 산책을 하게 되어 신바람이 났어요. 네 발을 분주하게 놀리며 갈 길을 재촉합니다. 부인의 펄럭이는 드레스 끝자락과 애견의 잽싼 발놀림, 그리고 앞뒤로 흔들거리는 쇠사슬의 리드미컬한 움직임을 보세요. 어때요. 저절로 속도가 느껴지지 않나요?

발라는 어떻게 평면인 화폭에 이처럼 움직이는 효과를 낼 수 있었을까요? 바로 연속동작사진 기법을 그림에 응용했기 때문입니다. 연속동작사진이란 한 장의 인화지 위에 연속적인 동작을 기록한 사진을 말해요. 이 신기술을 활용하면 연속동작의 경로를 눈으로 직접 확인할 수 있습니다. 예를 들어 영국의 사진가 머이브리지는 전자식 셔터를 갖춘 사진기들을 수십 개 배치해서 차례대로 작동할 수 있게 만든 후 동물들의 움직임을 촬영했어요. 그런 다음 연속사진들을 영사해 동물들의 동작을 재구성했습니다. 프랑스의 사진가인 마레 역시 날아가는 새를 시차사진술을 이용해 촬영했어요. 그 결과 육안으로는 도저히 파악하기 힘든 동물들의 빠른 움직임을 눈으로 직접 확인할 수 있게 되었습니다.

발라가 이처럼 실험정신에 불탄 까닭이 있어요. 전통적인 그림에서는 동

발라 | 바이올리니스트의 리듬 Rythme d'un violiste | 1912 | 캔버스에 유채 © Giacomo Balla | by SIAE - SACK, Seoul, 2005

작을 표현하기가 무척 힘들기 때문입니다. 수많은 화가들이 그림에 움직임을 도입하기 위해 의욕을 불태웠지만 안타깝게도 실패하고 말았어요. 생각해 보세요. 평평한 화폭에 붓과 물감만으로 빠른 움직임을 표현하기가 말처럼 쉬운 일이겠어요? 그러나 발라는 이 불가능한 일에 과감하게 도전합니다.

그는 최첨단 사진술을 치밀하게 분석한 후 과학적인 요소를 그림에 도입했어요. 부산하게 움직이는 그림 속 개의 발놀림을 보세요. 연속동작사진을 그대로 옮겼다는 착각마저 들게 합니다. 그는 개의 신속한 동작을 효과적으로 보이도록 네 다리를 여러 번 중첩시켰어요. 또한 속도감을 느끼도록 여인의 드레스와 개의 발, 쇠사슬을 흐릿하게 표현했습니다.

윗 그림도 영화와 사진술을 응용한 움직임을 그림에 표현한 것입니다.

이 장면은 한 바이올리니스트가 신들린 듯 연주에 몰두한 순간을 묘사한 것입니다. 발라는 연속적인 움직임을 강조하기 위해 바이올리니스트의 얼굴과 몸은 과감히 생략하고 오직 연주하는 손만을 부각시켰어요. 줄 위로 미끄러지는 활과 바이올린의 목을 쥐고 있는 연주자의 왼손, 바르르 떠는 줄을 보세요. 소리의 울림까지 생생하게 전달됩니다. 발라는 움직임의 경로와 역동적 연속성을 강조하기 위해서 독특한 기법을 개발했어요. 흐르는 듯한 붓질이 바로 그것인데요, 정교한 색점을 찍은 후 그 색점들을 길게 늘여서 선으로 이으면 움직이는 효과가 납니다.

발라가 이처럼 첨단기술을 미술에 실험한 것은 당시 시대분위기가 화가들에게 과학기술을 숭배할 것을 노골적으로 부추겼기 때문입니다. 20세기 초 과학기술이 급속히 발달하면서 유럽은 농업 중심에서 산업사회로 급속하게 바뀌게 됩니다. 과학의 경이로운 성과에 자극을 받은 예술가들은 새로운 미술운동인 '미래주의'를 창시합니다.
미래주의란 1909년 이탈리아에서 시작된 혁신적인 미술사조를 말하는데, 그 어떤 미술운동보다 과학과 밀접한 관련을 맺고 있어요. 하긴 미래주의라는 용어 자체가 단번에 과학을 떠올리게 하지요. 예를 들어 어떤 사람을 가리켜 '그는 미래주의적이야.' 라고 말한다면 십중팔구 과학과 기술에 능통하며 새롭고 현대적인 사고를 지녔다는 뜻입니다. 왜냐하면 미래란 단어는 진보에 대한 무한한 기대와 멋진 신세계에 대한 환상을 의미하기 때문이지요. 미래주의 예술가들은 과학기술이 인류에게 유토피아를 선사하는 동시에 인간성을 해방시킬 수 있다고 믿었어요. 따라서 과학의 진보와 미래에 대한 희망을 예술가들이 앞장서서 실천하기를 바랐습니다.

미래주의 교주 격이었던 이탈리아 시인 마리네티는 예술가들에게 과거를 청산하고 미래를 맹목적으로 숭배할 것을 강요했어요. 그는 예술가들의 결속력을 다지기 위해서 11개 조항에 달하는 창립선언문까지 발표했습니다. 그중 몇 개의 조항을 살펴보겠어요.

'우리는 새로운 아름다움, 즉 속도의 미가 세상을 더욱 풍부하게 만들었다고 확신한다.
탄환처럼 재빠르게 달리는 경주형 자동차는 아름다움의 대명사인
사모트라케의 니케 승리상보다 아름답다.'

'우리는 운전자를 찬미한다. 그는 지구를 가로질러
정신이라는 창을 포물선을 그리면서 던지는 자이기 때문이다.'

'우리가 원하는 것은 불가능한 것을 깨 부시는 것인데
우리가 왜 과거를 뒤돌아봐야 하는가……. 우리는 이미 절대성 안에 살고 있다.
왜냐하면 우리는 영원하며 어디에서나 찾을 수 있는 속도를 창조했기 때문이다.'

마리네티는 이렇게 새 시대의 아름다움은 속도라고 공표했어요. 마리네티가 진부한 과거를 청산하고 희망찬 미래를 개척할 것을 선동하면서 예술가들은 앞 다투어 과학기술시대에 걸맞은 첨단예술을 창조합니다. 기계톱과 엔진소리, 밸브의 소음을 담은 소음 음악, 소리와 냄새를 그림에 표현한 신 회화, 거대한 기계와도 같은 주택, 역동적인 조선소를 방불케 하는 도시 건축물들을 잇달아 선보입니다. 즉 기계적이며, 인공적인 미학이 과거 자연적인 미학을 대체한 것이지요.

미래주의 화가들 역시 시대의 흐름에 발맞추어 새로운 기계미학과 과학을 미술에 적용했어요. 특히 속도를 우상처럼 숭배하며, 질주하는 속도에 초점을 맞추었습니다. 속도를 상징하는 것으로 단연 자동차를 손꼽았어요. 증기동력 기선들이 대서양을 횡단하고 증기기관차가 드넓은 평야를 가로지르며 달렸지만 속도하면 의당 자동차라고 생각했습니다. 속도의 대명사인 자동차는 상상력의 원천이요, 기계와 속도, 에너지의 완전한 결합체로 숭배를 받았어요. 그럼 자동차의 속도가 그림에 어떻게 표현되었는지 확인해 보겠어요.

화면은 크게 흰색과 푸른색, 초록색 면으로 나뉘어 구성되었어요. 지금 막 ⋯⟶ p.o64 자동차가 쏜살같이 지나간 것일까요? 화면 중앙에 분홍색을 띤 일련의 힘찬 선들이 보여요. 화가는 자동차에서 내뿜는 배기가스의 흔적을 하얀색 면

발라 | 추상적 속도, 자동차가 지나갔다 Abstract Speed-The Car has passed | 1913 | 캔버스에 유채

으로, 가로수는 초록색 면, 속도와 에너지는 분홍색 곡선으로 표현했어요.

물론 이 색면들 사이에서 자동차의 형체는 찾기 힘들어요. 화가는 질주하는 자동차를 추상적으로 표현했기 때문이지요. 그러나 선과 색채, 빛을 통해 자동차의 아찔한 속도를 생생하게 체험할 수 있어요. 그 어떤 화가보다 속도에 열광했던 발라이니만큼 조형능력만으로도 얼마든지 속도의 이미지를 묘사할 수 있답니다.

뒤샹 | 계단을 내려오는 누드 Nude descending a Staircase, no 2 | 1912 | 캔버스에 유채

내친김에 속도를 감지할 수 있는 또 한 점의 명화를 소개하겠어요. 뒤샹의
〈계단을 내려오는 누드〉입니다. 제목은 한 여인이 옷을 벗은 채 계단을 내
려오는 장면이라고 밝히고 있어요. 그러나 아무리 살펴도 아름다운 여인
의 몸이기보다 기계들이 덜거덕거리는 것처럼 느껴집니다. 계단을 내려오
는 저 여인의 팔다리를 보세요. 움직임은 기계의 작동 그 자체입니다. 그
림은 기계의 인간화, 기계와 인간의 이종교배를 충격적으로 보여 주고 있
어요. 여인이 기계로 변신한 그림에 얽힌 사연이 궁금합니다.

뒤샹은 기계로 변모한 여인의 누드를 1913년 미국 뉴욕의 69연대 병기창고에서 열린 '아모리 쇼'에 출품했어요. 아모리 쇼는 유럽의 전위미술을 소개한 전시회였어요. 지금과는 달리 당시 미국은 미술의 변방에 지나지 않았어요. 당연히 혁신적인 신 미술을 경험할 기회가 드물었지요. 그런데 보수적인 미국애호가들에게 유럽의 악동으로 소문이 자자한 뒤샹이 요란한 신고식을 한 것입니다. 예상대로 그림은 엄청난 파문을 일으켰어요. 관객은 물론 예술가, 비평가들마저 상상을 초월한 비난을 퍼부었습니다. 심지어 가장 혁신적인 미술가들마저 '회화의 말살이요, 과격한 미술의 파괴작용'이라고 흉을 보았어요.

그림이 그토록 사람들의 분노를 산 것은 누드를 기계로 표현했기 때문입니다. 관객들은 아름다움의 상징인 여성의 누드를 기계로 전락시킨 뒤샹의 비인간적인 행동에 경악을 금치 못했습니다. 뒤샹은 만물의 척도인 인간을 기계로 만들었습니다. 그는 이미 1912년에 매트릭스 세계를 예감한 것일까요? 미래에는 인간은 사라지고 기계가 대신 세계를 지배할 것이라고 경고한 것일까요? 아니에요. 그가 소문난 기계 광이었기 때문입니다. 뒤샹은 인간보다 오히려 기계가 우월하다고 생각할 만큼 기계를 좋아했어요. 기계의 규칙성과 효율성, 엔진의 리듬에 반했습니다. 툭하면 전쟁을 일삼는 인간에 대한 경멸, 이성에 대한 회의, 인간성에 대한 절망감이 기계에 대한 과잉 찬양으로 표출된 것이지요. 뒤샹은 기계에 심취한 나머지 예술가보다 엔지니어로 불리기를 바랐으며, 직접 기계를 제작하기까지 했습니다.
그는 기계 미학의 정수는 속도와 반복이라고 믿었어요. 이 작품은 기계를 통해서 새로운 미를 창조하고 싶은 뒤샹의 염원을 반영하고 있어요. 자, 보세요. 순간 동작을 연속적인 형태로 중첩시켜 기계의 특성인 속도감을 절묘하게 표현하고 있잖아요.

그렇다면 20세기 초 예술가들은 왜 유독 속도에 집착했을까요? 인간의 삶

자체가 변했기 때문입니다. 멀미를 앓을 정도로 급속히 발전한 과학기술은 사람들의 세계관을 뿌리째 뒤흔들었어요. 자동차와 증기동력선, 기관차, 엑스선, 마천루, 전화와 무선전신의 발달은 인간의 의식구조와 작업스타일, 심지어 생각하는 방식에도 지대한 영향을 끼쳤습니다.

당시 사람들이 얼마나 속도에 열광했으면 20세기인들은 18세기 사람들보다 삶의 속도가 100배 이상 빨라졌다는 말이 나올 정도였을까요? 당연히 그림을 감상하는 방식이나 취향에도 많은 변화가 생겼습니다. 이 같은 시대의 흐름을 재빨리 간파한 뒤샹을 비롯한 미래주의자들은 새로운 속도미학을 미술의 목표로 삼았어요. 그들은 과학기술이 인간의 삶에 미친 영향을 분석하고 그 신기술을 통해 세상을 개혁하려고 한 것이지요.

김 박사님, 지금껏 새롭고 현대적이며 미래 지향적인 아름다움을 창조하기 위해서 과학을 신봉했던 예술가들의 일화를 전해드렸는데요. 독자들이 인간의 눈에 보이지 않은 속도를 표현하기 위해서 그토록 애를 쓴 화가들을 쉽게 이해할 수 있도록 속도에 대한 과학이야기를 들려주셨으면 합니다.

" '인간의 눈에 보이지 않은 속도의 세계'를 명확하게 설명하기란 쉽지 않지만 제가 알고 있는 선에서 속도에 대해 말씀드리도록 하겠습니다. **"**

모두가 다 잘 알고 있듯이 속도란 '얼마만큼 빨리 이동하는가를 측정하는 량'입니다. '빠른 속도로 가는 물체'하면 곧 비행기를 연상하게 되는데 대한항공의 여객기는 보통 시속 800Km 정도이며 이는 소리의 속도보다 늦습니다. 소리의 속도 즉 음속을 넘어서면 제트전투기가 지나갈 때 나는 굉음처럼 충격파가 나옵니다. 따라서 비행기가 지나갈 때 충격파에 의한 굉음이 들리면 이는 비행기의 속도가 음속을 넘어섰음을 의미합니다. 음속은 약 시속 1,200Km입니다.

이쯤에서 아주 흥미로운 속도 이야기를 들려드릴까 합니다. 우리가 가만히 서 있다고 생각하는 지구는 365일 만에 태양 주변을 한바퀴 돕니다. 이를 계산해 보면 시속 10만 7,000km나 되는 놀라운 속도입니다. 비행기보다 1,000배나 더 빠른 속도로 지구는 태양을 돌고 있는 셈이지요.

그렇다면 이 세상에서 속도가 가장 빠른 것이 무엇일까요? 바로 모네가 그토록 좋아했던 빛입니다. 빛은 초속 30만 Km를 움직입니다. 지구의 공전 속도보다는 약 10,000배 정도 더 빠른 속도이지요. 하지만 물속에서 빛의 속도는 1.2배 정도 느려집니다. 물속에서 빛보다 더 빠르게 움직일 수 있는 것이 있습니다. 바로 전자입니다. 전자가 물속에서 빛보다 빨리 움직이게 되면 공기 속에서 음속을 넘어설 때 나오는 충격파처럼 아주 예쁜 푸른 색깔의 빛을 방출합니다. 이 빛을 처음 발견한 러시아 과학자의 이름을 따 '체렌코프빛'이라고 하지요. 이 원리는 우주에서 폭발한 별을 관측하는 거대한 망원경을 탄생시켰습니다. 현재 이 망원경은 일본 '가메오카오사카에서 기차로 1시간 정도 떨어진 광산촌'에 있는 폐광 안에 장치되어 있습니다. 땅속에 있는 이 망원경중성미자 망원경은 밤에 지구의 반대편에 있는 태양 내부의 사진도 찍고 있습니다. 중성미자 망원경을 고안한 일본의 고시바 교수는 2002년 노벨물리학상을 수상하기도 했지요.

노벨물리학상 이야기가 나온 김에 한마디 더 첨언하렵니다. 2005년 노벨물리학상의 영광은 빛에 관한 연구로 돌아갔지요. 하버드대학의 로이 글로버 교수, 콜레라도대학의 존 홀 교수 그리고 독일 막스프랭크연구소의 핸쉬 박사가 공동 수상했는데요, 그들은 지금까지 아날로그형인 파동으로 빛의 관측을 설명했던 것을 디지털형인 빛의 입자 즉 광량자로서 설명하는 연구를 하였습니다이러한 분야를 양자광학이라고 한다. 그들의 수상 사유를 좀 더 자세히 살펴보면 홀 교수와 핸쉬 교수는 디지털광학 즉 양자광학을 이용하여 30억 년 중 1초 밖에 오차가 없는 '빛의 시계'를 개발하였고 글로버 교수는 이를 뒷받침하는 이론을 제공했습니다. 여기서 대단히 자랑스러워해야 할 부분이 있습니다. 바로 글로버 교수의 노벨상 업적에 촉매제 역할을 했던 것은 한국인 물리학자인 컬럼비아대학 이원용 교수우리나라에서도 호암상을 수상한

와 골드하버 교수 등이 쓴 논문들이 있었기에 가능했다는 점이지요.

이제 다시 화제를 빛으로 돌려 보겠습니다. 빛은 우주의 근본입니다. 성경에 쓰여진 대로 우주는 탄생할 때부터 빛이 있었고 초속 300,000Km의 빛이 일정하게 움직이는 세상입니다. 속도는 보통 공간에서 이동하는 것을 의미하지만 공간에서 이동하지 않더라도 시간은 이동해서 지나갑니다. 이때 공간에서 이동하는 비율을 '공간속도', 시간의 이동 비율을 '시간속도'라고 합니다. 그런데 우주는 즉 우주 속의 만물은 시간속도와 공간속도를 합쳐 언제나 초속 300,000Km로 일정하게 이동합니다. 예를 들어 봅시다. 공간속도가 빛의 속도이면 시간속도는 0이 됩니다. 왜냐하면 공간속도와 시간속도의 합은 빛의 속도이기 때문에 공간속도가 빛의 속도가 되면 시간속도가 들어올 틈이 없기 때문이지요. 이때 시간속도가 0이라는 것은 시간이 변하지 않고 제자리에 있다는 것을 의미하니 시간이 흐르지 않는다는 것과 같습니다. 반대로 시간속도가 빛의 속도가 되면 공간의 이동 즉 길이가 0이 되어야 합니다. 이렇듯 우주는 오묘한 속도의 세계에 갇힌 미스터리 덩어리인 셈이지요.

Magritte

시간을 바라보는

다양한 시선들

그림은 혁명적인 아인슈타인의 특수상대성 이론을 입증하는 미술교재로
추천해도 전혀 손색이 없을 만큼 완벽하게 그의 이론과 일치해요.
혹 마그리트는 아인슈타인의 상대성이론을 이미 알고 있었던 것은 아닐까요?
아니면 예술가다운 직관력으로 빛의 속도에서는 시간과 운동은 멈춘다는 것을
감지한 것일까요? 그렇다면 드디어 해답이 나왔어요. 그림 속 기차는 콘크리트 벽보다
더 강한 인간의 의식을 통과하기 위해서 빛의 속도로 달렸던 것입니다.

p.071 ◀··· 칙칙폭폭 수증기를 내뿜으며 신나게 달리던 기관차가 갑자기 선로를 이탈한 것일까요?

느닷없이 벽난로를 뚫고 실내로 침입했습니다. 방향을 바꾸어 벽을 뚫느라 에너지를 너무 소모한 탓인지 기차는 앞머리만 겨우 빠져나온 상태에서 순간 정지했어요.

벽난로에 몸체가 걸친 바람에 꼼짝달싹조차 할 수 없게 된 기관차! 더욱 기이한 느낌을 주는 것은 벽을 장식한 거울과 그 앞에 놓인 시계입니다. 대체 수수께끼 같은 그림에 숨겨진 의미는 무엇일까요?

먼저 그림을 미술적으로 풀어 보겠어요. 기차가 달리던 바깥세상은 인간의 외양, 곧 의식을 상징해요. 반면 실내는 인간의 내면, 즉 무의식을 의미합니다. 그렇다면 벽은 무엇을 뜻할까요? 의식과 무의식을 가르는 장벽이 되겠지요. 한편 벽난로 위의 시계는 시간을 가리킵니다. 끝으로 허공에 떠 있는 기차가 의미하는 것은 무엇일까요? 바로 회화를 뜻해요. 즉 마그리트는 무의식이라는 미지의 세계를 탐험하기 위해서 그림이라는 기관차를 타고 답사여행을 떠난 것입니다. 그가 무의식의 세계를 여행하고 싶었던 까닭이 있어요. 그는 인간의 억눌린 생각과 감정, 욕망은 무의식 속에 똬리를 틀고 있다고 믿었어요. 사람들의 진짜 모습을 보려면 반드시 이곳에 들러야 한다고 생각했습니다.

그러나 대다수의 사람들은 자신들의 내면에 무의식의 영역이 존재한다는 사실조차 깨닫지 못해요. 무의식은 본능에 충실해서 틈만 나면 사회질서와 윤리도덕을 위협해요. 이 불순세력을 감시하기 위해서 의식이라는 감찰관이 늘 눈을 부릅뜨고 지키고 있기 때문이지요. 하지만 마그리트는 부당하게 검열받고 핍박당하는 무의식을 해방시킬 때 인간은 비로서 진정한 자유를 누릴 수 있다고 믿었어요. 절대자유를 열망한 그는 그런 자신의 신념을 예술에 표현한 것입니다.

이런 초현실주의 이론을 염두에 두면서 그림을 보면 의문이 풀릴 거예요. 마그리트는 질주하는 기차가 벽을 통과해 실내로 들어오는 그림을 통해서 초현실주의 이념을 설명하고 있어요. 기차는 전속력으로 달리던 끝에 드디어 의식이라는 장벽을 뚫고 최종 종착지인 무의식에 도달했어요. 그런데 그토록 갈망하던 장소를 코앞에 두고 기차는 정지하고 말았어요. 목적지에 닿았다는 안도감에 그만 긴장이 풀린 것일까요?
이 의문점을 풀기 위해서는 미술보다 과학의 힘을 빌어야 할 것 같아요. 왜냐하면 그림은 아인슈타인의 특수 상대성 이론을 글보다 더 선명하게 보여주고 있으니까요. 아인슈타인은 빛의 속도에서 시간과 운동은 멈춘다는 파격적인 주장을 했습니다. 그는 시간은 정확하고 고정적이며, 변동이 없다는 전통적인 시간개념을 단숨에 깨부셨으며, 그 바람에 과학계에 엄청난 파문을 일으켰지요.

그림은 혁명적인 아인슈타인의 특수상대성 이론을 입증하는 미술교재로 추천해도 전혀 손색이 없을 만큼 완벽하게 그의 이론과 일치해요. 혹 마그리트는 아인슈타인의 상대성이론을 이미 알고 있었던 것은 아닐까요? 아니면 예술가다운 직관력으로 빛의 속도에서는 시간과 운동은 멈춘다는 것을 감지한 것일까요? 그렇다면 드디어 해답이 나왔어요. 그림 속 기차는 콘크리트 벽보다 더 강한 인간의 의식을 통과하기 위해서 빛의 속도로 달렸던 것입니다.

김 박사님, 그렇다면 시간은 대체 무엇이며, 어떻게 지각되는 것인가요? 또한 시간의 속도는 항상 일정한 것이며, 결코 멈추지 않는지요?

그는 '아무도 묻지 않는다면 시간이 무엇인지 안다고 생각할 수 있지만 그 누군가 물으면 대답할 수가 없습니다.'라고 말했습니다. 시간이란 손에 잡히지 않는 존재임을 잘 대변해 주는 말임에 틀림없습니다. 이런 질문들과 상통하는 또 다른 질문이 있습니다. 바로 '시간이 흘러간다고들 하는데 도대체 무엇이 흘러가는 것인가?'라는 질문이지요. 과학자인 허만 본디는 '시간이란 원래 존재하는 실체가 아니라 사람들이 만들어 낸 것'이라고 말했으며, 폴란드 태생의 17세기 시인 엔젤르스 실레시우스는 '시간이란 생각 속에서만 있다. 시간의 시계는 생각 속에서만 재깍재깍 가고 있지만 생각을 멈추면 시계 역시 멈춘다.'라고 했어요. 그러나 우리가 상식적으로 아는 시간의 흐름이란 해가 뜨고 지고 봄, 여름, 가을, 겨울이 흘러서 세월이 지나가는 것을 의미합니다. 따지고 보면 그렇게 애매한 것도 아니고 복잡하지도 않습니다.

20세기에 이르러 아인슈타인이란 천재가 이러한 생각을 좀 더 구체화하였습니다. 그리고 그 결과로 앞서 관장님이 언급한 '상대성이론'을 발견하게 되었지요. 그의 이론에 따르면 시간과 공간은 상대적이라는 것입니다. 선문답 같은 말이라 도무지 무슨 말인지 이해하기 어려워 하는 여러분을 위해 좀 더 구체적인 예를 들어 풀어 보겠어요.

그 옛날 희랍의 철학자 플라톤은 우리 인간들은 실제 세상은 모르고 동굴 속에서 살고 있는 그런 존재라는 했습니다. 동굴의 벽에 비치는 그림자를 보고 그것이 실체라고 생각하고 살아간다는 것이지요. 우리 인간들이 얼마나 저차원적인 생각에 사로잡혀 사는지 다음 그림을 보면서 생각해 봅시다. 동굴 밖 입구에 기다란 원기둥 모양의 쓰레기통이 세워져 있다고 가정

동굴에 비친 쓰레기통의 그림자

해 보세요. 그리고 빛이 쓰레기통의 오른쪽에서 비친다고 상상해 보세요. 그리고 동굴 벽 위에 만들어지는 그림자에 주목해 볼까요? 어때요, 벽에 직사각형의 그림자를 만들어졌지요. 동굴 속에서 생활하는 인간들은 그 그림자를 사물의 실체로 알고 있기에 직사각형이 나타났다고 수군거릴 것입니다.

하지만 그 다음날 환경미화원이 동굴 밖 쓰레기통의 안을 깨끗이 비웠습니다. 그 통을 똑바르게 놓고 간다는 것이니 그만 옆으로 넘어뜨리고 말았어요. 당연히 이번에는 직사각형 그림자 대신 둥근 원이 벽면을 대신하게 될 겁니다. 동굴 속 사람들은 직사각형이 별안간 사라지고 둥근 원이 나타났다고 신기한 현상이 나타난 양 난리법석을 떨 것임에 틀림없습니다.

어떻습니까? 어리석은 그림자에 속고 사는 동굴 속 인간들은 동일한 대상인 쓰레기통을 인식하지 못하고 그 그림자만 보고 다른 실체로 착각합니다. 바로 시간도 그런 것입니다. 빨리 움직이는 사람의 입장에서 보면 시간이 느려지고 가만히 서 있으면 도리어 빨리 흐르게 됩니다. 이렇듯 같은 시간이라도 어떤 상대적 위치에서 보는가에 따라 결과는 전혀 달라집니다.

그러나 시간이란 실체가 달라지는 것이 아니고 우리가 관측하는 시간이 달라진다는 것이지요. 3차원의 실체를 2차원인 그림자로만 판단하면 오해가 발생한다는 것을 그림자의 교훈에서 알게 되었듯 4차원인 우리 세상을 3차원인 공간과 1차원인 시간으로 나누어 인식하는 것에 문제가 있는 것이지요. 그런 식으로 따지고 보면 빠른 속도 즉 빛의 속도로 가면 시간이 늘어나 정지하게 되고 공간의 길이는 수축되는 현상을 인지하는 것도 마치 그림자를 보고 실체를 짐작하는 우매한 동굴 속 인간들과 동일한 것입니다. 이렇듯 과학에서도 시간과 공간은 같은 실체를 다른 각도에서 보는 것입니다.

제가 말해놓고도 퍽 어렵게 느껴지는 군요. 하지만 진리는 항상 그렇게 쉽게 얻을 수 있는 것이 아니며 이를 철학적으로 해석하는 것은 더더욱 어렵습니다. 유명한 철학자 와이트 헤드의 말을 인용하면서 시간에 대한 설명을 마무리하려고 합니다.

'철학은 질문에서 시작한다.
철학이 제대로 이루어져 극치에 달했을 때도 그 질문은 그대로 남는다.'

> 김 박사님 덕분에 어렵게만 느껴지던 아인슈타인의 '상대성이론'을 보다 쉽게 이해할 수 있게 되었어요. 또한 시간의 실체에 접근하는 방법이 무척 다양하다는 사실도 알게 되었습니다. 시간은 절대적이지 않고, 상대적이며, 변화하고 발전한다는 이론을 생생하게 증명하는 두 작품을 소개하면서 이야기를 마무리짓겠습니다.

역시 마그리트의 작품인데요, 그림의 배경은 칠흑 같이 어두운 밤입니다. 한적한 호숫가에 집 한 채가 보여요. 집을 둘러싼 야산과 저택 앞에 서 있는 커다란 나무 그림자가 밤의 적막을 더해 줍니다. 음울한 밤기운을 저 멀리 밀쳐내고 싶은 것일까요? 현관 앞의 가로등 불빛이 주변을 환히 밝힙니

마그리트 | 빛의 제국 L'empire des Lumieres | 1954 | 캔버스에 유채

다. 자, 여기까지는 그림에서 전혀 색다른 점을 발견할 수 없어요. 그저 평범한 교외주택을 그린 풍경화일 뿐입니다. 그러나 화면 위를 쳐다보면 이야기가 달라져요. 저 하늘을 보세요. 파란 하늘에 구름이 두둥실 떠다녀요. 하늘은 대낮인데 땅은 밤입니다. 그림은 낮과 밤의 풍경을 동시에 보여 주고 있어요.

마그리트가 대낮의 하늘과 밤의 어둠을 혼합한 까닭은 무엇일까요? 일상적인 시간 감각을 혼란시키기 위해서입니다. 마그리트 그림은 사람들이 추호도 의심하지 않은 절대가치에 의문을 제기해요. 고정관념을 파괴하고 사물의 이중성을 폭로하면서 절대적인 것은 없다고 주장합니다. 그는 자신의 신념을 보다 효과적으로 드러내기 위해서 전혀 상반된 개념들을 통합해요. 하나의 사물이 두 개일 수 있다고 제시해요. 하루의 대립되는 두 시기를 동시에 지각하게 만든 이 그림도 바로 정반대의 개념을 통일한 대표적인 예입니다.
낮이면서 밤인 풍경화는 이런 마그리트 회화의 특징을 가장 잘 보여 주고 있어요. 그림은 익숙한 것을 낯설게 하고, 오감을 혼란에 빠뜨리고, 벼락같은 충격을 안겨줍니다. 또한 교육을 통해 힘들게 얻은 지식을 휴지처럼 하찮게 만들어요.

대체 마그리트는 왜 관객에게 이처럼 초강도의 충격요법을 쓴 것일까요? 바로 세상에 대해서 끊임없이 질문을 던지는 것을 예술가의 사명으로 여긴 때문입니다. 그는 진심으로 미술이 관객들에게 감정적인 충격을 불러일으키기를 원했어요. 그런 의도에서 시간상 분리된 사건들이 동시에 발생하고, 물리적 법칙에 도전한 그림을 창조했습니다. 그러나 이런 특성은 비단 마그리트뿐 아니라 시대를 개척한 위대한 예술가들이 공통적으로 지닌 요소예요. 그들은 확립된 사고방식이나 진리는 불변하다는 생각을 단호히 거부합니다. 모든 것은 상대적이며, 역동적이며, 변화한다고 믿어요. 그런데 너무 신기하지 않나요? 이런 신념은 전통적인 과학이론에 도전한 혁신적인 과학자들의 생각과 국화빵처럼 닮았으니까요.

다음 그림 역시 인간의 지각을 혼란에 빠뜨리고 상식의 굴레를 과감히 벗 ···➤ p.080
어 던집니다. 키리코의 〈출발의 멜랑콜리〉인데요, 키리코는 초현실주의 선
구자입니다. 초현실주의가 태동하기 이전부터 환상적이고 수수께끼 같은
그림을 그렸어요. 초현실주의 화가들은 과장된 원근법을 활용해서 비현실
적인 분위기를 자아내는 그의 그림에 열광했습니다.

그럼 그림을 함께 감상할까요? 텅 빈 도시에 아케이드가 보여요. 건물의
회랑 위에 시계탑이 서 있으며, 그 뒤로 기관차가 하얀 수증기를 내뿜은 채
달려갑니다. 화면 오른쪽 비탈길에는 가는 선처럼 보이는 두 사람이 서 있
으며, 광장에는 비정상적일 만큼 커다란 바나나 다발이 놓여 있어요. 그림
은 한눈에 보아도 범상치 않아요. 화면은 마치 연극이 펼쳐진 무대와도 같
아요. 거리는 사람의 숨소리조차 들리지 않는 진공세계처럼 느껴집니다.
게다가 시계를 보세요. 시간은 오후 1시 18분을 가리키고 있어요. 그러나
햇살이 눈부신 대낮인데도 사람과 건물의 그림자는 해가 뜰 때와 질 때의
길이를 보여 주고 있어요. 시간과 햇볕은 분명 한낮인데 그림자는 일출과
일몰 때의 길이라면? 이 그림 역시 앞서 소개한 마그리트의 작품처럼 인간
의 지각능력을 혼돈에 빠뜨립니다.

키리코는 사람들이 시간을 추정하는 방식을 왜곡시키고 있어요. 예를 들면
생체시계의 알람이 울리면 우리는 식사시간이 다가왔음을 본능적으로 압
니다. 그림자도 마찬가지예요. 짧고 긴 길이로 시간의 흐름을 감지합니다.
그런데 키리코는 이런 시간의 추정방식을 완전히 뒤엎었어요. 우리가 알고
있는 시간과 그림자의 상관관계를 정반대로 만들었어요. 이렇게 되면 관객
은 시간에 대한 자신의 지각능력을 의심하게 되어요. 해가 중천에 떠 있으
면 그림자가 짧아야 마땅한데 그림자는 거꾸로 길어졌으니까요. 당혹감이
든 사람들은 점차 불안을 느끼고 시간이 흐를수록 혹 내 지각능력에 문제

키리코 | 출발의 멜랑콜리 The Melancholy of Departure | 1914 | 캔버스에 유채
© Giorgio de Chirico | by SIAE - SACK, Seoul, 2005

가 있는 것은 아닐까하는 우려마저 생깁니다.

키리코가 이런 기이한 그림을 그리게 된 배경은 마그리트의 경우와 같아
요. 초현실주의 회화의 목표는 상식을 파괴하고 지식을 탈색시켜서 원시적
인 공포심과 경외감을 일깨우는 것에 있어요. 관객에게 '내가 믿고 있는 것
은 과연 진실인가.' 라는 질문을 끊임없이 던져서 그들의 경직된 사고를 유
연하게 만듭니다.
키리코는 직선적인 시간의 흐름에 반기를 들었어요. 고정된 시간, 절대적
인 시간에 대한 전통적인 관념을 거부하고 꿈과 현실을 비빔밥처럼 뒤섞었
어요. 이 또한 시간은 늘 흐르는 것이라는 고정관념에 도전한 현대물리학
의 시간이론과 놀랄 만큼 흡사합니다. 수수께끼 같은 그림을 통해 관객에
게 시간의 본질이 무엇인가를 끝없이 되새기게 한 키리코! 친숙하면서도
낯설며, 몽상적이면서도 진실한 그의 그림은 현실에 짓눌린 사람들의 비상
구가 아닐까요?

보이지 않는 힘,

중력

이카로스는 중력을 거슬리다 좌절한 상징적인 인물인데요, 이 신화를 통해

추락에 대한 인간의 뿌리 깊은 공포를 대리 체험할 수 있어요.

이카로스처럼 달리도 인간에게 숙명과도 같은 중력에서 해방되기를 꿈꾸었어요.

중력의 굴레에서 벗어나고 싶은 갈망을 과학의 힘을 빌어 실현하려고 했어요.

그는 과학자들이 중력을 해결할 수 있는 비법을 개발하기를

진심으로 바란 나머지 반 중력에 대한 기대감을 이렇게 노골적으로 밝히고 있어요.

정선 | 박연폭포 | 비단에 수묵

어느 달 밝은 가을날 저녁, 사과나무 아래에서 사색에 잠겨 있던 뉴턴이 무심코 떨어지는 사과를 보고 중력의 법칙을 발견했다는 일화는 너무도 유명하지요. 이 중력을 한눈에 보여 주는 그림을 준비했어요. 조선 후기 화가인 정선의 〈박연폭포〉입니다.

p.083

시원스런 물줄기가 폭포 아래로 힘차게 쏟아집니다. 물은 저 높은 산꼭대기에서 시작해 단숨에 못 아래로 떨어져요. 폭포를 구경나온 사람들이 돌멩이에 부딪쳐 산산이 흩어지는 물줄기를 바라봅니다. 집채만한 바위덩이들이 마치 병풍처럼 물줄기를 양쪽에서 에워싸고 있어요. 하얀 물과 검은 바위의 강렬한 색채 대비가 폭포의 중량감과 물살의 거센 흐름을 더욱 강조해요. 그림은 정선 특유의 담백하고 힘찬 필묵법을 아주 생생하게 보여 줍니다.

그는 색조의 대비와 먹의 농담을 활용해 화면에 변화와 생동감을 부여하고 있어요. '조선 후기 최고의 화가'라는 명성이 결코 과장이 아님을 절감하게 합니다. 하지만 개성에 위치한 박연폭포는 그림과 달라요. 정선은 실제 폭포의 길이보다 더 길게 보이도록 그렸어요. 거세게 쏟아지는 물줄기의 힘을 강조하기 위해서입니다. 그런데 화면을 자세히 살펴보면 흥미로운 점이 발견되어요. 정선은 서양의 입체주의 화가들처럼 그림에 다시점을 적용했어요. 못을 향해 힘차게 쏟아지는 물줄기는 위에서 아래를 내려다본 것입니다. 반면 바위 꼭대기에 서 있는 나무들은 아래에서 위를 올려다본 형태입니다. 한편 폭포 옆의 커다란 바위들은 수평적 시점에서 묘사했어요.

정선 또한 입체파 화가들처럼 공간을 탐색하기 위한 의도에서 다시점을 적용한 것일까요? 아닙니다. 그는 현장성을 강조하기 위해서 여러 시점을 도입한 것입니다. 폭포를 위에서 내려다보고, 중간 위치에서 관찰하고, 또 못 옆에서 본 후 자신의 눈에 비친 각각의 풍경을 한 화면에 종합했어요. 이처럼 눈에 보이는 실제산수를 그렸다는 점이 대단히 중요해요. 왜냐하면 정선 이전의 화가들은 한결같이 '관념산수화'를 그렸기 때문입니다. 관념산수화란 일명 정형산수로 부르는데요, 쉽게 설명하면 실제 자연을 보지 않은 채 선배들의 화풍을 본받아서 그린 것을 말해요. 머릿속 관념만으로 그렸다고 해서 관념산수로 부르는 것이지요.

한편 정형산수로 부른 것은 틀에 박힌 그림이라는 뜻입니다. 흔히 독창성이 없으며 판에 박혔을 때 정형적이라는 단어를 사용하잖아요. 그렇다면 조선화가들은 왜 관념산수화를 그렸을까요? 실제 자연을 관찰하고 묘사하는 것에 의미를 두지 않았기 때문입니다. 그들은 자연을 관찰하는 것보다 이상적인 자연미를 표현하는 것을 더 중요하게 생각했어요. 그런데 정선은 조선의 산천을 답사한 후 실제풍경을 그렸어요. 그리고 한국적 풍경화의 문을 연 '진경산수'를 창안합니다. 진경산수란 실제 산천을 묘사한 그림, 즉 진짜 풍경을 묘사한 그림을 말해요. 그런 까닭에서 일명 '실경산수'로 부르지요.

정선이 한국적인 산수화풍을 창안하게 된 계기는 당시 시대적 분위기와 밀접한 관련을 맺고 있어요. 조선후기는 민중의 자아의식이 싹튼 시기이며, 여행객들이 늘어나고, 지도 제작도 활발했어요. 정선은 이런 시대적 변화를 과감히 수용해서 독창적인 화풍을 창조한 것이지요. 현장감이 넘치는 정선의 진경산수는 조선화단에 엄청난 충격을 주었어요. 관념적이며 현실감이 부족한 중국산수화를 모델로 삼던 이조회화에 대혁명이 일어난 것이지요. 이에 자극을 받은 동료와 후배화가들은 진부한 관념산수화 대신 실제 산천을 그리기 시작합니다.

조선화가가 중국회화의 영향력에서 벗어나 실제 풍경을 그렸다는 이 대목

달리 | 십자가에 못 박힌 예수 Corpus Hypercubus(Crucifixion) | 1954 | 캔버스에 유채

은 거듭 강조해도 지나치지 않아요. 옛 것을 답습하는 대신 현실에 눈을 떴으며, 예술적 주체성을 의식했다는 확실한 증거이니까요. 정선이 박연폭포의 중량감을 박진감 있게 묘사할 수 있었던 것도 현장에서 박연폭포를 체험했기 때문입니다. 이처럼 정선은 현장답사를 통해 무게를 지닌 모든 물체는 중력의 법칙에 의해 밑으로 떨어진다는 사실을 생생하게 증명하고 있습니다.

하지만 다음 작품은 정선의 그림과는 반대로 중력의 법칙을 거스르고 있어요. 초현실주의 화가 달리의 〈십자가에 못 박힌 예수〉입니다. 그림은 명백히 중력에 위배됩니다. 저 하늘에 떠 있는 예수를 보세요. 십자가에 매달린 자세 그대로 공중에 붕 떠 있어요. 이 중력의 지배를 받지 않은 채 허공에 떠 있는 예수를 한 여인이 경배하듯 쳐다봅니다. 예수는 달리이며 여인은 그의 아내인 갈라예요. 그런데 십자가의 형태가 아주 특이해요. 중앙 십자가 모서리에 입방체가 튀어 나와 있어요. 마치 아이들이 즐겨 갖고 노는 레고 블록 같지 않나요?

이런 독특한 입체 십자가는 일반인들에게는 낯설지만 물리학자들에게는 친숙하지요. 4차원적 고차입체의 3차원적 형태이니까요. 기하학적 무늬가 새겨진 바닥에, 공중에는 고차입체십자가가 떠 있어요. 게다가 달리는 그리스도로, 아내 갈라는 십자가의 예수를 경배하는 여인으로 분장했어요. 달리는 왜 중력의 힘을 거부한 채 입방체와 함께 하늘에 떠 있는 자신을 그린 것일까요? 그림 속 수수께끼를 풀어 보겠어요.

먼저 달리가 예수로 분장한 것은 두 가지 의도를 담고 있어요. 첫째는 화가로서의 강한 자부심이며 둘째는 반 중력에 가장 적합한 존재가 그리스도라고 생각했기 때문입니다. 예수는 인간이라면 절대로 피할 수 없는 중력의 지배를 받지 않은 초자연적인 존재예요. 그가 중력을 거부할 수 있었던 것은 신성한 신의 아들이기 때문에 가능하지요. 중력에 역행하는 것은 희망과 상승, 경이로움을 의미해요. 이 명백한 증거를 동·서양의 종교에서 찾을 수 있습니다.

종교는 유독 승천을 강조하고 있어요. 하늘로 올라가는 것은 기적이며, 인간의 영역을 초월한 신비한 현상이니까요. 흥미로운 것은 그리스 신화에도 중력에 역행하는 존재들이 등장한다는 점입니다. 가장 대표적인 사례로 이카로스를 들 수 있겠어요. 최초의 비행인간 이카로스는 밀랍 뼈대에 새의 깃털을 붙여 만든 인공날개를 달고 하늘을 날다가 태양의 열기에 밀랍이 녹는 바람에 에게해 바다로 추락해 죽음을 맞지요.

이카로스는 중력을 거슬리다 좌절한 상징적인 인물인데요, 이 신화를 통해 추락에 대한 인간의 뿌리 깊은 공포를 대리 체험할 수 있어요. 이카로스처럼 달리도 인간에게 숙명과도 같은 중력에서 해방되기를 꿈꾸었어요. 중력의 굴레에서 벗어나고 싶은 갈망을 과학의 힘을 빌어 실현하려고 했어요. 그는 과학자들이 중력을 해결할 수 있는 비법을 개발하기를 진심으로 바란 나머지 반 중력에 대한 기대감을 이렇게 노골적으로 밝히고 있어요.

> '나와 아내는 반 중력과 동면을 연구하는 과학적 발전을 위해 우리 부부 이름으로 국제적인 상 제정을 계획 중이다.……
> 닥터 파게스는 이미 이 두 분야가 나란히 손잡은 채 진행 중이라는 점을 내게 밝혔다.
> 모든 살아 있는 세포들은 중력의 압력에 의해 끊임없이 소멸하도록 운명지어졌다.
> 하나의 세포는 중력에 의해 계속적으로 눌려 죽는 빈대와 같다.……
> 따라서 중력을 저지하면서 동면에 빠질 수 있는 원통형의 특수한 용기가 필요하다.
> 우리는 우주적 산책을 할 수 있고 광속에 접근하기 때문에 더욱 더 젊어질 것이다.'

달리는 중력의 법칙을 거부하는 초월적인 존재가 되고 싶은 자신의 갈망을 그림을 통해 보여 주고 있어요. 다음 그림 역시 중력의 법칙을 보란 듯 깨부수고 있어요.

푸른 바다가 보이는 저택의 발코니에 식탁이 놓여 있어요. 그런데 식탁 위에 얌전히 자리해야 마땅할 과일과 그릇들이 날개를 단 듯 허공을 떠다닙

달리 | 생동하는 정물 Animated Still Life | 1956 | 캔버스에 유채

니다. 사과와 칼, 술병과 접시들이 무생물인 것을 망각한 듯 마음대로 공중을 휘젓고 다녀요. 아니, 정물들이 마음대로 움직이다니, 대체 정물이란 무엇인가요? 말 그대로 움직이지 않은 채 정지된 사물Still Life을 가리키지 않던가요. 그러나 이 정물들은 제목처럼 생동합니다. 미술의 역사상 가장 이색적인 별종 정물화가 등장했어요.

달리는 왜 이처럼 이상한 그림을 그린 것일까요? 그의 입을 빌어 작품의 의미를 풀어 보겠어요.

'나는 창문을 배경으로 허공에 뜬 그릇과 선풍기, 과일들, 꽃양배추,
새, 술잔, 술을 쏟는 술병, 칼을 보여 주려고 했다.
창문 너머로 파도치는 망망한 바다가 보이고,
이 바다를 가로지르며 코뿔소의 뿔을 잡은 손이 불쑥 튀어나온다.
바다는 무한한 공간을, 뿔을 붙든 손은 최소공간에서의 최대에너지를 의미한다.
이 그림은 고도의 과학적이며 철학적 성찰을 담고 있다.'

과학적 상상력의 정수를 보여 주는 그림은 달리가 얼마나 과학에 푹 빠져 있었던가를 증명하고 있어요. 이 그림을 그릴 당시 달리는 과학에 깊이 매료되었어요. 현대과학을 이해하고 싶은 욕망에 사이언티픽 아메리칸Scientific American 같은 과학전문지를 필독했으며, 핵물리학도 열심히 공부했어요. 물론 전문가 수준에는 이르지 못했지만 이처럼 부지런히 과학적 정보를 수집한 결과 양자물리학에도 상당한 지식을 갖게 됩니다.

그런데 한 가지 궁금한 점이 생겼어요. 과학과 가장 어울릴 것 같지 않은 초현실적 그림을 그려온 달리가 이토록 현대과학에 강한 흥미를 느낀 계기는 무엇일까요? 바로 1945년 8월 6일, 일본의 히로시마에 투하된 원자폭탄의 영향을 받아서입니다. 달리는 24만 명의 사상자가 발생한 대 참사를 접한 순간 커다란 충격을 받았어요. 원자폭탄의 가공할 위력과 핵분열 과정의 경이로움, 자연의 힘을 압도하는 과학에 대해 무한한 경외감을 품습니다. 마침내 달리는 원자가 자신의 그림에 영감을 주었다는 사실을 고백하기에 이릅니다.

'1945년 8월 6일에 있었던 원자폭탄의 폭발은 큰 충격이었다.
그 후 원자는 내 사고의 중심에 자리 잡았다.'

원자에 매혹 당한 달리는 이후 예술적 상상력과 과학을 이종교배한 걸작들을 잇달아 창조해 냅니다. 무생물들이 생명체처럼 움직이는 이 정물화 역시 기발한 상상력으로 충만합니다. 현대과학을 초현실적 환상으로 변환시킨 연금술사 달리! 그는 예술과 과학을 성공적으로 결합한 자신이 못내 대견스러웠던가 넘치는 자부심을 다음과 같이 과시하고 있어요.

'내 아이디어는 독창적이면서 풍부하다. 나는 양자이론과
중력을 정복하려는 양자 사실주의를 회화적으로 표현하기 위해 심혈을 기울였다. ……
나는 물질을 시각적으로 비물질화 하고, 에너지로 바꾸기 위해 그것에 정신을 부여했다.'

김 박사님, 인간의 굴레인 중력을 벗어나고 싶은 달리의 갈망을 그의 작품

을 통해서 확인했는데요. 이제 중력에 관한 과학이야기를 듣고 싶어요. 지구 위에는 여러 가지 힘들이 작용하고 있는 것으로 알고 있는데, 이런 힘들의 종류와 그중 중력의 특성과 역할에 대해 말씀을 해 주시겠습니까?

> **이 지구상에서 느끼는 힘 가운데 으뜸이 중력이지만 우리들에게 가장 익숙한 힘은 전기의 힘입니다. 중력을 이야기하기 전에 우선 전기와 자기의 힘에 대해서 알아보도록 하지요.**

발전소에서 만들어지는 전기는 모터를 돌려 무거운 기계를 움직이는 힘의 원동력이 됩니다. 하지만 전기적인 힘을 이렇게만 이해하면 곤란합니다. 왜냐하면 우리의 근육을 수축시키고 이완시키거나 우리들을 걷게 하고 숨 쉬게 하는 힘도 바로 전기의 힘이기 때문입니다. 잘 이해가 되지 않는 분들을 위해 간단한 예를 들어 보겠어요. 세포들의 연결로서 구성된 근육은 세포 간의 전기 신호를 받아서 수축을 하고 그 결과 무거운 물건들을 들 수 있는 근육 활동을 하게 됩니다. 또한 누구에게나 익숙한 DNA도 전기를 잘 전달하는 좋은 자석입니다. 이렇게 보면 생명이란 '원리적으로는 전자기적인 힘의 작용'으로써 설명되어야 합니다.

이런 전기와 자기에 관한 이론은 19세기를 살아간 제임스 막스웰이란 물리학자에 의해 완성되었습니다. 막스웰은 전기와 자기를 다스리는 네 개의 방정식을 만들었습니다. 이 방정식 속에 전기와 자기에 관한 모든 것이 들어 있지요.
이 방정식 속에는 발전기의 원리와 전류가 흐르면 자기장磁氣場이 발생한다는 원리도 들어 있습니다. 방정식에 따르면 '진공상태의 전기장이 시간에 따라 변하면 자기장이 생기고 자기장이 변하면 전기장이 생긴다.'고 되어 있습니다 소위 '펠러데이의 법칙'과 '엠페르의 법칙'으로 불린다

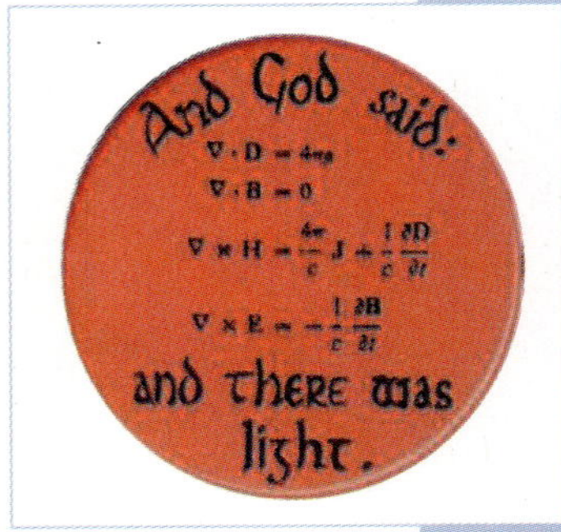

맥스웰의 방정식 '하나님이 빛이 있으라하시니 빛이 있었고……' 가 아니라 '하나님이 맥스웰 방정식을 쓰시니 빛이 있었다.' 라는 물리학자들의 농담

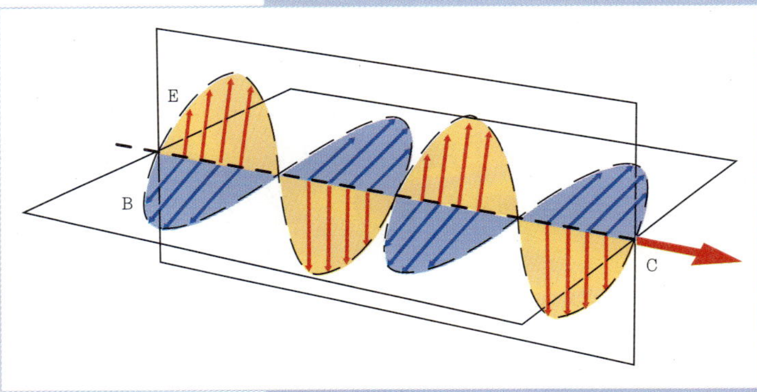

전파의 모습

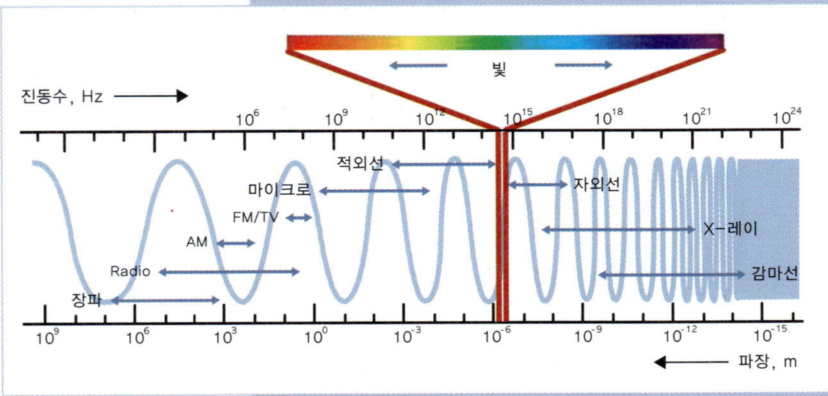

전파의 종류

그림에서 보듯 파동 그래프는 이 붉은색으로 표시한 전장이 변하면 푸른색 자장을 만들어 냅니다. 이 자장은 또 다시 밑으로 향한 전장을 만들고 이것이 자장을 만들어서 전기와 자기의 파동이 공간을 따라 전달되는 것이지요. 우리는 이를 전파라고 합니다. 라디오 방송의 경우 이 전파의 파장이 몇 십 m되는 것이고 전자레인지는 몇 cm의 전파를 사용하는 것입니다. 적외선은 약 1,000의 1mm가 되는 전파이며 붉은색 빛은 0.0007mm 그리고 보라색 빛은 0.0002mm정도의 파장을 가지는 전파입니다.

이 같은 전자기적인 힘은 사람의 신경망을 지배하며 전파를 만들어 휴대전화, 텔레비전 등의 사용을 가능하도록 합니다. 그렇지만 우리의 관심사인 중력 역시 우리들 일상생활에서 아주 중요한 역할을 하지요. 중력은 뉴턴에 의해 그 이론 체계가 시작되었고 아인슈타인에 의하여 완성되었습니다. 중력은 만유인력이라고도 불리는데 이름에서도 알 수 있듯 형태가 있는 모든 것들 사이에서 작용합니다. 그렇다면 중력은 우리에게 어떤 영향을 미칠까요? 먼저 지구의 중력은 공기를 잡아당겨 외계로 도망가지 못하도록 붙잡아 우리가 숨을 쉬고 살아 갈 수 있도록 합니다. 어디 그 뿐인가요? 인간의 주거 환경의 건축이 가능한 것도 다 이 힘 덕분입니다. 우리들이 걸어 다닐 수 있는 이유나 대기의 순환이 발생하는 것도 이 보이지 않는 힘, 중력 때문입니다. 중력하면 떠오르는 유명한 실험이 있습니다. 갈릴레이가 피사의 사탑에서 가벼운 나무 조각이나 무거운 쇳덩이를 떨어뜨린 실험이지요. 이 실험이 보여 주듯 중력은 두 물체를 동시에 땅에 떨어지게 하는 균형 잡힌 힘이기도 합니다.

이렇듯 중력은 모든 물체에 고르게 작용하며 그렇기에 중력장은 물체와 물질에 의존하지 않고 시간과 공간이란 기하학적인 형태에 의존하리라는 생각을 한 사람이 있었어요. 바로 세기의 천재 아인슈타인이 그 주인공이지요. 그는 지구가 태양 주위를 타원궤도로 공전하는 것은 태양 주변의 공간이 휘어져서 그 휘어진 공간을 따라 움직이기 때문이라 생각했습니다.

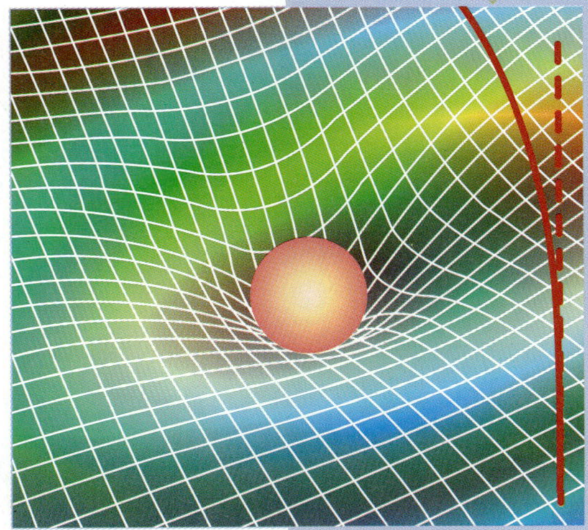

휘어진 공간

또한 아인슈타인은 같은 방식으로 생각하면 '질량이 없는 빛도 같은 휘어진 공간을 따라 움직여야 하므로 태양 주변을 지날 때 휘어져야 한다.'고 생각했습니다. 이런 생각을 정리하여 발표한 것이 20세기의 걸작 과학이론인 '일반상대성이론'입니다. 그는 중력을 기하학적 모양으로 고쳐 개념적으로 더 알기 쉽게 만들었습니다. 그의 이론에는 빛이 태양 주변을 지날 때 '굽고 아주 휘어진 공간'이 있으며 이곳에는 빛조차 빠져나오지 못하는 '블랙홀'이 존재한다고 언급되어 있습니다. 이런 모든 가설들은 관측에 의하여 검증되었고 그 덕분에 아인슈타인은 '20세기를 살아간 가장 위대한 과학자'로서 우뚝 서게 되었지요.

p.089 ◀◀◀ 여기서 잠깐 달리의 그림에 등장하는 떠다니는 사물에 주목해 보겠습니다. 중력장 속에서 뜬다는 것은 지금껏 설명한 중력과는 성격이 다른 것입니다. 베르누이라는 과학자는 압력에는 움직임에서 생기는 동압과 정지했을 때의 정압 두 종류가 있다고 설명했습니다. 이중에서 정압이 부력으로 작용하면 물체를 뜨게 만듭니다. 동압과 정압의 합은 항상 일정하며 만

약 동압이 작아지면 정압은 반대로 커집니다. 비행기의 경우를 생각해 볼까요? 비행기 날개의 윗부분 공기는 아래보다 빨리 움직입니다. 그 때문에 동압이 커지게 되고 비행기 나래 밑에서 밀어 올리는 정압이 위에서 누르는 정압보다 크게 되어 결국 비행기가 공중으로 뜨게 되는 것이지요. 좀 복잡하지만 이 원리는 야구에서도 적용됩니다. 커브볼이 바로 그 대표적인 경우라고 할 수 있어요.

> **김 박사님의 설명을 들으면서 문득 달리 못지않게 중력을 거부한 또 한 사람의 화가를 머릿속에 떠올렸어요.**

20세기 최고의 서정화가로 불리는 샤갈인데요. 그의 〈도시 위에서〉를 감상하면서 왜 샤갈이 중력의 법칙을 벗어나고 싶어 했는지 그 까닭을 살펴보겠어요.

⋯⋯▶ p.096

샤갈은 한국인들이 가장 좋아하는 화가 중 한 사람이에요. 황홀할 정도로 환상적인 그의 화풍에 반한 팬들이 많은데요. 그는 특이하게도 평생에 걸쳐서 중력을 무시한 그림을 그렸어요. 지금 이 그림도 보란 듯 중력을 거부하고 있어요.

두 남녀가 새처럼 하늘을 날고 있어요. 남자는 여인을 꼭 껴안았으며, 여자는 하늘을 나는 기쁨을 이기지 못했는지 한 손을 허공으로 뻗칩니다. 두 사람은 화가인 샤갈과 그의 첫 번째 아내인 벨라예요. 부부는 샤갈의 고향 마을인 비테프스키 위를 신나게 날아갑니다. 커튼처럼 주름이 잡힌 울타리가 마을을 포근히 에워싸고 있어요. 두 사람의 옷 색깔과 집들, 울타리의 색채를 나란히 비교해 보세요. 샤갈의 녹색 옷은 초록빛 마을과 같고, 벨라의 푸른색 드레스는 파란 울타리와 신기할 정도로 닮았습니다. 샤갈은 왜 동일한 색채를 인물과 풍경에 사용한 것일까요? 자신이 가장 사랑하는 대상이 아내와 고향이라는 사실을 강조하기 위해서입니다. 화면의 주조색으로 파랑과 초록을 선택한 것은 두 색이 사랑과 희망을 상징하기 때

샤갈 | 도시 위에서 Au dessus de la Ville | 1914~1918 | 캔버스에 유채 © Marc Chagall | ADAGP, Paris - SACK, Seoul, 2005

문이지요. 한편 무중력은 두 사람의 행복한 심정을 의미합니다.

샤갈은 20대부터 중력의 법칙에 역행하는 그림을 그렸어요. 그림 속 등장 인물들은 새처럼 혹은 천사처럼 공중을 자유롭게 날아다닙니다. 연인들과 곡예사, 심지어 동물들마저 중력의 법칙에서 해방되어 공중을 떠다녀요. 늘 답답한 현실을 벗어나고 싶어 했던 샤갈은 자신만의 새로운 공간을 화폭에 창조했어요. 그 신세계에서는 어떤 생물체도 중력의 지배를 받지 않아요. 모든 존재들은 삶의 유한성과 죽음을 거부합니다. 샤갈은 꿈과 사랑, 신앙심, 불멸에 대한 갈망을 무중력 상태에 표현한 것이지요.

그러나 비상하고 싶은 인간의 욕구는 필연적으로 좌절을 동반하지요. 이 냉엄한 현실을 뒤늦게 깨달았던가 샤갈은 말년에 〈이카로스의 추락〉이라는 의미심장한 작품을 완성합니다. 밀랍으로 붙인 깃털날개를 단 이카로

샤갈 | 이카로스의 추락 La Chule d'Icare | 1975 | 캔버스에 유채

스가 땅으로 추락합니다. 죽음에 대한 공포가 소년을 짓눌렸던가. 이카로스는 본능적으로 두 손을 뻗어 허공을 붙잡습니다. 그러나 낙하하는 속도가 살려는 의지보다 빠르고 강해요. 이카로스는 어지럼증에 시달리며 영원보다 더 깊은 땅으로 곤두박질칩니다.

그림은 관객의 상상력을 끝없이 자극해요. 상상은 자유니까, 제 나름대로 작품을 해석해 보겠어요. 샤갈은 줄기차게 중력의 법칙에 도전한 화가입니다. 숱한 날개 짓 끝에 세계 최고의 화가로 우뚝 섰습니다. 그러나 어느덧 몸도 마음도 늙어서 더 이상 올라가기 힘든 시기에 도달했어요. 생의 종착역에 선 샤갈은 비상이 자신의 힘에 부친다는 사실을 난생 처음 깨달았어요. 무게를 지닌 인간은 중력에 순응하는 것이 가장 자연스럽다는 것을 인정했습니다. 어때요, 그럴듯한 해석 같지 않나요?

2

향기와 알코올이 있는 빛의 공간

예술에 취해, 알코올에 취해

장미향이 전하는 과학

쇠라를 매혹시킨 색채

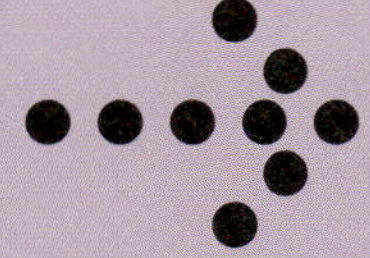

예 술 에 취 해 ,

알 코 올 에 취 해

그림에서 흥미로운 것은 화면의 주인공은 사람 대신 압생트 술이라는 점입니다.
탁자 위에 올려놓은 술병과 술잔이 두 술꾼을 압도하고 있어요.
로트렉은 압생트의 독성으로 인해 숱한 주당들이 파멸의 길을 걸었다는 것을
강조하기 위해서 압생트를 화면의 주역으로 내세운 것이지요. 압생트는 특히
예술가와 떼려야 뗄 수 없는 깊은 인연을 지녔어요. 19세기 초
유럽에서 예술가들의 관심을 끌었던 알코올은 단연 압생트였어요. 그런 까닭에
19세기에서 20세기에 걸쳐서 프랑스 회화에 압생트가 단골로 등장하지요.

로트렉 | 라미에서 At the Cafe La Mie | 1891 | 마분지에 유화, 구아슈

혹 화학 작용하면 으레 연상되는 알코올, 향기, 연금술, 황홀한 색채 등이 초자연적이며 신비한 현상에 쉽게 한눈을 파는 제 기질을 은연 중 자극한 것은 아닐까요?

그런 저의 과학적 호기심을 풀어 주는 의미에서 명화 속 화학의 첫 번째 순서는 알코올이야기로 시작하면 어떨까요?

알코올과 예술가는 무척 인연이 깊어요. 죽음을 재촉하는 알코올의 마력 때문일까요? 알코올 중독으로 세상을 떠난 화가들이 의외로 많아요. 그 대표적인 화가를 손꼽으면 몽마르트의 전설적인 화가인 로트렉, 영원한 보헤미안으로 불리는 모딜리아니, 1950년대 미국 추상표현주의 스타화가인 잭슨 폴록을 들 수 있겠어요.

이중 알코올 중독증으로 요절한 로트렉은 자신의 음주경험을 그림에 실감나게 표현한 것으로 유명합니다. 술에 찌든 술꾼들의 표정과 심리묘사가 압권이라는 극찬을 받은 그의 작품을 소개하겠어요.

p.101 ◀···· 그림은 카페에서 압생트를 마시는 늙은 술꾼들을 묘사한 것입니다. 두 남녀는 술고래임이 분명해요. 탁자 위에 두 팔을 걸친 남자를 보세요. 거나하게 취한 나머지 눈동자마저 풀렸어요. 그는 초점을 잃은 눈으로 멍하니 허공을 응시합니다. 그러나 아직도 술에 대한 미련이 남았던가 몽롱한 눈빛 속에 술에 대한 탐욕이 이글거립니다. 붉은 머리의 여자 역시 술에 찌든 표정이 역력해요. 여자의 게슴츠레한 눈빛을 보기만 해도 독한 술기운을 느낄 수 있을 것 같아요.

알코올 중독자의 불안한 심리를 말해 주듯 화면은 온통 공격적인 빨강 색조이며, 붓 터치 또한 거칠기 그지없습니다.

로트렉이 술주정뱅이를 이토록 실감나게 묘사할 수 있었던 것은 앞서 말했듯 그가 둘째가라면 서러운 알코올 중독자였기 때문입니다. 실제로 로트렉은 그림에 보이는 압생트 중독으로 서른일곱 살에 요절했어요. 그가 알코올 중독에 빠진 사연이 있어요. 로트렉은 프랑스 명문귀족인 알퐁스 백작의 장남으로 태어났어요. '작은 보석'이라는 애칭으로 불릴 만큼 가문의 사랑을 독차지했으나 열세 살 때 운명적인 사고를 당한 바람에 난쟁이가 되었습니다. 명문가의 자손이라는 강한 자부심과 장애인이라는 열등감은 그의 섬세한 영혼을 갈기갈기 찢었고, 알코올에 의지하지 않고는 단 하루도 견딜 수 없을 만큼 삶이 황폐해졌어요.
사회의 냉대를 받는 광대와 무용수, 환락가 여성들을 대담한 구도와 색채로 묘사해 기성화단에 천부적인 재능을 과시했습니다만 예술에 대한 열정도 무절제한 술에의 탐닉을 막지 못했어요. 결국 그는 요절을 하고 맙니다. 로트렉은 자신을 죽음으로 이끄는 압생트의 가공할 위력을 체험했기 때문에 이토록 실감나는 그림을 그릴 수 있었습니다.

그림에서 흥미로운 것은 화면의 주인공은 사람 대신 압생트 술이라는 점입니다. 탁자 위에 올려놓은 술병과 술잔이 두 술꾼을 압도하고 있어요. 로트렉은 압생트의 독성으로 인해 숱한 주당들이 파멸의 길을 걸었다는 것을 강조하기 위해서 압생트를 화면의 주역으로 내세운 것이지요. 압생트는 특히 예술가와 떼려야 뗄 수 없는 깊은 인연을 지녔어요. 19세기 초 유럽에서 예술가들의 관심을 끌었던 알코올은 단연 압생트였어요. 그런 까닭에 19세기에서 20세기에 걸쳐서 프랑스 회화에 압생트가 단골로 등장하지요. 압생트는 쓴맛을 지닌 쑥의 고미소가 주성분인 술을 말합니다. 이 술은 녹색의 탁한 빛깔을 지녔어요. 한 잔만 있어도 물을 조금씩 섞으면서 오랫동안 아껴 마실 수 있는 장점을 가졌어요. 압생트에 매혹 당했던 주당들은 술의 쓴맛을 없애기 위해서 술을 달콤하게 만드는 비법까지 개발했어요.

그 비법을 소개하면 다음과 같아요. 일명 '압생트 숟가락'으로 부르는 은으로 만든 여과기용 숟가락을 술잔에 비스듬히 걸쳐요. 그런 다음 그 안에 각설탕을 넣고 압생트를 조금씩 붓습니다. 끝으로 차가운 물을 서서히 부으면 각설탕이 녹으면서 술을 희석시키지요. 술꾼들은 술의 독특한 색깔과 그 독특한 맛, 탁자에서 치르는 신성한 의식에 열광했어요. 압생트는 이런 폭발적인 인기에 힘입어 세기말 유럽의 최고의 술이 되었습니다. 얼마나 압생트를 즐기는 애주가들이 많았던지 사람들이 일과 후 카페에 몰려드는 저녁시간을 가리켜 '녹색의 시간'으로 부를 정도였어요. 그러나 애주가들은 압생트에 심각한 독성이 있다는 사실을 미처 알지 못했습니다.

이 술을 지속적으로 마시면 압생트 중독이라는 치명적인 부작용이 나타납니다. 독성은 알코올보다 쑥에 함유된 '테르펜투존'이 원인이었어요. 이 물질은 환각과, 중추신경에 심각한 장애를 동반하며, 간질과 유사한 발작을 일으켜서 결국 죽음에 이르게 한다는 사실이 훗날 밝혀졌습니다. 치명적인 독성의 효과에 놀란 유럽 나라들은 압생트를 마약으로 간주했으며 1910년부터는 판매를 전면 금지했습니다. 심지어 미국까지도 압생트 금지법에 동참할 정도였어요. 인기를 구가하던 압생트는 순식간에 '박멸해야 할 1순위 술'로 전락하고 말았어요. 그러나 독성에 대한 경고에도 불구하고 예술가들은 술이 지닌 마력에서 벗어나지 못했어요. 아니 그럴수록 압생트에 더욱 빠져들었어요. 술의 야성과 독성이 오히려 예술가의 자유로운 영혼을 자극한 것이지요.

오스카 와일드는 압생트를 보헤미안을 상징하는 술로 떠받든 나머지 다음과 같은 찬사를 바쳤어요.

'압생트 음주의 첫 단계는 다른 평범한 술과 비슷하다.
그러나 두 번째 단계에 들어서면 괴기스럽고 잔인한 무언가를 목격하기 시작할 것이다.
만일 끝까지 참아 낸다면 당신이 진정 보고 싶어 하는 놀랍고 신기한 것들을
체험할 수 있는 높은 단계에 도달할 것이다.'

로트렉 | 압생트 잔을 앞에 둔 고흐의 초상 Portrait of Vincent van Gogh | 1887 | 종이에 크레용

화가들도 질세라 압생트가 주제인 그림을 제작했어요. 마네, 드가, 로트렉, 도미에, 고흐가 압생트에 매료된 대표적인 화가들입니다. 특히 고흐는 압생트를 엄청나게 마신 것으로 유명해요. 오죽하면 로트렉이 압생트 술잔을 앞에 둔 고흐의 초상화를 그릴 정도였을까요?

로트렉은 고흐가 카페 테이블에 기대어 앉아서 술을 마시며 사색에 잠긴 순간을 묘사했어요. 그는 괴팍하고 우울한 고흐의 기질을 너무도 잘 표현하고 있어요. 로트렉이 이처럼 고흐의 내면까지 들여다볼 수 있었던 것은 고흐와 진한 우정을 나눈 사이였기 때문입니다.

로트렉은 고흐를 파리의 한 화실에서 만났어요. 화실에서 함께 그림을 그리면서 가까워진 두 사람은 곧 마음을 터놓는 절친한 사이가 되었습니다. 당시 모델을 구할 돈이 부족했던 가난한 화가들은 기꺼이 동료의 모델이 되어 주었는데, 고흐 역시 로트렉을 위해서 포즈를 취해준 것이지요. 이 그림에도 나타나듯 고흐는 지나칠 만큼 압생트를 좋아했어요.

그 사실을 동료 화가인 시냑은 다음과 같이 증언하고 있어요.

> '고흐는 하루 종일 햇볕 아래 앉아 있었으며 그러다가 집에 돌아오면
> 음식은 거의 먹지 않고 술만 연거푸 마셨다.
> 그는 압생트와 브랜드를 아주 급하게 연달아 마셨다.'

고흐 스스로도 자신이 술꾼이라는 사실을 잘 알고 있었어요. 동생 테오에게 '나를 광기로 몰아가는 주요 원인 중 하나는 술이란다.……나는 계속해서 술을 마신다. 어쩔 도리가 없기 때문이다.' 라고 털어놓고 있으니까요.
그런데 1988년 닐스 아르놀트라는 생화학자가 '고흐는 압생트 희생자였다. 알코올 중독이 말년에 광기를 불러일으켰다.' 는 이색적인 주장을 펼쳤어요. 그는 고흐의 〈밤의 카페〉를 사례로 들면서 자신의 이론을 증명해 보였습니다. 바로 옆의 그림이 고흐가 알코올 중독자였다는 주장의 근거가 되고 있어요.

깊은 밤, 카페의 노란 가스등 불빛 아래서 사람들이 술을 마시고 있어요. 화면 오른쪽 탁자에는 노동자로 보이는 두 남자가 이야기를 나눕니다. 등 돌린 남자의 뒷모습이 무척 고단해 보여요. 한편 화면 왼쪽에는 두 남녀가 술병을 앞에 놓고 거나하게 취했어요. 그 옆자리의 남자는 아예 고주망태가 되었어요. 깍지 낀 두 팔에 고개를 파묻었습니다.

벽에 걸린 시계는 새벽 2시를 가리키고 있으며, 오른쪽 벽면에 걸린 거울에는 괴기한 형상이 비칩니다. 게다가 화면 한가운데 놓인 당구대 옆에는 한 남자가 유령처럼 서 있어요. 남자가 입은 하얀 옷은 음산한 기운을 더해 줍

고흐 | 밤의 카페 The Night Cafe in the Place Lamartine in Arlea | 1888 | 캔버스에 유채

니다. 아르놀트가 이 그림을 가리켜 알코올 중독 증세를 보인다고 주장한 충분한 근거가 있어요. 저 소용돌이치는 불빛을 보세요. 바라보기만 해도 어지럽고 빙빙 도는 느낌이 들어요. 혹 술에 취한 상태에서 그린 것은 아닐까 하는 의심을 받기 십상입니다. 술에 취하면 지각이 혼란을 일으켜요. 알코올로 인해 시각장애가 일어나서 정상적인 사람과 다른 시각으로 사물을 봅니다. 구도 역시 비정상적이라고 느껴질 만큼 파격적입니다. 위에서 내려다보는 시점에, 바닥은 급격히 기울어졌으며, 색채는 강렬한 원색입니다. 화면 왼쪽 아래 엇갈린 채 놓인 두 개의 의자도 불안감을 한층 더해 줍니다.

고흐도 그림이 술에 취해 몽롱한 상태에서 그린 것으로 보일 것이라고 예측했어요.

이런 정황에 비추어 고흐가 알코올 중독자요, 만취한 상태에서 그림을 그렸다는 추측이 나온 것이지요. 하지만 이런 단편적인 사실만으로 압생트가 고흐의 그림에 절대적인 작용을 했다고 단언하기는 힘들어요. 하지만 〈밤의 카페〉는 술에 취한 경험이 예술가의 예민한 감성과 지각에 커다란 영향을 미쳤다는 것을 명백하게 보여 주고 있습니다. 이제 세기말 예술가들이 압생트에 열광한 까닭을 정리해 보겠어요. 그들은 제도와 문명, 억압된 현실에서 벗어나고 싶은 갈망을 품었습니다. 영원한 보헤미안을 자처한 예술가들은 압생트를 삶의 윤활유요, 영감을 자극하는 촉매로 여긴 것이지요.

그렇다면 이 선생님, 왜 우리는 술을 마시면 취하게 될까요? 알코올이 우리 몸에 흡수되는 과정과 그 이후 어떤 생리적 변화들이 일어나는지 궁금합니다.

" 네, 사람마다 약간의 차이는 있지만 술을 마시면 누구나 취하게 됩니다. 이것은 술에 포함된 에틸알코올^{에탄올} 때문이지요. 술에 들어 있는 알코올의 10% 정도는 위에서, 그리고 나머지 90%는 소장에서 흡수되는데요, 이렇게 몸속으로 흡수된 알코올은 혈액에 섞여 우리 몸을 빙글 빙글 순환하게 됩니다. "

그렇다면 알코올은 왜 온몸을 순환하는 것일까요? 여러분은 '알코올이 간에서 분해된다.' 는 말을 들어본 적이 있으실 거예요. 물론 이것은 틀림없는 사실이지만 간이 알코올을 분해하는 데는 우리 생각보다 훨씬 더 오랜 시간이 필요하지요. 그래서 간이 알코올을 분해하는 동안 대부분의 알코올은 혈관을 타고 몸속을 돌아다니게 되는 것입니다. 이것이 바로 '혈중알코올 농도'라고 불리는 것이지요. 음주운전을 한 사람들이 술을 얼마나 마셨는가를 검사할 때 바로 이 '혈중알코올 농도'를 사용하여 표현합니다.

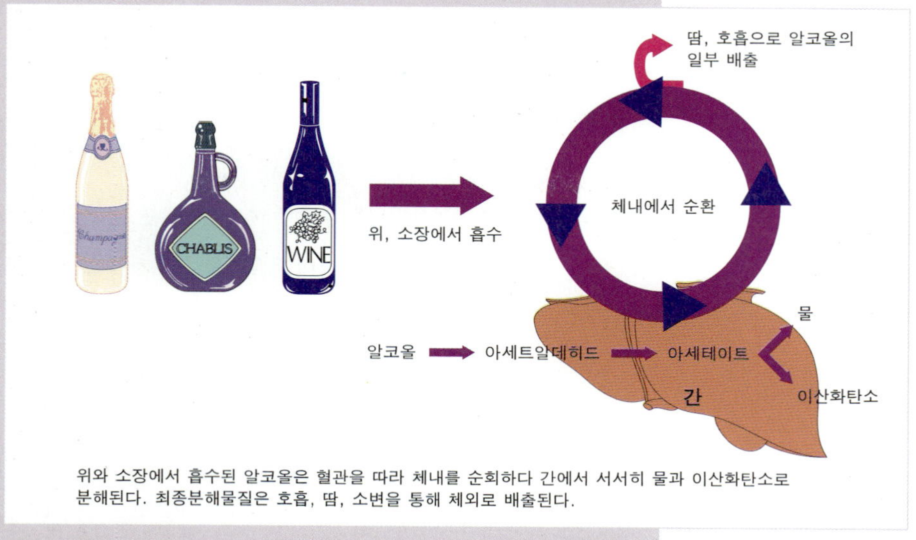

위와 소장에서 흡수된 알코올은 혈관을 따라 체내를 순회하다 간에서 서서히 물과 이산화탄소로 분해된다. 최종분해물질은 호흡, 땀, 소변을 통해 체외로 배출된다.

알코올의 분해과정

자, 이야기를 다시 알코올의 분해과정으로 돌려 간으로 흘러 간 알코올은 어떻게 되는지 살펴보겠어요. 간에서 알코올은 알코올 가수분해효소에 의해서 아세트알데히드로 변하고, 아세트알데히드에서 다시 이산화탄소와 물로 분해됩니다. 위의 그림과 함께 설명을 들으면 이해가 더 빠르실 것입니다.

간에서 알코올이 분해될 때, 맨 첫 단계에서 생겨나는 물질이 '아세트알데히드'입니다. 술을 마신 사람들은 다음날 머리가 아프다며 숙취로 고생하는 경우가 많지요. 술을 마시면 머리가 아픈 이유는 바로 이 아세트알데히드라는 물질 때문입니다. 아세트알데히드는 '새집증후군'을 일으키는 독성물질인 포름알데히드와 화학적으로 비슷한 계열의 물질입니다. 심한 경우에는 심혈관계에 영향을 미쳐 사람을 죽게 만들 수 있는 독성물질이에요. 또한 술의 맛과 향을 가미하기 위해 넣는 여러 첨가물이나 자연혼합물들이 아세트알데히드에 의해 생긴 두통을 더 심하게 만들기도 한답니다.

이미 언급했듯이 간에서 일어나는 알코올의 분해속도는 매우 느린 편입니다. 체중이 60kg인 사람의 간이 한 시간에 분해할 수 있는 알코올은 고작 6g밖에 되지 않아요. 한 병의 소주에 포함된 알코올을 모두 분해하는 데는 자그마치 만 하루, 24시간이 걸린다는 계산이 나옵니다. 물론 이 분해속도는 개인차가 심한 편이에요. 술을 잘 마시는 사람, 흔히 '애주가'로 불리는 사람들은 이 적응력이 좀 높은 편이지요. 또한 유전적으로 알코올을 잘 분해하는 사람도 있습니다. 알코올이 아세트알데히드로 분해되는 속도는 개인별로 큰 차이가 없지만, 아세트알데히드가 이산화탄소와 물로 분해되는 속도는 훈련에 의해 향상된다는 흥미로운 연구 결과도 있습니다. 이런 의미에서 보면 '술을 자꾸 마시면 주량이 는다.' 는 말은 어느 정도 신빙성이 있다고 볼 수 있습니다.

이제 술이 취하는 것, 즉 '중추신경억제작용'에 대해 알아볼까요? 왜 사람들은 술이 취하면 몸의 중심을 못 잡은 채 비틀거리고 말이 많아지거나 잘 웃게 되는 걸까요? 그것은 대뇌에 알코올이 미치는 영향 때문입니다. 간에서 분해되기 전까지 혈관을 따라 돌아다니던 알코올은 뇌에 이르러 대뇌 신피질에 작용하게 됩니다. 이 과정을 과학자들은 '중추신경억제작용'이라고 부릅니다. 중추신경억제작용의 결과로 술을 마신 사람은 느긋하고 마음이 편안해지면서 일시적으로 기분이 좋아집니다.
그리고 술을 마시면 소변이 자주 마렵고 갈증을 심하게 느끼게 됩니다. 이것은 알코올이 신장에서 수분의 재흡수를 일으키는 호르몬^{항이뇨호르몬}의 분비를 저하시키기 때문입니다. 신장에서 수분이 흡수되는 비율이 줄어들면 어떻게 될까요? 섭취한 수분이 바로 소변으로 배출되겠지요. 그러니까 술을 마신 사람들은 자꾸 화장실에 가게 될 수밖에 없죠. 또 몸에 남아 있어야 할 수분을 다 배출해 버렸으니 몸은 자꾸 수분을 흡수하라는 신호를 보내게 되고 그래서 술을 마시면 갈증을 느끼게 되는 겁니다.

이렇듯 술은 분명 몸에 해롭습니다. 그러나 마음을 편하게 하고 긴장을 풀어

주는 술의 긍정적인 효과도 무시할 수는 없겠지요. 항상 창작의 산고에 시달
리는 예술가들에게서 '알코올 중독'이 많이 발견되는 것은 그만큼 그들이
현실을 잊고 무엇인가로부터 위로 받고 싶다는 현실적 욕구를 절실히 반영
하기 때문일지 모릅니다.

"선생님의 설명 덕분에 알코올의 흡수과정을 이해하게 되었어요. 이번에는 르네상스 베네치아의 거장 티치아노의 그림을 감상하면서 알코올의 기원과 술의 신 박쿠스에 관한 이야기를 나눠볼까요?"

이 장면은 그리스 신화에 나온 포도주의 신 박쿠스가 훗날 아내가 될 아리아 p.112
드네에게 첫눈에 반한 극적인 순간을 그린 것입니다. 박쿠스는 낙소스 섬에
서 운명의 여인 아리아드네를 만났어요. 첫눈에 불꽃이 튄 주신은 그녀를 겨
냥해 마차에서 잽싸게 몸을 날립니다. 박쿠스의 돌발행동에 깜짝 놀란 아리
아드네가 겁먹은 눈길로 미래의 남편을 바라봅니다. 박쿠스는 포도주의 신
답게 머리에 포도나무 넝쿨로 장식한 화관을 쓰고 있어요. 대체로 박쿠스는
이처럼 포도나무 화관을 쓰고 손에는 지팡이를 든 모습으로 묘사되지요.

혹 '주신의 이름은 디오니소스인데……' 하며 의아해하는 독자가 있을지
모르겠어요. 디오니소스와 박쿠스는 동일한 주신입니다. 디오니소스는 그
리스 식, 박쿠스는 로마 식 이름이지요.
박쿠스는 자신의 추종자들인 반인반수의 사티로스들과 함께 질펀한 술판을
벌이곤 해요. 화면 오른편의 술에 취해 흥겨워하는 무리들 속에서 이 남자
괴물의 모습을 찾을 수 있습니다. 사티로스는 그리스 초기에는 말의 꼬리와
귀를 가진 모습이다가 그리스 후기와 로마시대에는 염소 다리와 뿔, 뾰족한
귀를 지닌 숲의 신 판의 형상으로 바뀝니다. 사티로스는 소문난 술꾼이에요.
그래서 단 한순간도 손에서 술잔을 놓지 않아요. 화면 가운데 귀여운 아기
사티로스가 보이지요? 염소 다리를 한 아기 사티로스는 의기양양한 표정을

티치아노 | 박쿠스와 아리아드네 Bacchus and Ariadne | 1520~1522 | 캔버스에 유채

지은 채 도살된 암소의 잘린 머리를 끌고 갑니다. 아기 사티로스 뒤를 술에 취한 실리노스가 온몸에 뱀을 휘감은 채 따라가고 있어요.

여기에서 뱀은 재생과 부활을 의미해요. 허물을 벗는 뱀의 습성을 거듭 태어남에 비유한 것이지요. 한편 그림에 등장한 표범은 박쿠스의 기원이 동방세계에 있음을 암시하고 있어요. 이 맹수들은 주신의 이륜마차를 끄는 길라잡이 역할을 하지요.

그리스인들은 포도 넝쿨 화관을 쓴 디오니소스를 포도주의 신으로 경배했어요. 또 포도주를 신비한 마법의 술로 여기며 숭배했습니다. 이처럼 고대인들이 포도주를 대지의 피요, 고귀한 음료로 떠받든 이유는 무엇일까요? 바로 포도알갱이가 발효과정을 거쳐 술로 변하는 현상을 신의 기적으로 여겼기 때문이다.
생각해 보세요. 당시는 과학적 지식과 담을 쌓고 살던 시대입니다. 당연히 와인이나 맥주, 증류주가 수많은 에탄올 분자들이라는 사실을 알 까닭이 없어요. 인간을 취하게 하는 알코올의 신비한 효능을 그저 정령들의 선물이거니 믿었을 뿐입니다. 미신이 사람들의 영혼을 지배하던 시절이니까 포도즙이 부글부글 끓어오르며 술로 변하는 마술 같은 과정을 신성한 의식으로 받아드렸던 것이지요.

이 선생님, 포도주의 신 박쿠스에 관한 그림을 보면서 인류와 와인과의 끈끈한 인연을 새삼 확인했는데요. 제 이야기에 화답하는 의미에서 포도가 포도주로 변화하는 화학적 과정을 쉽게 설명해 주시겠어요?

포도주에 대한 관장님의 흥미로운 이야기에 취해 있다 질문을 받게 되니 정신이 번쩍 드는군요. 이미 언급하셨듯이 우리가 흔히 와인이라 말하는 포도주를 언제부터 만들어 마시기 시작했는지는 정확히 알 수 없습니다.

다만, 포도주의 역사는 꽤 오래되었을 것이라 추측할 수 있을 뿐입니다. 포도주를 만드는 과정이 생각보다 너무 간단하기 때문이지요. 포도를 으깨기만 하면 포도 껍질에 있던 효모에 의해 자연스럽게 발효되어 저절로 포도주가 만들어집니다. 제조과정이 얼마나 간단한지 심지어 원숭이도 포도를 나무둥지 같은 곳에 저장해 생겨난 포도주를 마신다고 해요.

제가 알고 있는 와인의 역사를 관장님 설명에 조금 덧붙여 보겠습니다. 관장님 말씀대로 와인은 인류 최고의 스테디셀러인 성경뿐만 아니라 이집트나 바빌로니아의 유적지 등에서도 흔적을 발견할 수 있어요. 기원전 4,000년경의 와인병이 발견되기도 했습니다. 포도 재배 과정이 그려진 이집트벽화, 그리고 아시리아와 페르시아 유적 등을 보면 최소한 기원전 약 3,500년 이후부터 사람들이 포도주를 널리 마셨던 걸 알 수 있답니다.

와인의 역사에 대한 이야기는 이쯤에서 멈추고 와인의 제조에 대해 좀 더 자세히 이야기하겠어요. 와인은 포도를 발효시켜 만드는 과일술입니다. 집에서 과일주를 담가 먹을 때는 소주, 과일, 설탕을 섞어서 발효시키지만 와인은 순수하게 포도만을 사용하여 만들지요.
양질의 포도주를 만들기 위해서는 당연히 좋은 품질의 포도가 필요합니다. 양조용으로 재배되는 포도는 우리가 먹는 일반포도와는 좀 다릅니다. 와인을 만드는 포도는 당도와 산도가 높고, 미네랄과 페놀계 화합물^{포도에 있는 페놀계 화합물은 몇 년 전 맥주파동으로 유명해진 페놀을 기본 구조로 갖고 있지만, 페놀처럼 인체에 해롭게 작용하지 않는다} 등을 많이 함유하고 있어야 하지요. 또한 포도나무의 성장에 적당한 토양, 풍부한 일조량 등도 양질의 와인을 얻는 데 매우 중요합니다. 오죽하면 '와인의 품질은 절반 이상 포도밭에서 결정된다.'는 말이 나올 정도이겠어요. 흔히 와인을 선별할 때 '빈티지^{생산년도}'라는 말을 사용하는데 이것이 중요한 이유도 수확기에 비가 오면 좋은 와인을 기대할 수가 없기 때문입니다.

이렇듯 정성스럽게 포도주를 만들기 위해 수확한 포도는 포도알을 으깬 후

적포도주와 백포도주 | 출처 〈생활 속에 만나는 와인이야기〉

불순물을 가려냅니다. 요즘은 기계를 많이 사용하지만 사람의 발로 밟아 주는 게 가장 좋다고 합니다. 이때 포도씨가 깨지거나 껍질이 여러 조각으로 찢어지면 쓴맛이 남을 수 있기 때문에 각별히 조심해야 하지요.

다음 단계는 으깬 상태의 포도에서 주스를 분리해 발효시키는 과정입니다. 발효탱크에 포도주스를 2/3 정도 채우고 효모를 첨가해 놓으면 포도의 당 성분이 알코올로 변하게 되지요. 섭씨 15° 정도에서 발효시켜야 와인의 향이 가장 좋아지며 발효 후에는 탱크 속에서 효모와 각종 고형물을 침전시킨 후, 윗부분의 맑은 액체만을 따로 떠내 저장용기로 옮기게 됩니다. 이렇게 만들어진 와인은 숙성기간을 거쳐 여과기로 거른 후에 병에 넣어서 상품으로 우리에게 선보이게 되는 것이지요.

몇 해 전 우리나라에서도 '와인열풍'이 거세게 불었었지요. 건강 다큐멘터리나 TV의 뉴스를 통해 와인의 '항산화 작용'이 소개되었기 때문인데요, 이

과실주에는 항산화 작용을 하는 페놀계 화합물이 다량 함유되어 있습니다. 와인에 포함된 페놀계 화합물은 혈소판의 응집을 방해하고 항산화제로 작용하여 관상동맥과 뇌동맥경화증을 감소시킨다는 연구결과가 발표되었습니다. 특히 과다한 지방 섭취와 적은 운동량, 높은 알코올 소비량에도 불구하고 와인을 많이 마시는 프랑스 사람들에게서 심장관련 질환이 드물다는 연구결과가 나와 귀추가 주목되었지요. 프랑스인의 모순, 즉 '프렌치 패러독스'라 불리는 이 연구결과가 발표되자 포도주 소비량이 전 세계적으로 늘어났답니다. 그중에서도 특히 적포도주에 대한 대중적 관심이 크게 높아졌지요. 이제 지구인 모두가 와인을 즐겨 마시게 된 셈이지요.

여기서 와인과 관련된 상식 하나를 더 짚고 넘어갈게요. 우리가 흔히 즐겨 마시는 적포도주와 백포도주 중 더 오래 보존할 수 있는 것은 무엇일까요? 이 답을 해결하려면 먼저 와인에 포함된 페놀계 화합물에 대해 이야기해야 합니다. 이 화합물은 페놀을 기본 구조로 하는 물질로서 우리 귀에 익숙한 타닌도 여기에 속합니다. 페놀계 화합물은 포도의 껍질과 씨에 주로 들어 있는데요, 숙성과정 동안 와인을 담은 오크통에서도 자연스럽게 우러나옵니다. 이 페놀계 화합물의 함량이 높을수록 와인의 보존 기간이 길어지게 되며 적포도주가 백포도주에 비해 이 화합물의 함량이 높습니다.

참, '새 술은 새 부대에'라는 격언을 아시지요? 하지만 이 격언이 포도주 때문에 생겨난 사실에 대해서는 잘 모르실겁니다. 옛날에는 유리병 대신 가죽부대에 포도주를 저장했답니다. 그런데 발효가 덜 된 와인은 가죽부대 안에서도 계속 발효하게 되며 이 발효과정에서 이산화탄소가 발생합니다. 자연스럽게 가죽부대 안의 압력이 높아지게 되겠지요. 이런 경우 새 가죽부대는 가죽이 유연하기 때문에 어느 정도 압력을 견딜 수 있지만, 헌 가죽의 경우 압력을 이기지 못하고 터져 버리는 경우가 많았답니다. 이 때문에 '새 술은 새 부대에'라는 말이 나온 것이지요.

발효 탱크(오크통)의 모습 | 출처 〈생활 속에 만나는 와인이야기〉

그리스의 철학자 플라톤은 '신이 인간에게 내려준 선물 중 와인만큼 위대한 것은 없다'고 찬탄했습니다. 동서고금을 막론하고 격조 높은 술로 사랑받아 온 와인은 실제로도 진정, 항우울증, 위장관의 감염 예방, 철분 흡수 증진, 항산화, 칼슘 공급 등 우리 신체에 유익한 여러 작용을 하는 알칼리성 음식입니다. 하루 150ml 이내의 와인을 마시면 건강에도 유익하다고 합니다. 알코올 중독으로 고생한 로트렉이 이 사실을 알았다면 얼마나 좋았을까요? 그렇다면 아마도 우리는 그가 남긴 또 다른 명화들을 감상하며 이야기꽃을 피울 수 있었을 테니까요.

장미가 전하는
향기의 과학

그런데 향기의 역사를 추적하면서 한 가지 놀라운 사실을 발견했어요.
후각적 치장이 요란했던 고대의 전통이 무색할 만큼 인간의 의식 속에 냄새에 대한
뿌리 깊은 편견이 자리 잡고 있더군요. 이는 동양의 경우에도 해당되는데요,
냄새를 이처럼 얕본 까닭이 흥미로웠어요. 서구에서 후각을 하찮게 여긴 것은
18~19세기에 걸쳐서 벌어졌던 감각에 대한 재평가 작업과 밀접한 관련이 있었습니다.
당시 과학자와 철학자들은 인류의 문명을 주도하는 감각은 시각이라는
편견을 갖고 있었어요. 특히 다윈과 프로이드와 같은 스타 학자들은 인간의
진화과정에서 후각은 시각보다 열등하다는 주장을 펼쳤어요.

p.119 ◄···· 화면에서 달콤한 장미향이 풍기는 그림은 19세기 영국 화가인 워터하우스의 〈장미의 영혼〉입니다. 워터하우스는 소녀적인 감성과 낭만적인 화풍으로 인기를 끌었던 '빅토리아 조 회화'를 대표하는 화가입니다. '빅토리아 조 회화'란 일반인들에게는 낯선 미술용어예요. 1837부터 1901년까지 영국을 통치했던 빅토리아 여왕 시절에 화려하게 꽃을 피운 미술을 가리키지요. '빅토리아 조 회화'의 특징은 로맨틱하면서 감상적이며, 문학적인 느낌을 물씬 풍깁니다. 이 소녀적이며, 대중적인 취향 때문에 한때 빅토리아조 그림은 예술적인 품격이 떨어진다는 평가를 받은 적도 있어요. 그러나 지금은 그림을 좋아하는 미술애호가들이 많이 늘어나서 그 독특한 예술성을 널리 인정받고 있습니다.

그럼 한없이 낭만적인 빅토리아 조 그림의 정수를 느껴 볼까요? 아름다운 여인이 마치 사랑하는 사람을 대하듯 담장에 핀 넝쿨장미에 입을 맞춥니다. 꽃의 영혼인 진한 향기가 여인의 잠든 감각을 깨운 것일까요? 여인은 눈을 지그시 감은 채 황홀한 표정으로 장미향을 깊숙이 흡입합니다. 여인은 장미향을 맡으면서 사랑의 추억을 떠올리는 것이 분명해요.
여인의 얼굴과 몸짓을 보세요. 발그레한 뺨이 장밋빛과 닮은꼴이라면, 그리움에 타는 입술은 아예 장미꽃잎입니다. 또 간절한 그리움 때문인가, 여인의 목도 저토록 길어졌어요.

여인이 연인을 못 견디게 그리워한다고 추측한 충분한 근거가 있어요. 바로 장미는 사랑을 상징하는 꽃이기 때문입니다. 장미는 옛적부터 연인을 향한 애틋한 그리움을 상징하는 동시에 연정을 고백하는 꽃으로 절대적인 사랑을 받아 왔어요. 연인들은 사모하는 마음을 알리기 위해 장미꽃으로 장식한 화관을 사랑하는 사람에게 선물했으며, 연인의 집 문간에 화관을 걸어두기도 했어요.

장미가 내로라하는 아름다운 꽃들을 단숨에 젖히고 연인들의 꽃이 된 까닭이 있어요. 황홀한 자태와 강렬한 향기로 사람들을 매혹시키기 때문입니다. 1896년에 만든 〈장미 역사 사전〉은 장미에게 다음과 같은 찬사를 바치고 있어요.

'신의 창조물 중 가장 완벽한 것은 여성과 장미뿐이다.'

그럼 장미가 사랑을 상징하는 꽃임을 증명하는 유명한 사례들을 차례로 소개하겠어요. 혹 마케도니아의 마지막 여왕이었던 이집트의 클레오파트라를 기억하시는지요? 정치적 야망에 불타는 클레오파트라는 당시 로마의 실세였던 안토니우스의 마음을 사로잡기 위해서 상상을 초월한 묘안을 짜냅니다. 방바닥에 장미꽃잎을 두껍게 깔아 둔 방으로 안토니우스를 초대한 것이지요. 이 향기로운 장미카펫 덕분에 안토니우스는 여왕과 운명적인 사랑에 빠지고 맙니다.

클레오파트라는 장미가 탁월한 사랑의 중매쟁이라는 사실을 알고 있었어요. 로마인들은 장미라면 깜박 죽고 만다는 정보를 이미 접했기 때문입니다. 실제로 로마인들의 장미 사랑은 도가 지나칠 정도였어요. 역사상 장미를 가장 사랑했던 민족을 들라면 단연 로마인들이 손꼽힙니다. 로마인들의 공식축제라고 할 수 있는 '박쿠스제'에는 장미로 치장한 사람들로 인산인해를 이루었어요. 군인들은 전쟁에 나갈 때도 장미꽃으로 몸을 장식했어요. 어디 그뿐인가요. 장미를 기념하기 위한 공휴일마저 만들었습니다. 황제들도 경쟁적으로 장미 숭배에 나섰어요. 네로 황제는 막대한 비용을 들여서 만찬회장 천장에 특수 파이프를 설치했어요. 초청객들 머리 위로 장미향수를 비처럼 뿌리기 위해서였지요.

와츠 | 엘렌 테리 부인 Dame (Alice) Ellen Terry (Choosing) | 1864

엘라가불루스 황제의 장미 사랑도 결코 네로 황제에 지지 않아요. 황제는 자신의 즉위식에 참석한 하객들에게 엄청난 장미꽃잎을 뿌렸어요. 그 바람에 강렬한 꽃향기에 질식한 사람마저 생겨났습니다. 이처럼 유별난 장미 숭배 분위기에 젖은 로마인 안토니우스가 클레오파트라의 유혹에서 벗어날 수 없었던 것은 지극히 당연한 현상이겠지요.

그러나 사랑과 장미를 이상적인 한 쌍으로 결합시키는 데 결정적인 공헌을 한 것은 각 나라의 신화와 시입니다. 특히 그리스 신화는 장미가 사랑을 상징

하는 꽃임을 아예 못 박고 있어요. 핏빛의 적색 장미는 미의 신 아프로디테와
사랑의 신 에로스가 흘린 피에서 탄생했다고 얘기하고 있으니까요.

이런 장미에 관한 일화를 떠올리면서 〈장미의 영혼〉을 감상하면 여인이 장 ⋯➡ p.119
미를 연인으로 여긴다는 사실을 더욱 실감할 수 있겠어요. 참, 여인이 장미
를 연인으로 느낀다는 보다 확실한 증거를 알려드릴까요? 그녀의 가녀린 손
을 보세요. 장미넝쿨을 살며시 더듬고 있잖아요. 그녀가 날카로운 가시에 찔
리는 고통을 기꺼이 감수한 것은 천연 마취제인 그리움이 핏속에 황홀한 기
쁨을 수혈한 까닭은 아닐까요?

장미에 대한 이야기는 실컷 나눴으니 이제 본론인 향기에 관한 이야기로 넘
어갈까요?
인류는 오랜 옛날부터 향기의 가치를 알았어요. 각종 문헌은 고대인들이 향
기를 다양하게 활용했다고 밝히고 있어요. 향료는 연인을 유혹하고, 치료를
하고, 영적 존재와의 교감 등을 위해서 애용되었습니다. 현대인들은 향료를
정서적인 만족을 위해 사용하는 경우가 많지만 고대인들은 심미적, 실용적,
의학적, 집단 연대감을 형성하기 위한 목적에서 두루 사용했습니다. 스포츠
행사, 만찬, 결혼식과 장례식 등 크고 작은 행사에도 향기를 빼놓지 않고 활
용했으니까요. 한 가지 흥미로운 사실은 고대인들은 향료를 오일과 분, 화장
수, 걸쭉한 연고, 훈향 등 다양한 방식으로 사용했다는 점입니다. 가장 향기
를 즐기는 방법은 훈향을 피워 향기를 흡입하는 것이었어요. 우연의 일치인
지 향료를 의미하는 단어인 퍼퓸 Perfume은 '연기를 피워내다.' 라는 어원을 갖
고 있더군요.

그런데 향기의 역사를 추적하면서 한 가지 놀라운 사실을 발견했어요. 후각
적 치장이 요란했던 고대의 전통이 무색할 만큼 인간의 의식 속에 냄새에 대
한 뿌리 깊은 편견이 자리 잡고 있더군요. 이는 동양의 경우에도 해당되는데
요, 냄새를 이처럼 얕본 까닭이 흥미로웠어요. 서구에서 후각을 하찮게 여긴

것은 18~19세기에 걸쳐서 벌어졌던 감각에 대한 재평가 작업과 밀접한 관련이 있었습니다. 당시 과학자와 철학자들은 인류의 문명을 주도하는 감각은 시각이라는 편견을 갖고 있었어요. 특히 다윈과 프로이드 같은 스타 학자들은 인간의 진화과정에서 후각은 시각보다 열등하다는 주장을 펼쳤어요. 내로라하는 지식인들이 후각은 야만적이며 비문화적이라고 목소리를 높이면서 후각은 서구사회에서 가장 열등한 감각으로 전락하고 맙니다. 이렇게 후각을 문화적으로 억압하고 폄하한 흔적이 아직도 남아 있는 것일까요? 저 역시 후각에 민감한 사람을 보면 왠지 동물적이라는 느낌을 받게 됩니다.

그럼 이 선생님께 후각에 관한 질문을 드리겠어요. 냄새를 맡게 되는 화학적 메카니즘과 후각을 유발하는 인자들은 화학적으로 어떤 특성을 지니고 있는지요. 그리고 냄새를 맡지 못하면 미각마저 상실한다는 얘기를 들었는데 사실인지요.

관장님은 미술뿐만 아니라 과학에도 상당한 호기심을 가지고 계시는군요. 질문이 여러 가지여서 무엇부터 설명해야 할지 망설여지지만 우선 관장님의 마지막 질문으로부터 이야기를 시작하겠습니다.

실제로 우리는 냄새를 맡지 못하면 맛까지 느낄 수 없게 됩니다. 이는 후각과 미각의 특별한 관계 때문인데요, 백과사전에 냄새는 다음과 같이 정의되어 있어요. '어떤 물질로부터 분산된 미립자가 공기 속을 떠돌아다니면서 후각기에 접촉하여 감각세포를 자극함으로써 생기는 화학감각의 하나'라고 말입니다.

백과사전의 설명대로 냄새를 느끼기 위해서는 우선 코를 자극하는 화학물질이 있어야 합니다. 이런 냄새 유발 물질은 무려 약 50만 가지나 된다고 하네요. 그렇다면 냄새 분자들은 어떤 특성을 지니고 있을까요? 모든 냄새 분자들은 공기 속으로 퍼져서 코에 도달해야 하므로 기본적으로 휘발성을 지니고 있어요. 조금 더 생각해 보면 휘발성 물질로 이루어진 냄새 분자들의 확산 속도는 휘발성의 강도에 달려있다고 유추할 수 있어요. 실제로 같은 포도로 만들었지만 포도주스보다 포도주의 냄새를 더 빨리 맡게 되는 것도 포도주에 포함된 알코올의 휘발성이 더 강하기 때문입니다.

이제 냄새를 맡는 후각세포에 대해서도 알아볼 차례입니다. 우리 코의 천장 부분에는 후각기를 담당하는 '후각상피'라는 것이 있어요. 이 후각상피의 면적은 우표 한 장 정도의 크기인 $1{\sim}2cm^2$에 불과하지만 여기에는 약 500만 개에서 2,000만 개나 되는 후각신경세포들이 모여 있습니다. 후세포의 끝에는 털 같은 섬모가 달려있는데, 이곳에 바로 '냄새수용체'가 들어 있습니다. 냄새수용체는 특정한 화학물질이 달라붙으면 전기적 자극을 만들어 대뇌로 전달하는 역할을 합니다. 대뇌는 이 자극을 해석해서 어떤 냄새인지를 즉시 알아차리게 하는 것이지요.

여러분은 냄새가 나는 공간에서 머물다 어느 순간 자신이 냄새에 대해 무덤 덤해지는 특별한 경험을 했을 겁니다. 이는 후각이 다른 감각기능에 비해 쉽게 피곤해지는 속성이 있기 때문이지요. 즉 같은 냄새를 계속 맡으면 쉽게 무감각해지는 것이며 바꾸어 말하면 그만큼 후각이 민감한 반응임을 의미하기도 합니다. 그래서 후각은 새로운 물질이 콧속으로 들어오면 금방 알아차립니다. 이 감각이 얼마나 예민한지 후각으로 구별할 수 있는 냄새의 종류는 놀랍게도 1만 가지나 된다고 합니다.

그렇다면 사람만이 냄새를 맡을까요? 아닙니다. 포유류와 조류, 파충류, 양서류, 어류 등 모든 척추동물, 그리고 일부 곤충들도 후각을 가지고 있습니다. 오히려 사람보다 일부 동물들의 후각이 훨씬 더 예민한데요, 이는 후각이 시각과 상호보완적으로 진화한 감각이기 때문이지요. 동물 중에서도 시각이 발달한 인간과 조류는 후각 발달 상태가 다른 종에 비해 상대적으로 떨어집니다. 특히 사람은 오감 중 시각에 의존하는 비율이 약 90%를 차지할 정도로 매우 커 다른 동물들에 비해 냄새를 맡는 기능이 많이 떨어지는 편이지요. 하지만 앞을 볼 수 없는 특수한 환경의 사람들은 냄새의 자극에 아주 민감합니다. 시각을 잃어버렸기 때문에 후각의존도가 상대적으로 더 발달하게 된 것이겠지요. 일반적으로 두발동물은 시각의존도가 크고, 네발동물은 후각의존도가 크다고 합니다. 이 때문에 시각에 비해 후각이 열등하다는 생각도 생겨난 것이지요.

이쯤에서 미처 끝맺지 못한 관장님의 마지막 질문으로 돌아가 보겠어요. 냄새를 맡지 못하면 미각까지 상실하는 이유를 후각과 미각 사이에 특별한 관계 때문이라고 이미 언급했습니다. 이를 좀 더 구체적으로 살피면 후각과 미각은 '같은 화학물질에 대한 반응'이라고 설명할 수 있어요. 즉 입속에서 고체 또는 액체 상태의 물질을 느끼면 맛이 되는 것이고, 콧속에서 기체상태로 느끼면 냄새가 되는 겁니다. 그래서 냄새 입자가 공기 중으로 퍼질 수 없는 물속에 사는 동물들은 미각과 후각을 구별할 수 없는 것이지요.
또 맛을 느끼려면 냄새의 도움이 꼭 필요합니다. 여러분은 맛있는 음식 냄새 때문에 입안에 침이 고이는 경험을 했을 겁니다. 이는 공기 중의 냄새 분자가 후각을 거쳐 침샘을 자극하여 입안에 침을 고이게 한 것인데요, 이 냄새는 위액의 분비를 촉진하고 혀의 미각을 도와 식욕을 돋게 합니다. 입안에 들어간 음식물 또한 코와 입을 연결하는 통로를 통해 후각을 자극합니다.

그렇다면 후각과 미각 중 어느 쪽의 감각이 더 민감할까요? 놀랍게도 후각이 미각보다 만 배나 민감하답니다. 그래서 후각기능이 떨어지면 맛을 인식할 수 없게 되는 거지요. 한약을 먹을 때 손으로 코를 꼭 틀어쥐고 먹으면 쓴맛이 덜한 경험은 누구나 해 보셨을 겁니다. 후각을 억제하면 쓴맛을 훨씬 덜 느낀다는 것을 생활에서 터득한 것이지요. 그리고 할머니나 할아버지들이 입맛이 예전 같지 않고 무뎌졌다고 한탄하는 푸념을 종종 듣게 되는데, 이것 역시 미각보다 훨씬 민감한 후각기능은 다른 감각에 비해 노화의 결과가 피부로 빨리 와 닿기 때문이지요.

밀레이 | 눈먼 소녀 The Blind Girl | 1856 | 캔버스에 유채

p.127

눈먼 소녀와 여자아이가 들판을 지나던 중 갑자기 비를 만났어요. 눈먼 소녀는 가난한 음악가예요. 여동생과 함께 이곳저곳을 떠돌며 음악을 연주하면서 생을 연명하지요. 그러던 어느 날 갑자기 소낙비를 만났어요. 당황한 두 소녀는 황급히 숄을 펼쳐서 우산처럼 뒤집어쓴 채 비가 멎기를 애타게 기다립니다. 마침내 비가 그치면서 들판에 싱그러운 풀내음이 진동합니다. 또 하늘에는 신의 선물인양 황홀한 무지개가 떴어요. 숄을 살며시 들치고 무심코 고개를 돌리던 여동생이 무지개를 발견한 순간 탄성을 질러요. 동생의 외침에 자극을 받은 눈먼 소녀는 자신의 모든 감각을 무지개에 집중시킵니다. 물론 맹인 소녀는 동생을 그토록 흥분시킨 무지개를 볼 수 없어요. 그러나 소녀는 마음의 눈으로 찬란한 무지개를 보고 있습니다.

이 감동적인 장면은 한 감각의 상실은 필연적으로 다른 감각의 상승효과를 가져온다는 사실을 생생하게 증명하고 있어요.
저 소녀의 표정을 보세요. 얼굴을 치켜든 채 코끝으로 비가 내린 후의 대지에서 풍기는 쌉쌀한 흙 내음을 맡고 있어요. 마치 잃어버린 시각을 벌충하듯 땅의 냄새, 공기의 냄새, 들풀의 냄새를 흡입합니다. 또 눈먼 소녀의 오른손을 보세요. 대자연의 교향악에 화답하듯 빗방울이 맺힌 꽃송이를 악기인양 살며시 어루만지고 있어요. 화가는 눈먼 소녀의 무릎 위에 콘서티나^{아코디언 모양의 손풍금}를 얹어 놓았어요. 비 개인 후의 신선한 공기처럼 소녀의 영혼이 맑고 순수하다는 것을 강조하기 위해서입니다. 신은 시력을 잃은 소녀의 절망을 보상해 주려는 듯 눈보다 밝은 슈퍼 후각과 청각을 선물로 내려주었습니다. 눈먼 소녀는 한층 예민해진 후각과 청각으로 세상과 소통해요. 그녀는 눈을 잃은 대신 온몸으로 세상과 대화하는 재능을 터득했어요. 말하자면 하늘의 무지개는 소녀의 가슴에 뜨는 황홀한 구원의 무지개인 셈이지요.

한 감각을 상실하면 대신 다른 감각이 채워준다는 대표적인 사례는 태어날 때부터 눈과 귀가 멀었던 헬렌 켈러의 경우에서 찾을 수 있겠어요. 헬렌 켈러는 후각을 통해서 잃어버린 시각과 청각을 보충한다는 고백을 했어요. 그녀는 얼마나 예민한 후각을 지녔던지 여러 가지 냄새 층을 통해서 한 시골집에서 대대로 살았던 가족들과 식물, 심지어 커튼의 종류까지도 감쪽같이 알아냈어요. 더욱 놀라운 것은 그녀가 오직 냄새만으로 성별과 성격까지 눈으로 본 것보다 더 정확히 알아 맞추었다는 점입니다.

그녀는 냄새로 성별을 인식하는 자신만의 비법을 이렇게 시적으로 묘사하고 있어요.

> '일반적으로 남성의 숨결은 여성에 비해 더 강하고, 생생하며, 다양합니다.
> 젊은 남자에게서 풍기는 냄새는 자연을 연상시킵니다.
> 그것은 불이요, 폭풍이며, 바다의 소금과 같아요. 또 생기와 강한 욕망으로 고동칩니다.
> 남자의 냄새는 강하고 아름답고 즐거운 모든 것을 암시하지요.
> 나는 그 냄새를 맡으며 육체적 행복을 느낍니다.'

헬런 켈러의 민감한 후각에 감탄하다보니까 문득 떠오르는 소설이 있어요. 쥐스킨트의 〈향수〉라는 책인데요, 세계적인 베스트셀러가 된 책의 인기 덕분에 향기나 후각이 예민한 사람들에 대한 관심도 덩달아 높아졌어요. 책의 내용이 궁금한 독자들을 위해 줄거리를 간략하게 소개하겠어요.

주인공 그르누이는 세상에서 가장 민감한 후각을 지닌 채 태어났어요. 그는 비록 천대받는 하층계급출신이지만 향기를 제조하는 능력만큼은 아무도 따를 사람이 없을 정도로 탁월합니다. 냄새에 관한 한 천부적인 재능을 타고났다는 것을 깨달은 그르누이는 세계 최고의 향수를 만들겠다는 야심을 품어요. 그러나 야망이 지나치면 쉽게 악마의 유혹에 넘어가게 마련이지요. 그르누이는 세계적인 향수를 만들겠다는 집념에 불탄 나머지 아름다운 여인들을 차례로 살해합니다.

그가 애꿎은 여인들을 희생시킨 까닭은 단 한 가지예요. 아름다운 처녀들이 풍기는 향기를 채취해 천상의 향수를 만들겠다는 망상을 실현시키기 위해서입니다. 마침내 그르누이는 자신의 소망대로 인간이 거부할 수 없을 만큼 매력적인 향수를 제조하지만 그 죄의 대가를 치르면서 죽음을 맞게 됩니다.

소설은 냄새에 대한 다양한 상상을 하게 만들어요. 실제로 주변을 살펴보면 그르누이처럼 유난히 예민한 후각을 지닌 사람들을 찾을 수 있어요. 이처럼 후각이 뛰어나고 상상력이 풍부한 사람들이 위대한 향수를 창조해 냅니다. 이들은 꽃이나 동물의 분비물, 풀과 기름의 성분을 혼합하는 화학적 방법을 사용해서 수 천 가지 향을 제조해 내지요.

그렇다면 선생님, 인간의 신체에서 풍기는 체취와 그 냄새를 구성하는 화학적 요소들은 무엇인지 궁금해요. 아울러 향수에 관한 과학이야기와 그 제조 방법까지 들려주시겠어요?

" 이미 살펴보았듯이 냄새를 느끼게 하는 화학물질은 대략 50만 가지 정도가 되며 사람이 대사 과정 중에 분비하는 다양한 물질들도 이중 하나입니다. **"**

체취의 주요 성분은 땀에 섞여 배출되는 지질과 단백질이 세균에 의해 분해되는 물질이지요. 여기에 마늘이나 비타민제, 담배 냄새, 음주 후의 알코올 냄새 등 여러 냄새까지 섞이게 됩니다. 또한 인체에서 분비되는 호르몬 역시 체취에 관여하게 되는데 이런 여러 물질들이 종합적으로 작용해서 특정한 체취를 만들어 내는 것이지요.

동물들은 '페로몬'이라는 호르몬을 분비해 상호 교신하고 성적인 자극을 주고받습니다. 그렇다면 인간도 마찬가지일까요? 인간에게 페로몬이 존재하는가의 여부는 아직 과학적으로 완전히 밝혀지지 않았습니다. 다만 사람에게도 페로몬이 있음을 암시하는 몇 가지 예가 있을 뿐입니다. 가장 잘 알려진 예로 기숙사 룸메이트 또는 모녀간에 월경이 일치하는 현상을 들 수 있어요. 새로 방을 배정받은 여자 신입생의 월경 기간이 기존에 방을 사용하던 학생과 일치하거나 객지에서 살던 딸이 돌아와 엄마와 함께 살게 되면 모녀간의 월경이 일치하는 현상들이 보고되어 있는데 이 현상들은 월경 중에 생기는 독특한 체취 때문으로 추측됩니다.

체취의 성분이 어떤 것인지 알게 되었으니 이제 다음 질문으로 넘어가도록 하겠어요. 향수 제조 방법을 이야기하기 전에 앞서 냄새를 정량화하는 것이 가능한 일인지 생각해 보도록 하지요. 결론부터 이야기하면 후각은 계량화하기가 거의 불가능합니다. 어떤 물질이 어떤 특성 때문에 어떤 냄새를 내는지를 정확히 알 수가 없기 때문이지요. 그래서 냄새를 측정하는 것은 아주 어렵습니다. 도리어 더 어려울 것 같은 빛의 경우는 파장과 세기를 측정할 수 있기 때문에 냄새보다 정량화가 훨씬 쉽습니다.

냄새의 특성뿐만 아니라 개인적인 차이 역시 후각의 계량화를 어렵게 합니다. 개개인의 몸과 심리상태에 따라 후각은 천차만별로 달라집니다. 아주 간단한 예를 들어볼까요? 별로 좋아하지 않던 음식 냄새라도 배가 고플 때는 어떤가요? 아주 맛있는 냄새로 느껴지지 않나요? 그래서인지 후각을 표현하는 단어들은 대부분 확실하지 않고 애매모호합니다. 이에 대한 해석으로 언어중추는 좌뇌에 있고, 후각정보는 우뇌에서 처리되기 때문에 그렇다는 분석도 있어요.

후각이 얼마나 주관적인 감각인지는 '기본 후각'이 없다는 사실만 봐도 금세 알 수 있어요. 빛에는 3원색이, 그리고 맛에는 다섯 가지 맛이 존재합니다. 하지만 후각에는 '기본적인 냄새'라는 것이 없어요. 모두가 동의하는 공통적인 냄새를 정의할 수 없기 때문이지요. 이렇듯 개인적 주관이 많이 관여하는 것이 후각의 특징이다 보니 그만큼 과학적인 분석이 어렵게 됩니다.

또 냄새의 특징 중 기억의 연상 작용도 **빼놓을** 수 없는 것 중에 하나입니다.

여러 종류의 향수들 | 출처 〈유행통신 2005년 10월호〉

p. 119 ←··· 관장님과 함께 감상한 〈장미의 영혼〉 속의 여인에 다시 한번 눈을 맞춰보세요. 향기에 흠뻑 취한 그녀는 장미와 관련된 기억 때문에 장미 향기를 더욱 강하고 낭만적으로 느끼는 것이라 생각할 수 있어요.

냄새의 계량은 불가능하지만 동일한 냄새를 만드는 방법은 있습니다. 향수 제조 방법이 좋은 예가 될 것 같네요. 향수를 제조할 때는 성분물질의 양을 정확히 계량함으로써 그 냄새를 일정하게 유지하는 방법을 사용하지요. 향수는 보통 꽃이나 허브 등에서 추출한 오일을 알코올에 섞어 만드는데, 이러한 성분들의 양을 정확하게 계량하면 항상 일정한 향을 제조할 수 있게 되는 것입니다. 여성들이 선호하는 달콤하거나 우아한 향수나 남성들의 품격 있는 향수도 다 이런 방법들로 만들어진 것이지요. 하지만 인간의 내면에서 풍기는 그리고 사람 자체에서 풍기는 향긋한 체취만큼 좋은 향수는 없을 것입니다. 잘 정제된 인위적인 향수도 좋지만 사람 냄새 솔솔 풍기는 향도 우리의 감성을 자극하기에 충분하기 때문이지요.

쇠라를 매혹시킨

색채의 과학

이제 신인상주의가 후세에 남긴 미술사적, 과학적 의미를 정리해 보겠습니다.

신인상주의 화가들은 당시 많은 사람들처럼 과학에 큰 기대를 가졌으며,

미술을 과학과 유사하게 만드는 것이 가능하다고 믿었어요. 이런 시대분위기에 고무된

예술가들이 색채와 광학에 대한 새로운 과학지식을 미술에 도입하고 싶은

충동을 느낀 것은 지극히 당연한 현상이지요.

신인상주의자들이 색채이론과 광학을 연구하고, 신기법을 개발하고 실험한 것은

오직 새로운 회화를 창조하고 싶은 열망 때문이었습니다.

색채를 하늘처럼 신봉한 예술가들은 바로 신인상주의 화가들입니다. 신인상주의는 인상파의 약점을 보완하려는 의도에서 창안되었어요. 전통적인 미술제작방식을 버리고 눈이 본대로 그리려고 했던 인상주의는 비록 혁명적이기는 하지만 치명적인 약점을 지녔어요. 그 원인을 분석하면 다음과 같아요. 인상주의 화가들은 순간의 감흥을 표현하기 위해서 마치 스케치를 하듯 물감을 화면에 신속하게 색칠했어요. 그림을 그리는 중간에, 행여 빛이 바뀔까 염려한 나머지 먼저 칠한 물감이 채 마르기도 전에 다른 색깔을 성급하게 덧칠했습니다. 그 결과 선명한 색채를 얻고 싶은 의도와는 정반대로 화면이 칙칙해졌어요.

이런 딜레마를 과학적인 방법을 통해서 해결하려고 노력한 화가가 있어요. 바로 신인상주의를 창안한 화가 쇠라입니다. 그는 인상파의 단점을 극복하기 위한 방편으로 과학적이고 논리적인 제작방식을 인상주의 기법에 접목시켰어요. 물론 그는 미술의 낡은 제작방식을 거부하고 순수한 색채를 살리면서 순간적인 감각을 표현하려고 시도했던 선배들의 개혁 정신은 높이 샀어요. 그러나 쇠라는 즉흥적인 감각에만 의존하면 이내 한계에 부친다는 사실을 깨달았어요. 치명적인 약점을 알았으니 해결방법을 찾아내야 하겠지요. 쇠라는 먼저 이론으로 단단히 무장을 했어요. 화학자 미셸 외젠 슈브뢸의 저서 〈색채의 대비와 조화의 법칙, 1839〉과 미국 콜롬비아 대학 교수 오그던 루드의 〈현대 색채론, 1879〉을 통해 얻은 과학적 지식을 그림에 실험했습니다.

먼저 슈브뢸의 저서 〈색채의 대비와 조화의 법칙〉이 쇠라에게 끼친 영향입니다. 이 책은 보색과 반사작용을 다룬 유명한 이론서입니다. 쇠라는 보색관계에 있는 두 색깔을 나란히 색칠할 경우 서로가 상대의 색깔을 돋보이게 해줄 뿐 아니라 색상은 보다 짙고 선명하게 나타난다는 혁신적인 이론에 눈이 번쩍 띄었어요.

보색이란 과연 어떤 색을 가리킬까요? 태양광선의 스펙트럼은 빨강, 노랑, 파랑, 초록, 주황, 보라, 남색 등 일곱 가지 색깔로 이루어졌어요. 그래서 일곱 빛깔 무지개로 부르지요. 하지만 남색은 파랑과 같은 계열의 색이기 때문에 실제 색깔은 여섯 가지가 됩니다. 이중 빨강, 노랑, 파랑, 세 가지 색을 가리켜 삼원색이나 일차색, 혹은 기본색으로 부릅니다. 기본색을 혼합한 색은 이차색, 또는 혼합색이라고 하는데요, 바로 초록과 주황, 보라가 이차색에 해당됩니다.

이차색은 일차색 두 개를 혼합한 색입니다. 파랑과 노랑을 섞으면 초록색, 파랑과 빨강을 혼합하면 보라색, 빨강과 노랑을 섞으면 주황색이 됩니다. 그런데 이 세 가지 색깔은 일차색의 보색입니다. 보색은 두 일차색을 제외한 나머지 색과 짝을 이룹니다. 예를 들면 초록은 파랑과 노랑을 섞어 만들기 때문에 나머지 일차색인 빨강의 보색이 되지요. 반면 보라는 노랑, 주황은 파랑의 보색이 됩니다.

두 보색을 나란히 배치하면 동시대비 효과가 생겨요. 대립적인 색들이 충돌하면서 서로의 색을 강화하는 시각적 효과를 나타내기 때문이지요. 즉 빨간색은 녹색 옆에 위치할 때 가장 빨갛게 느껴집니다.

다음은 오그던 루드의 저서 〈현대 색채론〉이 쇠라에게 미친 영향입니다. 루드는 광선의 색과 물감의 색깔은 서로 다르다는 파격적인 이론을 제시했어요. 예로 삼원색인 빨간색, 노란색, 파란색을 섞으면 광선은 흰색을 띠지만 물감의 경우 검은색이 됩니다. 즉 순도가 떨어져요. 이런 과학적 지식을 몰랐기 때문에 인상파 그림은 색채의 선명함을 잃고 칙칙해졌던 것이지요.

빛의 삼원색

색의 삼원색

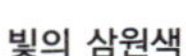

쇠라 | 라 그랑자트 섬의 일요일 오후 Sunday Afternoon on the Island of the Grand Jatte | 1886 | 캔버스에 유채

과학적 지식을 통해 자신감을 얻은 쇠라는 자신의 최고 걸작으로 손꼽히는 〈라 그랑자트 섬의 일요일 오후〉에 그동안 갈고 닦은 과학 실력을 뽐냅니다. 그림은 햇살이 눈부시게 쏟아지는 여름 휴일, 멋쟁이 파리 시민들이 파리 북서부 센 강 중류에 떠 있는 그랑자트 섬에서 휴식과 여가를 즐기는 장면을 묘사한 것입니다.

화면을 자세히 살펴보면 무수한 색점이 캔버스에 가득 찍힌 것을 발견할 수 있어요. 쇠라는 그림 속의 색깔을 모두 분해한 후 마치 수를 놓듯 수천 개의 색점을 화면에 찍어서 모자이크처럼 아름답게 구성했어요. 그는 선배인 인상파 화가들처럼 즉흥적으로 붓질을 하지 않았어요. 수학적으로 정확하게 계산한 후 화면에 체계적으로 색점을 찍어 나갔습니다.

이런 특이한 화면 구성이 가능했던 것은 쇠라가 그만의 독특한 기법을 개발했기 때문입니다. 쇠라는 눈에 보이는 색조를 대상의 색과 대상에 닿는 빛의 색, 근접한 대상들에 의해 반사되는 색으로 각각 분해한 후 그 색들을 조그만 색점으로 바꾸었어요. 쇠라는 이 특이한 기법을 분할된 부분들이 색채구성을 한다는 의미에서 '분할묘사법'으로 이름 지었어요. 그러나 나중에는 '점묘법'으로 불리게 됩니다.

그렇다면 쇠라는 왜 시원스레 붓질을 하지 않고 세공사처럼 꼼꼼하게 색점을 찍었던 것일까요? 색의 효과를 극대화시키기 위해서였어요. 팔레트에서 색을 혼합하는 대신 캔버스에 순색의 색점을 찍으면 감상자의 눈은 착시 현상에 의해 병렬된 색점들을 섞어서 보게 되요. 즉 사람의 눈이 팔레트에서 색깔을 섞는 역할을 대신하기 때문에 전통적인 방식보다 더 순수하고 강렬한 색을 얻을 수 있습니다. 예를 들면 보라색을 표현하려면 빨강색 옆에 파란색의 작은 점을 나란히 찍으면 됩니다. 쇠라는 무수한 색채 실험 끝에 탄생한 이 기념비적인 작품을 가리켜 '광학적 회화'라고 불렀습니다.

쇠라 ｜ 마니에르에서 멱 감는 사람들 Une Baignade, Asnières ｜ 1883~1884 ｜ 캔버스에 유채

한편 이 그림은 신인상주의라는 미술용어를 낳게 한 결정적인 역할을 합니다. 〈라 그랑자트 섬의 일요일 오후〉가 여덟 번째 인상주의자 전시회에 출품된 것을 본 비평가 펠릭스 페네옹은 전시 평에 '신인상주의'라는 용어를 사용했습니다. 이 단어는 인상주의가 구식이라는 뜻을 노골적으로 암시하고 있어 모네를 비롯한 인상주의 화가들의 기분을 크게 상하게 했어요.

이 선생님, 그림을 보는 가장 큰 즐거움 중 하나는 다양한 색채를 체험하는 것인데요. 잠깐 쉬어가는 코너로 색채란 무엇이며, 우리 눈에 제 각기 달리 보이는 까닭을 과학적으로 설명해 주세요.

 관장님의 질문의 답을 설명하기 이전에 미리 말씀드릴 것이 있어요. 미술에서 이야기하는 '색'은 과학적인 용어가 아닙니다. "

물리학에서는 색이 아니라 '가시광선의 파장'이라는 말로 색을 표현하거든
요. 가시광선은 말 그대로 우리가 볼 수 있는 가시可視 광선입니다. 과학적으
로 볼 때 색이란 전자기파 중에서 인간이 볼 수 있는 영역, 즉 가시광선의 파
장을 자의대로 분류한 것에 불과합니다. 좀 어려우면 한 번 더 풀어 설명해
드릴까요? 전자기파 중 특정 부분을 우리 눈에서 감지하고 이를 우리 뇌에
서 인지해서 분류한 것이 바로 색입니다. 동물 중에는 생존을 위해서 가시광
선보다 적외선이나 자외선 등을 더 잘 볼 수 있는 눈을 가진 종도 있습니다.

자, 그럼 가시광선 이야기를 좀 더 자세하게 해 보겠습니다. 가시광선은 우리
눈에는 그냥 흰색으로 보이지만 프리즘을 거치면 파장에 따라 나뉘게 되지
요. 사람들은 편의상 이 파장을 일곱 가지 색으로 분류했어요. 우리는 무지개
를 일곱 가지 색깔로 알고 있지만 지역에 따라 무지개의 색깔은 다르게 분류
된다고 해요. 작게는 다섯 가지에서 많게는 20여 가지의 색으로 무지개를 구
별하는 경우도 있습니다. 아무튼 어떤 물체가 가시광선영역의 모든 빛을 반
사하면 대뇌는 그 색을 흰색으로, 모든 흡수하면 검은색으로 인지합니다.

색에 대한 궁금증이 어느 정도 풀렸을 것으로 생각하고 다음에는 색을 인지
하는 눈의 구조를 살펴볼까요? 물체에서 반사된 빛은 각막과 수정체를 거쳐
망막에 도달합니다. 망막에 도달한 빛은 시세포를 자극하지요. 이 자극이 전
류의 형태로 시신경을 거쳐 대뇌로 보내집니다. 대뇌는 눈에서 받은 정보를
종합해서 물체의 색과 모양, 밝기 등을 해석하는 거지요.

시세포에는 크게 두 가지 형태가 있습니다. 망막 주변부에 있는 간상세포와
망막 중앙에 있는 원추세포가 바로 그것입니다. 약한 빛에도 잘 흥분하는 간
상세포는 명암을 구별하는 역할을 하지요. 그리고 원추세포는 밝은 빛을 감
지하고 색깔을 구별하는 일을 합니다. 이 원추세포는 각각 청, 녹, 적색 빛의
자극에 반응하는 세 가지 세포로 나누어집니다. 우리가 빛을 삼원색으로 분
류하는 것은 이 원추세포가 세 가지 종류이기 때문이지요. 그리고 뇌는 세

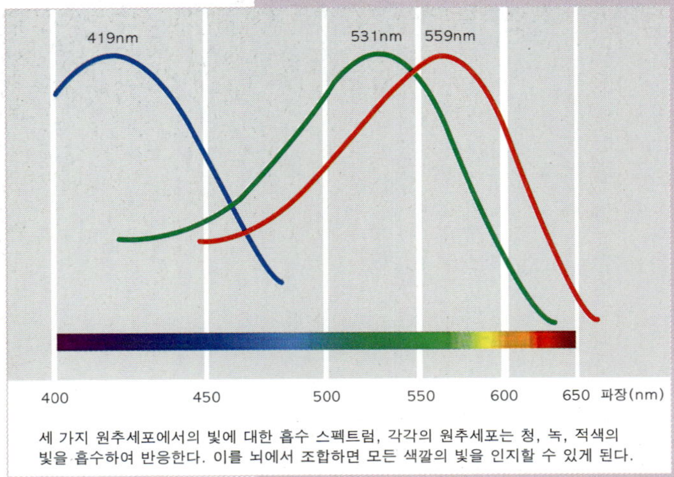

세 가지 원추세포에서의 빛에 대한 흡수 스펙트럼, 각각의 원추세포는 청, 녹, 적색의
빛을 흡수하여 반응한다. 이를 뇌에서 조합하면 모든 색깔의 빛을 인지할 수 있게 된다.

원추, 간상세포와 스펙트럼

종류의 원추세포가 감지하는 가시광선의 파장을 조합해서 어떤 색의 빛도
알아볼 수 있습니다.

그렇다면 간상세포는 어떤 일을 할까요? 아까 간상세포는 '약한 빛에도 흥
분한다.'고 했습니다. 원추세포는 빛이 매우 희미할 때는 작용하지 못하는
데 이때 감도가 훨씬 좋은 간상세포가 작동하게 되는 것이지요. 그러나 간상
세포는 명암, 즉 밝고 어두운 정도는 알아보지만 색깔을 구별하는 일은 할
수 없어요. 그래서 밤에는 색상을 구별할 수 없는 것이지요.

여기서 흥미로운 질문 하나를 던져 보겠습니다. 인간이 아닌 다른 동물들도
색깔을 볼 수 있을까요? 그렇지 않답니다. 포유류 중에는 인간과 원숭이만
이 원추세포를 가지고 있어요. 다른 동물들은 색을 인지하지 못하고 흑백만
구별할 수 있습니다. 투우장에 나선 소가 투우사의 빨간 천을 보고 흥분한다
고 하지만 실제로는 그렇지 않아요. 소는 원추세포가 없어서 색깔을 구별할
수 없거든요. 어찌 보면 투우사의 붉은 천은 소가 아니라 관중을 흥분시키기
위한 것이랍니다.

그렇다면 왜 동물 중에서 인간과 원숭이만 색을 구별할 수 있는 걸까요? 여기에 대해서는 여러 가지 해석이 가능하지만, 진화와 관련이 있을 것이라는 주장이 가장 그럴듯해 보입니다. 잡식성을 가진 영장류 중 색깔을 구별할 수 있는 개체가 자연계에서 음식물과 독극물을 더 잘 구별할 수 있어 생존률이 더 높아진 결과라는 주장이지요.

색에 관련된 또 한 가지 재미있는 연구결과가 있는데요, 여성들이 쓰는 립스틱에는 빨간색, 오렌지색, 자주색, 흑자주색, 흑적색 등 여러 가지 색깔이 있지요. 하지만 애석하게도 남성들은 이 색깔을 잘 구별하지 못하고 모두 '빨간색'으로만 보는 경우가 많습니다. 여성들이 화장품에 더 익숙하기 때문일까요? 하지만 그것 때문이 아니라고 하네요. 최근 한 연구결과에 따르면 빨간색을 보는 유전자는 유독 돌연변이가 많으며, 성염색체인 X 염색체 위에 존재한다고 합니다. 남성의 경우 XY, 여성의 경우는 XX이므로 여성이 남성보다 두 배나 많은 유전자를 가지는 셈입니다. 이 때문에 여성이 붉은색을 보다 잘 구별할 수 있다는 것이지요.

이처럼 사람이 색을 인지하는 과정이 과학적으로 밝혀진 것은 고작 50년쯤 전의 일입니다. 미국의 왈드와 하트라인, 그리고 스웨덴의 그라니트는 색의 인식 과정을 밝혀낸 공로로 1967년에 노벨 의학상을 받았습니다.

색의 이해를 돕기 위해 인간의 눈에 대해서 잠깐 말씀드리겠습니다. 인간의 눈은 흔히 카메라에 비유됩니다. 실제로 눈의 구조는 카메라와 비슷한데 특히 디지털카메라와 거의 흡사합니다. 원추세포가 대략 700~800만 개, 간상세포가 1억에서 1억 2천만 개 정도 존재하니 우리 눈은 700~800만 화소의 디지털 카메라와 비슷하다고 할 수 있습니다. 단, 명암에 있어서는 아직 인간의 눈이 10배 이상 더 정밀합니다.

그리고 영상기기에서 화상신호를 주고받을 때 빛의 삼원색인 적색Red, 녹색Green, 청색Blue 신호를 별도의 케이블을 통해 전송하는 방식이 더 좋은 화질을 만들게 됩니다. 이 방식 또한 눈에서 뇌로 신호가 전달되는 과정과 일치합니다.

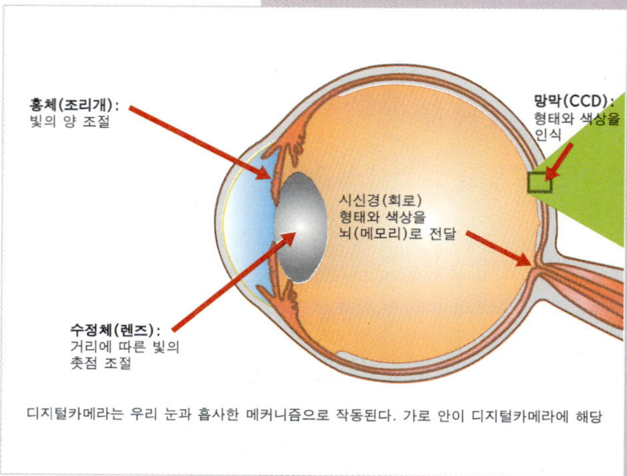

디지털카메라는 우리 눈과 흡사한 메커니즘으로 작동된다. 가로 안이 디지털카메라에 해당

사람의 눈과 디지털 카메라

피사로 | 흐린 날 내 창문에서 바라본 풍경, 에라니 View from the Artist's Window at Eragny | 1886~1888 | 캔버스에 유채

쇠라의 혁신적인 제작방식은 화단에 엄청난 반향을 일으켰어요. 곧 그는 열
렬한 추종자들을 거느리는 신인상주의 대부가 되었습니다. 그중 쇠라를 가
장 흠모한 화가는 피사로였어요. 그가 얼마나 신인상주의 이론에 감화를 받
았는지 그림을 통해 살펴보겠어요.

화면 전체가 균일한 점과 기하학적 선으로 이루어져 있어요. 피사로는 모범
생답게 쇠라가 개발한 양식의 특징인 점묘법을 충실히 그림에 적용했어요.
그는 색채의 순도를 살리기 위해서 인간의 한계를 초월한 인내심을 발휘하
면서까지 색점을 찍어 나갔습니다. 피사로는 신인상주의 시조인 쇠라에 버
금가는 탐구열에 불타는 화가였어요. 그의 광학에 대한 관심과 열정은 아들
루시앵에게 보낸 편지에도 여실히 드러나고 있어요.

'내가 만일 외젠 슈브뢸과 다른 과학자들의 연구로부터
빛이 어떻게 움직이는지 배우지 못했다면 빛을 관찰하는 것을 그렇게
자신감 넘치게 추구하지는 못했을 것이다.
만약 과학이 가르쳐 주지 않았다면 나는 물체가 지닌 고유색과
조명마저 구분할 수 없었을 것이다. 보색과 대조법에서도 마찬가지이다.'

이렇게 신인상주의 화가들이 다양한 방식으로 과학을 그림에 실험한 배경
을 살펴보았는데요, 이제 신인상주의가 후세에 남긴 미술사적, 과학적 의미
를 정리해 보겠습니다. 신인상주의 화가들은 당시 많은 사람들처럼 과학에
큰 기대를 가졌으며, 미술을 과학과 유사하게 만드는 것이 가능하다고 믿었
어요. 이런 시대분위기에 고무된 예술가들이 색채와 광학에 대한 새로운 과
학지식을 미술에 도입하고 싶은 충동을 느낀 것은 지극히 당연한 현상이지
요. 신인상주의자들이 색채이론과 광학을 연구하고, 신기법을 개발하고 실
험한 것은 오직 새로운 회화를 창조하고 싶은 열망 때문이었습니다. 실제로
과학적인 신인상주의와 감각적인 인상주의는 확연히 구별이 됩니다. 물론

둘 다 빛과 색채라는 동일한 목표를 추구했지만 표현방식에는 많은 차이가 있어요. 인상파가 직관과 순간의 감각을 중시했다면 신인상파는 논리와 정밀함을 더 중요하게 생각했습니다. 순간적이며 즉흥적인 인상주의와 치밀하게 계산한 과학적인 신인상주의를 나란히 비교하면서 과학과 교감하고 싶었던 화가들의 열정을 느끼면 어떨까요?

이 선생님, 화답하는 뜻에서 신인상주의 화가들이 그토록 관심을 가졌던 빛의 성질과 종류를 과학적으로 설명해 주시겠어요?

" 앞서 말씀드렸듯이 빛은 전자기파 중 가시광선 영역을 말합니다. 이를 좀 더 좁은 의미에서 이야기한다면 대체로 파장이 810~380nm, 진동수로는 $4 \times 10^{14} \sim 8 \times 10^{14}$ Hz 정도의 전자기파가 여기에 해당된다고 할 수 있어요. "

하지만 최근의 물리학에서는 적외선과 자외선 영역을 일부 포함하여 파장이 1mm에서 1nm 사이의 전자기파까지 빛으로 부릅니다. 경우에 따라서는 자외선보다 파장이 짧은 엑스선과 감마선까지 빛에 포함시키기도 하지요. 가시광선영역의 빛은 통상 빨간색 파장 750~620nm, 주황색 파장 620~585nm, 노란색 파장 585~575nm, 초록색 파장 575~500nm, 파란색 파장 500~445nm, 남색 파장 445~425nm, 보라색 파장 425~390nm과 같이 일곱 가지 색상으로 나눠집니다. 가시광선 영역의 빛 중에서 파장의 길이는 빨간색이 가장 길고, 주황색, 노란색, 초록색, 파란색, 남색, 보라색 순으로 짧아집니다. 빛의 파장과 진동수의 곱은 광속도와 같기 때문에 파장이 짧을수록 진동수는 커집니다.

과학자들은 여러 가지 실험을 통해 빛이 입자와 파동의 성질을 모두 갖추고 있음을 밝혀냈습니다. 앞서 김제완 박사님이 설명했던 대로 빛은 직진, 반사, 굴절, 간섭, 회절 등 다양한 성질을 가지고 있어요. 빛에 대한 과학적 이해는 회화와 컴퓨터그래픽스에 큰 영향을 미쳤습니다. 디즈니와 픽사 등에서 제작된 애니메이션 영화의 사실적 화면은 모두 빛에 대한 정확한 이해를 토대로 컴퓨터를 활용해 구성한 것이니까요.

관장님과 쇠라의 그림을 이야기하면서 학창시절 그의 그림이 TV의 원리와 너무도 흡사한 것을 알고 깜짝 놀랐던 기억이 새삼스럽군요. TV나 컴퓨터 모니터의 화면을 확대해 보면 작은 점 또는 작은 선들이 촘촘히 모여 있는 것을 볼 수 있습니다. 각 점은 전기신호를 받으면 청, 녹, 적색 중 한 가지 빛을 띱니다. 빛의 삼원색에 해당하지요. 각각의 색의 밝기에 따라 무궁무진한 색을 조합할 수 있어 우리가 총천연색의 영상을 볼 수 있는 것이지요.
빛의 특징 중 하나는 개개의 빛이 더해질수록 점점 밝아지는 것입니다. 이 때문에 TV 등의 영상기기에서는 검은색을 내는 일이 흰색을 내는 것보다 더 어렵습니다.

아무튼 신인상파가 색이 아니라 빛을 혼합하는 방식을 그림에서 재현한 것은 실로 놀라운 일입니다. 신인상파 이전의 그림에서는 색을 만들기 위해서 여러 물감을 섞었습니다. 관장님께서 언급하신대로 빛이 아니라 색의 혼합이기 때문에 물감을 섞을수록 색은 어둡고 탁해지지요. 하지만 신인상파 화가들은 색을 분해하여 점으로 찍었습니다. 그래서 신인상파의 그림에서는 색깔의 물리적인 혼합이 일어나지 않습니다. 색을 섞어서 탁해지는 현상이 발생하지 않는 거지요. 또 색의 혼합이 아니라 빛의 혼합에 해당되기 때문에 화면이 훨씬 화사하고 밝은 느낌을 주게 됩니다.

관장님이 예로 든 보색원리도 세 가지의 원추세포가 있다는 점을 알면 쉽게 이해할 수 있습니다. 보색대비의 원리는 진화와도 관계가 있다고 합니다. 예를 들면 초록색 잎 사이에 있는 빨간 열매를 더 쉽게 발견할 수 있도록 우리 눈과 뇌가 진화했다는 것이죠. 19세기 들어 이루어진 색에 대한 과학적 이해는 신인상파의 그림을 거쳐, 칼라 영상매체와 칼라 인쇄술의 발명으로 이어졌습니다. 그 덕분에 우리는 아름다운 영상시대에 살 수 있게 된 셈이지요.

이대원 | 농원 | 1980

이대원 | 못 | 1997

'화단의 신사'로 불리던 고 이대원 화백의 〈농원〉입니다. 이대원 화가의 그림은 행복하고 화사하고 아름답고 경쾌해요. 빨간색과 파란색, 노란색, 초록색의 원색들이 어우러져 빚어내는 환상적인 색채가 눈부실 정도입니다. 그는 신인상주의 점묘법 화풍에 영감을 받았어요. 그러나 한국 화단의 거목답게 서양 회화기법에 동양 회화기법을 접목했습니다. 조선의 수묵법과 중국의 묘화법을 점묘법에 결합했어요. 서양의 신종기법과 동양 전통 필법의 만남이며, 서양의 과학적 사고와 동양적 자연관의 화합인 것이지요.

그는 70여 년 동안 줄곧 그림을 그리면서 줄곧 모자이크식 색점과 마치 색종이를 오려낸 듯한 색 조각의 필선들, 화려한 색채가 만발한 과수원을 창조했습니다. 원색의 눈부신 색점이 어우러진 화면은 한 폭의 태피스트리 같아요. 점묘법과 불규칙하면서도 자유롭게 그어진 색점의 조화 속에 인상파 화가들이 그토록 추구한 색의 천국이 담겨 있어요. 그러나 그의 예술적 원천은 과학보다 자연이었어요. 이는 '나무는 삶의 방향으로 가지를 뻗는다. 나뭇가지는 생명의 선이다.'는 말에 잘 드러나 있어요.

이 글을 쓰는 도중 이대원 선생님께서 타계하셨다는 소식을 전해 듣고 안타까움을 금치 못했어요. '이대원 표' 그림을 창안한 그의 영전에 삼가 '색채의 마술사'라는 헌사를 바칩니다.

3

위대한 자연이 전하는 아름다움

컨스터블과 터너가 그린 자연

명화 속에 춤추는 바다의 과학

고흐의 태양과 고구려의 달

컨스터블과

터너가 그린 자연

컨스터블 표 풍경화는 의미가 깊어요. 그는 대담하게 화실을 박차고 나가서

현장에서 스케치를 했어요. 또 과학적 시각으로 자연을 관찰한 후

색채와 빛의 효과까지도 정확히 묘사했습니다. 그리고 마침내 '회화는 과학이며,

자연법칙을 연구하듯 탐구해야 한다.'며 평소 입버릇처럼 되풀이하던

회화의 목표를 성취했어요. 자연에 대한 과학적 탐구와 예술적 감수성을

환상적으로 결합한 것이지요.

컨스터블 | 건초수레 The Hay-Wain | 1821 | 캔버스에 유채

제가 이번 만남을 인연이요, 행운이라고 느낀 것은 김제완 박사님과 이식 선생님, 이상훈 교수님, 또 다음 초대 손님으로 예정된 김학현 선생님이 소문난 미술 애호가들이라는 점입니다. 하긴 미술을 사랑한다는 공통점이 있었기에 네 분은 미술과 과학의 짝짓기에 기꺼이 중매를 설 수 있었겠지요.

미술과 과학을 사랑하는 동아리들의 모임을 축하하는 의미에서 대기의 변화를 생생하게 느낄 수 있는 명화를 준비했어요. 영국의 국민화가로 불리는 컨스터블의 〈건초수레〉입니다.

p·153

컨스터블은 풍경화의 대가입니다. 풍경화의 아름다움을 세계에 널리 알린 공로로 '풍경화의 아버지'라는 극찬을 받고 있어요. 특히 그의 최고 걸작으로 손꼽히는 〈건초수레〉는 풍경화의 교과서로까지 여겨지고 있어요. 평범한 시골풍경을 묘사한 이 그림이 왜 그토록 엄청난 찬사를 받고 있는 것일까요? 자연을 관찰한 후 시시각각 변하는 대자연의 모습을 솔직하고 정직하게 표현했기 때문입니다.

'풍경화라면 당연히 눈에 비친 자연을 그려야지.'하고 의아해하는 독자들이 있을 거예요. 그러나 그림이 그려진 시기는 19세기 중반입니다. 타임머신을 타고 그 시절로 돌아가서 컨스터블의 풍경화와 다른 풍경화들을 비교해 보면 두 그림들 사이에 놀랄 만큼 많은 차이점이 있다는 것을 발견할 수 있을 거예요.

먼저 컨스터블의 풍경화는 촌스러울 만큼 솔직하게 자연풍광을 표현했어요. 반면 다른 풍경화들은 극적이면서 웅장하고 이상적으로 보입니다. 다시 말해 자연을 정직하게 묘사하는 대신 실제보다 더 근사하게 보이도록 치장하고 멋을 부린 것이지요. 자연의 이상미를 추구하던 이런 시절에 눈에 보이

는 그대로의 자연을 표현한다는 것은 엄청난 모험이 따릅니다. 자연을 미화
시킨 세련된 풍경화에 익숙한 사람들 눈에 소박하기 그지없는 컨스터블의
풍경화는 너무도 낯선 그림으로 보일 테니까요.

그렇다면 컨스터블은 왜 자연을 발가벗은 모습 그대로 그리려고 한 것일까
요? 자연과학의 발달에 자극을 받아서입니다. 과학에 유독 관심이 많았던
컨스터블은 수집가에게 아부하는 돈벌이용 풍경화나 예술가의 상상력으로
그려진 극적인 풍경화의 시대는 끝났다고 생각했어요.
시대의 흐름은 자연적인 회화를 요구하고 있었어요. 최초의 자연주의 화가가
되겠다는 야망을 품은 컨스터블은 그 꿈을 실현하기 위해서 자신만의 독특한
제작기법을 개발했어요. 야외로 나가 자연을 바라보면서 현장에서 직접 스케
치를 한 것입니다. 그리고 화실로 돌아와서 초벌 그림을 토대로 유화작품을
완성했습니다. 이런 특수한 제작방식 덕분에 컨스터블은 자연주의 회화의 첫
장을 연 선구자요, 위대한 자연주의 화가라는 찬사를 듣게 된 것이지요.

〈건초수레〉는 그의 명성이 결코 과장이 아님을 증명하고 있어요. 그림을 보
면 그가 순간적으로 변하는 대기의 흐름을 얼마나 치밀하게 관찰한 후 정확
히 표현했는지 실감할 수 있어요. 그럼 그림을 자세히 살펴볼까요? 한적한
시골마을이 등장했어요. 화면 왼편에 눈길을 돌리면 무성한 나무들에 둘러
싸인 아담한 집 한 채가 보입니다. 그림 중앙에는 냇물이 흐르며, 물 한가운
데 말들이 끄는 건초수레와 농부가족이 보여요. 농부는 낚싯줄을 냇물에 던
지는 중이며, 강아지가 낚시를 즐기는 주인을 물끄러미 바라봅니다. 그림은
마치 한적한 시골집에 와 있는 듯한 느낌이 들만큼 자연의 정취를 물씬 풍겨
요. 이런 그림의 특성 때문에 컨스터블은 시골풍 그림의 선구자라는 말을 듣
는 것이지요.

그림의 배경은 화가의 고향마을이며, 농부는 주민 윌리 롯입니다. 윌리 롯은
평생 고향을 떠나지 않았던, 마을의 터줏대감 격인 사람이에요. 컨스터블은

이런 윌리 롯이 고향을 상징하는 인물로 가장 적격이라고 생각했습니다. 컨스터블은 평생 고향을 그린 것으로 유명해요. 물론 컨스터블 이외에도 여러 화가들이 고향을 화폭에 담았어요. 그러나 그 누구도 컨스터블만큼 열정적으로, 또 집요하게 고향을 그리지 않았습니다. 그에게 고향은 예술의 원천이요, 영감의 터전이었으니까요. 이 그림에도 고향에 대한 향수가 진하게 배여 있어요.

그러나 그림이 풍경화의 걸작으로 손꼽히는 것은 단순히 자연의 아름다움을 표현하고 있어서가 아닙니다. 과학적인 요소를 담았기 때문입니다. 하늘의 구름을 보세요. 실제 하늘을 쳐다보고 있다는 착각이 들만큼 현장감이 느껴져요. 게다가 하늘은 그림의 절반을 차지하고 있어요. 그만큼 하늘과 구름이 그림에서 중요한 비중을 지녔다는 것을 증명하고 있습니다.

그림을 유심히 살펴보면 컨스터블이 하늘을 자세히 관찰하고 그렸다는 것을 금세 알 수 있어요. 실제로 컨스터블은 기상학자에 버금가는 정열로 대기의 변화를 관찰하고 탐구했어요. 그림의 원래 제목도 〈풍경—정오〉예요. 시간을 제목으로 삼았다는 것은 그만큼 그가 기상에 관심이 많았으며, 대기의 흐름에 집중했다는 살아 있는 증거가 되겠어요.

더욱 놀라운 것은 컨스터블이 기상일지까지 작성했다는 사실입니다. 그가 남긴 기상일지의 한 장을 펼쳐볼까요?

'햄스테드 1821, 9, 11일 아침 10~11시, 따뜻한 대지 위에 하늘에는 은회색 구름, 약한 남서풍, 온종일 맑음, 그러나 한때 비, 밤에는 순풍'

오른쪽 그림을 보면 컨스터블이 얼마나 집요하게 기상을 관찰했는가 실감할 수 있어요.

어때요. 그가 각양각색의 구름을 실시간 단위로 묘사한 것을 확인할 수 있지

컨스터블이 그린 여러 구름들

요? 그림은 컨스터블의 하늘 만들기 프로젝트 중 하나예요. 그는 1820년대 초부터 하늘그림을 그리기 시작했어요. 일명 '하늘 만들기'로 불리는 그림들은 자연의 법칙을 탐구하고 싶은 갈망 때문에 탄생했어요. 컨스터블은 미술과 과학을 결합한 신종 풍경화를 창조하고 싶은 야망을 품은 것이 확실해요. 이처럼 구름의 형태와 색깔, 움직임, 빛의 변화를 기상학자처럼 집요하게 관찰하고 추적하고 있으니까요. 물론 그는 과학자가 아닌 관계로 구름의 목록까지는 표기하지 않았어요. 그러나 날씨의 변화에 따른 구름의 종류는 정확히 묘사하고 있습니다. 그 어떤 화가도 대기의 변화를 감히 그릴 엄두조차 내지 않던 시절에 컨스터블은 기상상태에 주목했어요. 그리고 기상일지를 썼으며, 날씨의 변화를 그림에 표현했어요. '단 하루도 똑같은 날은 없다.

시간도 마찬가지이다.' 라는 자신의 평소 생각을 보여 주기 위해 손에 쥐가 나도록 하늘을 그리고 또 그렸습니다.

이상훈 교수님, 컨스터블의 〈구름의 변화〉를 소개하면서 정작 제가 구름에 대해 무지하다는 사실을 깨달았어요. 부족한 부분을 채울 수 있도록 구름의 형태와 종류를 이야기해 주셨으면 합니다.

" 관장님의 설명을 듣다 보니 화가나 과학자 모두에게 사물에 대한 관찰력 은 필수적인 요소라는 생각이 듭니다. 우리가 잘 아는 다 빈치나 식물분류학의 창시자인 카를 폰 린네 역시 자신의 작업을 뛰어난 예술로 표현하였으니까요. "

컨스터블의 구름 관찰에서 알 수 있듯 구름은 시시각각 변화합니다. 혹 구름 이 공기로 만들어졌다는 사실은 알고 있나요? 눈에 보이지 않는 공기덩어리 의 물리적 상태는 사실 불안정하기 그지없어요. 공기는 매우 가볍지만 무게 를 가지고 있습니다. 그러므로 높은 곳으로 올라갈수록 공기가 누르는 무게, 즉 기압은 낮아지고 공기의 부피는 낮아진 압력만큼 더 늘어나게 됩니다. 공 기의 부피가 늘어나면 온도가 낮아지며 그 안에 담을 수 있는 물의 양이 적 어지지요. 구름은 따뜻한 공기가 하늘로 올라가 차가와지면서 그 안에 있던 초과분의 수분이 수증기로 응결한 것입니다. 쉬운 예로 냉장고에서 꺼낸 찬 음료수 병을 상상해 보세요. 병 표면에 이슬이 맺히는 현상을 목격할 수 있 지 않나요? 구름의 생성 원리도 이와 같습니다. 구름은 보기에도 낭만적이 지만 지구환경의 측면에서도 열, 에너지 그리고 화학물질의 균형을 유지하 는 중요한 기능을 하고 있습니다.

P·153 ◄··· 자, 그럼 관장님과 함께 감상한 컨스터블의 〈건초수레〉로 다시 시선을 돌려 보겠어요. 그림에 등장하는 구름은 우리가 보통 '뭉게구름'이라고 부르는, 기상학자들의 분류로는 적운이라는 것입니다. 마치 아이스크림을 쌓아놓은

낮게 깔린 층적운 모습

듯 아래는 평평하고 위가 볼록한 모양이 특징인 이 구름은 여름의 강한 자외선에 의해 생긴 남성적인 매력을 풍기는 구름입니다. 또 다른 구름의 종류로는 평평하게 하늘을 넓게 덮는 층운이 있어요. 이 구름은 '층구름', '안개구름', '두루마리구름'으로 불립니다. 층운이 보다 두터운 구름으로 커지면 비나 눈을 가져오는 구름이 되지요. 제가 직접 찍은 구름 사진을 한번 보실까요? 이 사진의 주인공은 층적운이라 하며 2km 이내의 비교적 낮은 높이에 떠있는 구름입니다. 컨스터블의 구름 연작에도 비슷한 그림이 한 점있으니 여러분이 직접 찾아보시면 어떨까요?

····▶ p.157

맑은 날이 많지 않은 영국날씨에서 컨스터블이 이런 그림을 그리기 위해서는 주로 여름에 집중적으로 작업을 했을 것 같네요. 세밀한 관찰을 통해 주변의 모든 자연현상들을 그림의 소재와 영감으로 승화시킨 컨스터블의 재능이 놀랍습니다. 또한 이렇듯 자연의 오묘함과 위대함을 작품으로 일깨워주는 컨스터블은 틀림없이 '풍경화의 위대한 과학자'로 불려도 좋을 듯 합니다.

" 이 교수님 덕분에 구름과 기상에 대한 상당한 지식을 얻게 되었어요. 아는 만큼 보인다는 말이 있지요? 그래서인지 컨스터블의 그림이 더욱 걸작으로 느껴집니다. 그럼 다시 미술이야기로 돌아갈까요? **"**

다양한 모양의 구름 모습

이미 언급했듯이 컨스터블 표 풍경화는 의미가 깊어요. 그는 대담하게 화실을 박차고 나가서 현장에서 스케치를 했어요. 또 과학적 시각으로 자연을 관찰한 후 색채와 빛의 효과까지도 정확히 묘사했습니다. 그리고 마침내 '회화는 과학이며, 자연법칙을 연구하듯 탐구해야 한다.' 며 평소 입버릇처럼 되풀이하던 회화의 목표를 성취했어요. 자연에 대한 과학적 탐구와 예술적 감수성을 환상적으로 결합한 것이지요. 사람들에게 자연을 새롭게 체험하도록 만든 '컨스터블 표 풍경화'는 영국을 비롯한 유럽의 화가들에게 엄청난 영향을 끼쳤습니다.

그중 가장 충격을 받은 사람은 프랑스 화가들입니다. 프랑스 풍경화가들은 야외에서 직접 자연을 묘사한 컨스터블의 혁신적인 제작방식에 놀라움을 금치 못했어요. 그들은 강렬한 예술적 자극을 받은 나머지 컨스터블을 본받아 야외에서 직접 그림을 그립니다. 이런 현장 중심의 제작방식은 훗날 모네를 비롯한 인상주의 화가들에게도 결정적인 영향을 끼칩니다. 그래서 '프랑스 인상주의 원조는 컨스터블'이라는 이야기를 하는 것이지요.

컨스터블은 '기상학적 관심사를 최초로 화폭에 기록한 화가', '자연주의 회화라는 새로운 풍경화의 문을 연 화가', '화실을 실내에서 야외로 옮긴 이동화실의 창시자'라는 대접을 받고 있어요. 그러나 생전에 그가 가장 듣고 싶었던 찬사는 '자연이 지닌 변화무쌍한 현상을 끊임없이 관찰하도록 태어난 화가'입니다.

지금껏 자연의 속살을 표현하기 위해 집념을 불태운 컨스터블의 풍경화들을 감상했는데요, 이번에 소개할 화가 역시 컨스터블에 버금가는 명성을 자랑하고 있습니다. 그의 이름은 터너입니다. 터너와 컨스터블은 풍경화의 두 대가로 인정받고 있습니다.

이 장면은 세찬 눈보라 속에 휘말린 증기선을 묘사한 것입니다. 폭풍우 몰아 ⋯▶ p.162
치는 바다 한복판에서 배가 무시무시한 눈보라를 만났어요. 천재지변에 부닥친 증기선은 파도에 침몰되지 않으려고 안간힘을 씁니다. 배의 엔진이 뿜어내는 검은 연기가 눈보라에 뒤섞여서 무섭게 소용돌이치고 있어요. 어디가 파도요, 하늘이며, 눈보라인지 구별조차 힘들어요. 증기선의 형태 또한 찾아보기 힘들어요. 터너는 대상의 윤곽이나 형태마저 화면에 녹여 버렸어요. 그래서 흡사 추상화를 연상시키는데요, 이는 자연의 가공할 위력을 한층 강조하기 위해서입니다.

터너는 자연의 원초적 힘을 극적으로 표현하기 위해서 자신만의 독특한 구성과 기법, 색채를 그림에 적용했어요. 바로 소용돌이 구도와 기법, 그리고 터너 표 색채입니다. 화면 한가운데를 눈여겨보세요. 눈보라와 함께 각각의

터너 | 눈보라 속의 증기선 Snow Storm | 1842 | 캔버스에 유채

형태들이 급속히 회전하며 화면 중심을 향해 무섭게 빨려 들어가지 않나요?
이 소용돌이는 블랙홀처럼 배와 대기, 파도까지 단숨에 삼켜버립니다. 비록
그림에서 인간의 모습을 찾을 수 없지만 자연의 엄청난 힘 앞에 절망과 두려
움에 떠는 사람들의 몸짓을 느낄 수 있어요. 소름끼치는 바람의 굉음과 공포
에 질린 사람들의 비명소리가 귓전에 들리는 것 같습니다.

이번에는 그림의 색채에 주목할 차례입니다. 터너는 밝고 어두운 색채를 치
밀하게 계산한 후 사용했습니다. 특히 파란색이 눈에 띄어요. 이는 터너가
괴테의 '색채론'에 깊은 영향을 받았다는 증거입니다. 괴테는 1810년, 절대

적인 권위를 지닌 뉴턴의 색채이론을 능가하겠다는 야망을 품고서 색채론을 완성했어요. 예술가다운 감수성으로 빛의 기원과 반사, 광학적 효과, 색채 생성의 원리를 책에 상세하게 밝혔습니다. 그러나 책은 과학자들의 냉대를 받았어요. 괴테의 주관이 너무 많이 반영되었으며 색채의 심리적인 면에 지나치게 치중했다는 이유 때문이지요. 예를 들면 '차가운 색인 파랑과 청록은 부정적인 색채이며, 불안하고 예민하고 근심스런 분위기를 불러일으킨 반면 따뜻한 색인 빨강, 노랑은 따뜻함과 즐거움, 행복을 암시한다.' 등입니다. 하지만 화가들은 인간의 감각과 자연은 밀접한 관련이 있다는 괴테의 감성적인 색채론에 깊은 감동을 받았어요.

터너는 색의 상징성을 강조한 색채론에 매료된 나머지 괴테의 이론을 그림에 실험합니다. 그림에서 파랑을 유독 강조한 것도 파랑은 두려움과 절망을 암시하는 색이라는 믿음 때문입니다. 그러나 당시에는 미술평론가들마저 터너가 왜 그토록 색채와 형태가 모호한 그림을 그렸는지 이해하지 못했어요. 그의 위대함을 깨닫기는커녕 터너의 풍경화는 정확성이 결여되었으며, 끝마무리가 제대로 되지 않은 미숙한 그림이라고 터놓고 흉을 보았어요. 하지만 터너는 전혀 개의치 않았어요. 오직 자연의 역동성과 변화무쌍함을 빛과 색채로 재현하는 것에 의미를 두었으니까요.

이제 터너가 자연의 재해를 극적으로 표현할 수 있었던 것은 독창적인 기법과 구도, 색채의 조화를 계산한 것임을 알게 되었어요. 그런데도 궁금증이 가시지 않아요. 과연 터너는 어떻게 미친 듯 요동치는 파도와 난파 직전의 증기선을 실제상황인 듯 실감나게 표현할 수 있었을까요? 바로 그가 바다 한복판에서 세찬 눈보라를 직접 체험했기 때문입니다. 터너는 이 작품을 위해 자연의 재해를 몸소 겪을 것을 결심했어요. 67살의 노령에도 불구하고 폭풍과 눈보라가 몰아치는 바다 한가운데서 몸을 배의 돛대에 묶었습니다. 그리고 무려 네 시간 동안 사투를 벌였어요. 우주의 비밀을 캐고 싶은 호기심과 자연의 위대함을 경험하고 싶은 갈망이 죽음의 위험을 무릅쓰게 한 것이지요.

어때요. 그림 속에서 무시무시한 눈보라와 두려움에 떠는 터너의 신음소리가 들려오지 않나요?

터너는 자연의 참사를 그림에 표현한 화가로 유명해요. 그는 평생에 걸쳐 재난이 주제인 풍경화를 그렸어요. 눈사태와 폭풍우, 대홍수, 화산 폭발, 바다에서 표류하는 난파선을 통해 자연의 힘 앞에 한없이 무력한 인간을 묘사했습니다. 터너는 왜 그토록 자연의 재해에 민감하게 반응한 것일까요? 대자연이 더없이 숭고하다는 것을 보여 주기 위해서입니다. 당시 버크라는 영국의 철학자가 '숭고는 놀라움을 일으키며 아름다움은 사랑을 자극한다. 따라서 가장 위대한 예술은 숭고에 도달해야 한다.' 는 이색적인 주장을 펼쳤어요. 터너는 놀라움은 공포와 두려움이며, 숭고의 감정을 낳는다는 버크의 이론에 전적으로 동감했어요. 그는 자연은 더없이 숭고하다는 것을 증명하기 위해 60년의 긴 세월동안 치열하게 자연현상을 탐구한 것입니다.

이상훈 교수님 터너가 그토록 관심을 가진 자연재해에 관련된 과학이야기를 들려주셨으면 해요. 최근 '카트리나'라는 초대형 태풍이 미국 뉴올리언즈를 강타해 수많은 사람들이 아까운 목숨을 잃었어요. 태풍은 지구환경에 어떤 역할을 하나요? 또 지구는 왜 툭하면 무시무시한 자연재해에 휘말리게 되는 것일까요?

과학자 중에도 터너와 비슷한 사례가 있어요. 바로 벤자민 프랭클린이 그 주인공인데 그는 번개가 전기의 방전임을 증명하기 위해 위험을 무릅쓰고 연을 날렸습니다. 컨스터블의 세심한 관찰력, 그리고 터너의 실험정신을 생각하면 과학자와 화가는 아주 닮은 국화빵이라는 생각이 드는군요.

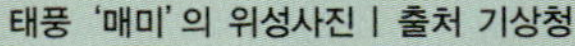

태풍 '매미'의 위성사진 | 출처 기상청

그럼 본격적으로 관장님의 질문에 답을 생각해 보도록 하겠습니다. 태풍의 발생 원인은 아직도 완전히 밝혀지지 않았어요. 다만 여러 가지 상황을 종합해 볼 때 태풍은 지구 북반구와 남반구에 위치한 서로 다른 성질의 두 공기덩어리가 충돌하는 경계에서 발생한다는 것입니다. 그 지역을 '적도전선'이라고 부르는데요, 성질이 다른 두 물질의 경계이다보니 이곳은 매우 불안정한 상태가 됩니다. 그렇다면 이런 환경에서 놓인 온도가 따뜻하고 수분이 많은 공기덩어리는 어떻게 될까요? 맞습니다. 마치 불꽃이 발화하듯 강한 비구름이 형성되고 이 비구름은 장차 태풍으로 발전할 조그만 씨앗을 낳게 되겠지요. 하지만 아직은 태풍으로 발전하려면 턱없이 힘이 부족한 씨앗이지요. 이 씨앗에 힘을 실어주는 것이 있으니 그것은 바로 지구 전체의 공기흐름입니다. 기류를 따라 떠돌던 여러 비구름 씨앗들이 한곳에 뭉치면 어느 순간 상상할 수 없는 강력한 폭풍과 해일을 동반한 태풍으로 탄생하게 되는 것이지요. 위의 사진은 몇 해 전 우리에게 큰 상처를 주었던 태풍 매미의 위성사진입니다. 중심부 태풍의 눈을 보세요. 한반도 전체를 휘감고도 남을 만큼 거대한 비구름의 모습에 이 태풍의 위력이 얼마나 엄청난 것이었는지 실감할 수 있습니다.

이쯤에서 관장님의 또 다른 질문과 만나보도록 하겠습니다. 왜 조물주는 이렇듯 가공할 위력의 태풍을 만들어 놓은 것일까요? 이 어려운 질문의 답을 찾기 위해 지구 구성물질인 물, 공기, 암석과 흙으로부터 이야기를 시작하는 편이 좋을 것 같습니다. 지구 구성물질 중에 물과 공기는 늘 움직이면서 지구 전체의 에너지를 조절합니다. 마치 사람 몸속에 흐르는 피가 인체의 온도조절과 영양분을 공급하듯 말입니다. 태풍도 지구의 입장에서 보면 혈액과 유사하게 지구 전체의 에너지 불균형을 해소하는 역할을 하는 것이지요. 다른 자연재해인 태풍이나 지진, 화산 등도 인간이 아닌 지구의 입장에서 본다면 지구환경을 유지하려는 자연의 일련과정일 뿐입니다.

최근 지구의 에너지 불균형이 컸던 까닭인지 올 가을 미국의 남부를 강타한 태풍 카트리나의 경우 그 위력은 실로 대단했습니다. 하지만 사람이 살 수 없는 환경인 습지에 둑을 쌓아 인공 환경을 만든 것이 더 큰 재앙을 불러온 셈입니다. 피해 지역 주민들에게 그보다 더 큰 비극은 없었겠지만 이 참사를 통해 우리는 큰 교훈을 얻었습니다. 이따금 인간은 과학기술로 자연환경을 극복할 수 있다는 오만에 빠지지만 자연은 극복의 대상이 아닌 순응의 대상이라는 것을 조용히 일깨워 준 것이지요. 자연을 더 잘 이해하고 그것에 순응하는 도구로서 과학을 활용해야 한다는 점을 넌지시 충고한 셈입니다.

검은 기관차가 희뿌연 물안개를 헤치며 달립니다. 한차례의 소나기가 지나간 것일까요? 엷은 햇살은 안개 속에서 아련한 자태를 드러내고, 기차가 내뿜는 검은 연기는 축축한 대기와 부드럽게 몸을 섞습니다. 그림 속 기관차는

터너 | 비, 증기, 속도 Rain, Steam and Speed-The Great Western Railway | 1844 | 캔버스에 유채

당시 최신식 기차로 명성을 떨친 '파이어 플라이 클래스'입니다. 기차는 새로 건설된 템스 강의 다리 위를 가로지르며 신나게 달리는 중입니다. 터너는 대기의 미묘한 변화를 묘사하는 동시에 기술문명의 상징인 교량과 기관차에 대한 경외심을 표현하고 싶었어요. 그런 의도에서 원근법을 과장한 가파른 구도를 화면에 적용했으며, 기차를 위에서 내려다보는 대담한 시점을 택했어요. 또 기관차의 꼬리 부분은 안개 속으로 녹아들게 한 반면 이글거리는 기관차의 화통은 선명하게 부각시켰습니다. 덕분에 관객은 기관차의 속도감을 훨씬 실감나게 느낄 수 있게 되었어요.

그림에서 주목할 것은 물안개입니다. 터너는 안개의 화가로 불릴 만큼 안개를 묘사하는 능력이 탁월해요. 그래서 자연스럽게 떠오르는 질문입니다만 이 교수님 안개에 대한 과학이야기가 궁금해요.

유명한 런던 스모그는 1952년 발생하였습니다. 당시 런던의 평소 주 단위 사망률은 2,000여명 정도였는데 이 스모그 기간 동안 두 배가 넘는 4,700명이 사망하는 극심한 피해를 입었습니다. 지금은 런던에도 안개가 많이 끼지 않아요. 산업혁명 당시는 난방연료인 석탄에서 생겨난 여러 오염물질이 스모그의 원인이었지만 세월이 흘러 석탄 대신 전기나 가스 같은 다른 연료들이 그 자리를 차지하게 되면서 공기가 차츰 깨끗해졌기 때문입니다.

그렇다면 왜 물안개가 피어나는 것일까요? 지상에 깔린 구름으로 생각할 수 있는 안개는 공기와 만나는 물 표면이나 지표면의 온도 차이 때문에 생겨납니다. 물 표면의 온도차에 의한 안개 형성과정을 이해하기 위해서 물의 온도 변화가 공기의 변화 폭보다 적다는 사실을 알고 있어야 합니다. 가령 이른 새벽이나 늦은 밤의 경우를 상상해 보세요. 이때의 공기 온도는 낮보다 더 낮아지게 됩니다. 반면 물의 온도는 공기의 온도보다 변화의 폭이 적으므로 물 표면의 수증기가 찬바람에 냉각되면서 미세한 물방울 구름, 즉 안개를 형성하게 되는 것이지요. 오른쪽의 사진들을 보면서 구름인지 안개인지 쉽게 구분할 수 있나요?

다음에는 지표면의 온도차로 생기는 안개 차례입니다. 맑고 구름이 적은 날은 낮 동안 햇볕에 잘 달구진 땅이 밤사이에도 잘 식습니다. 반면 날이 흐려서 구름이 많을 때에는 땅에서 나온 열이 구름에 다시 반사되므로 지표의 온도가 덜 내려가게 되지요. 이를 '복사냉각'이라 하는데 이렇게 밤사이 차가와진 지표면에 공기가 닿으면 공기 안의 수분이 응결되면서 안개가 만들어집니다. 아까 관장님께서 '안개가 끼는 날에 하늘이 왜 맑은가?'라고 질문하

강가에 피어 오른 자욱한 안개

산의 경사면을 따라 상승하다가 기온이 떨어지면서 생기는 안개

셨는데 실은 안개 낀 날의 날씨가 좋다기보다는 날씨가 좋은 다음날 아침에 안개가 끼는 것이지요. 또 다른 안개 종류로는 수분을 많이 품은 공기가 산을 따라 올라가다 점차 온도가 낮아지면서 생기는 안개가 있습니다. 바로 사진의 구름 형태인데 보통 '산안개'라고 부르지요. 아마 여러분도 등산하면서

한두 번은 경험하셨을 것으로 생각됩니다. 잘 찍은 사진은 아니지만 산속에서 생활하면서 우연히 찍은 것을 모아 두었는데 이번 기회에 이렇게 잘 활용할 수 있게 되네요.

이야기를 다시 런던으로 돌려 스모그와 안개의 관련성에 대해 살펴보도록 하겠어요. 공기와 만나는 물 표면이나 지표면에서 생겨난 안개는 낮에 해가 뜨면서 모두 사라지게 됩니다. 하지만 미세한 물방울이 공기 중의 오염물질과 결합하면 스모그가 되며 이런 경우에는 해가 뜬 이후에도 계속 남아 있게 되지요.

p.167 잠시 관장님과 함께 감상한 터너의 그림을 자세히 들여다볼까요? 그림의 배경이 이른 새벽이라고 하기에는 상당히 밝음을 확인할 수 있어요. 이런 점에서 보면 터너가 그린 안개는 순수한 안개라기보다는 스모그에 더 가까운 것 같습니다. 그러나 터너는 스모그의 둔탁함^{때론 몇 주씩 도시 전체를 덮었던 답답함}을 당시 첨단기술이었던 기관차의 역동성과 절묘하게 결합시켜 박진감 넘치게 표현했어요. 스모그마저도 저 멀리 날려 보내 버릴 것 같은 그의 예술적 기지에 새삼 경탄을 금치 못하게 되는 순간이군요.

> **이상훈 교수님의 명쾌한 설명으로 안개에 대한 궁금증이 풀렸으니 가벼운 마음으로 다시 터너의 그림이야기로 되돌아가겠어요.**

1825년 영국의 스톡턴과 달링턴 시 구간을 연결하는 철도가 처음 개통되면서 영국인들은 새로운 교통수단이 지닌 힘과 속도에 열광합니다. 영국 전체가 철도 열풍에 휩싸일 정도였어요. 터너 역시 속도의 대명사인 기관차에 푹 빠져들었어요. 기차의 신속함에 매혹된 터너는 속도를 몸소 체험하기 위해서 영국 전역을 우편용 기차를 타고 돌아다녔어요. 그는 시시각각으로 변하는 지형의 변화를 접하면서 자연의 변덕스러움과 웅장함, 위대함을 깨달았어요. 또한 기차여행을 통해 철도의 장점을 뼈저리게 느낍니다.

이 그림은 터너가 새롭고 혁명적인 교통수단으로 급부상한 기관차와 철도를 향해 바치는 찬사예요. 저 금빛 물안개 속을 뚫고 달려오는 기관차를 보세요. 어떤 난관이나 장애물도 단숨에 헤치고 무사히 목적지에 닿을 것 같지 않나요? 터너의 걸작으로 평가받는 그림은 당시에도 단연 화제의 대상이었어요. 영국 특유의 축축한 대기를 뚫고 달리는 기관차가 너무도 인상적이었던가 각 언론매체들은 '기차가 전시장과 캔버스를 통과해 거리로 돌진하기 전에 서둘러 전람회를 방문하라.'는 선동적인 기사로 시민들을 부추겼어요. 심지어 메이저 신문인 타임지마저 '기술문명의 상징인 철도가 화가에게 박진감 넘치는 새로운 회화기법을 입증할 실험무대를 제공했다.'는 찬사를 바쳤습니다. 이런 언론의 호들갑스런 태도는 훗날 모네를 비롯한 혁신적인 화가들이 기차에 주목하게 만드는 결정적인 계기가 되었어요. 그러나 터너의 위대함은 단지 기술의 상징인 기관차를 실감나게 묘사한 것에 그치지 않아요. 그는 기차나 철도와 같은 최첨단기술을 자연의 무한한 에너지와 한 쌍으로 짝지웠어요. 대기의 변화와 속도를 특유의 감수성으로 융합해서 그 누구도 흉내 낼 수 없는 드라마틱한 터너 표 풍경화를 창조한 것이지요.

명화 속에 춤추는

바다의 과학

요즘 아시아가 한류 열풍에 휘말려있는데 말하자면 자포니즘은 일본미술의
한류였던 셈이지요. 자포니즘의 상징인 호쿠사이 작품 중 가장 인기를 끌었던 것이
바로 〈가나가와의 파도〉입니다. 자연의 무시무시한 에너지와 파도에 휘말리는
갸날픈 목선을 묘사한 대담한 구도는 유럽화가들에게 커다란 충격을 주었어요.
호쿠사이 파도의 인기는 대단했어요. 오스트리아 빈의 공예가들은 앞 다투어
호쿠사이 파도를 응용한 공예품들을 제작했어요. 또 프랑스 인상주의 작곡가인
드뷔시는 작품에 감명을 받은 나머지 교향곡 〈바다〉를 작곡하기도 했습니다.

호머 | 여름밤 A Summer Night | 1890 | 캔버스에 유채

p.173

화면에 더없이 아름다운 여름 밤바다가 펼쳐졌어요. 눈부신 달빛을 받은 파도가 수면을 보석가루처럼 빛나게 합니다. 파도가 연주하는 음악이 잠든 몸의 감각을 깨운 것일까요? 두 남녀가 철썩이는 파도의 리듬을 따라서 흥겹게 춤을 춥니다. 두 사람은 복잡한 현실세계를 잊고서 우주의 운율에 몸을 맡겼어요. 두 눈을 지그시 감은 채 투명한 달빛을 관객 삼아 부드럽게 몸을 움직입니다. 아마도 두 사람은 밤이 새도록 춤을 추어도 전혀 지치지 않겠지요. 싱그러운 바다의 정기가 천연각성제처럼 매 순간 원기를 불어넣어 줄 테니까요. 한편 화면 오른쪽에는 피서객들로 보이는 사람들이 넋을 잃은 채 밤바다를 바라봅니다. 순간 정지자세를 취한 사람들은 바다 깊숙이 뿌리를 내린 검은 바위처럼 움직임이 없어요. 밤바다의 서정에 취한 나머지 아예 바다와 함께 사는 갯바위가 되고 싶었는지도 모릅니다.

자연과 인간의 교감을 감동적으로 묘사한 이 그림은 미국의 해양화가로 명성을 떨친 호머의 작품입니다. 선천적으로 모험심이 강했던 호머는 미국 각지를 여행 다니면서 낚시와 사냥을 즐겼어요. 그러나 그가 가장 좋아했던 대상은 바다였어요. 바다에 매혹된 호머는 하루 종일 바닷가에 나가서 솟구치는 파도를 관찰하고 비릿한 해풍을 벗 삼아 그림을 그렸어요. 달빛이 환한 밤이면 파도를 보고 싶은 심정에 한달음에 집을 뛰쳐나가 바다로 달려 나가기도 했습니다. 그런 그의 정열이 그림에 고스란히 배어 있어요.
일편단심 바다를 사랑했던 호머는 자신이 숙명적으로 바다의 화가가 될 수밖에 없다는 사실을 깨닫습니다. 그는 1880년부터 바다를 주제로 한 그림에 본격적으로 착수합니다. 바다낚시에 한창인 어부들의 분주한 일상과 거칠고 야성적인 바다에 맞서 투쟁하는 사람들을 화면의 주인공으로 등장시키지요. 1881년에는 보다 극적인 소재를 찾고 싶은 충동을 이기지 못해서 북해에 위치한 영국의 항구도시인 타인머스를 찾아갑니다. 그곳에서 밤낮으로 바다만을 그리면서 생활했어요. 이윽고 2년에 걸친 유랑생활을 끝마치고 고향으로 돌아왔건만 바다에 대한 갈증은 가시기는커녕 더욱 강해졌어요. 바다에 대한 그리움에 시달리던 호머는 결국 마음의 병을 치유하기 위해서 또다시 황량하고 외딴 섬에 위치한 어촌 푸라우츠넥으로 떠납니다. 그러나 그토록 원하는 바닷가에 둥지를 틀었으나 그것도 미진했던가, 기어이 바다 쪽으로 발코니가 난 집에 세를 들었습니다. 바다에 대한 무한한 사랑이 있었기에 호머는 이처럼 아름다운 밤바다를 표현할 수 있었겠지요.

이 교수님, 호머의 또 다른 바다 그림으로 넘어가기 전에 바다에 관한 과학 이야기를 듣고 싶어요. 바다에 관한 지식을 바탕으로 그림을 본다면 명화에 훨씬 집중할 수 있을 테니까요.

> 바다는 지구생명체의 발원지입니다. 우연일지 모르지만 우리도 어머니 뱃속의 부드러운 양수 안에서 10개월을 보냈습니다. 그렇게 보면 바다와 물은 모든 생명체의 회귀본능을 자극하는 만물의 고향이 아닐까요?

바다는 지구표면의 70%를 차지하기에 지구를 물의 행성이라고도 합니다. 하지만 놀랍게도 양으로는 지구 물 전체의 무려 97%나 차지하지요. 실제로 우리가 사용하는 육지의 물은 빙하를 제외하면 2% 내외에 불과합니다. 이런 거대한 바닷물 덩어리는 끊임없이 움직이고 있어요. 바닷물의 높이가 높아졌다가 낮아지는 밀물과 썰물이 있는가 하면 바람에 의해 일정방향으로 움직이는 해류가 있습니다.

우선 우리에게 익숙한 밀물과 썰물의 이야기를 먼저 해 볼까요? 잘 아시다

호머 | 생명줄 The Life Line | 1844 | 캔버스에 유채

시피 밀물과 썰물은 달과 태양의 끌어당기는 힘, 즉 인력 때문에 일어납니다. 크기 면에서 달에 비해 태양이 훨씬 크지만 지구와의 거리가 워낙 멀어서 태양의 영향력은 달의 절반 정도이지요. 태양과 달과 지구가 나란히 놓일 때는 태양과 달의 인력이 합쳐져서 밀물과 썰물의 차이가 가장 커진답니다. 반면 태양과 달이 직각에 가까이 놓이면 태양과 달의 인력이 상쇄되어 밀물과 썰물의 차이가 가장 작아지지요. 그렇다면 이런 상황이 벌어질 때의 달 모양은 어떻게 변화할까요? 밀물과 썰물의 차이가 가장 클 경우에는 보름달이나 그믐달이며 그 반대의 경우는 반달이 된답니다. 이것을 사리와 조금이라고 표현하지요.

앞서 감상한 호머의 그림에서 눈부신 달빛을 받은 바다는 밀물일까요 썰물일까요? 흰 파도가 이는 것을 보면 아마도 밀물이 한창 밀려들어오는 중일지도 모르겠어요. 여름 밤바다에서 두 사람이 추는 춤은 밀물, 썰물 그리고 파도가 전하는 화려한 율동과 완벽한 조화를 이루어 아름답기 그지없습니다.

이 교수님의 과학이야기도 명화 못지않게 흥미롭군요. 이제 호기심을 충

족시켰으니까, 약속대로 호머의 또 다른 해양화를 소개하겠어요.

바다에 대한 애착 때문에 호머가 바다의 화가가 되었다는 사실은 앞서 말씀드렸어요. 하지만 정작 미국인들은 호머의 해양화에 별다른 관심을 보이지 않았어요. 서부 개척시대의 영웅들을 우상으로 여긴 미국인들에게 바다는 흥미를 끌 요소가 전혀 없었으니까요. 그런데 그의 해양화가 국민적 관심을 끌 수 있는 절호의 기회가 찾아 왔어요. 1883년 여름, 호머는 우연히 구조원들이 구명부대를 사용해서 바다에 빠진 사람들을 구하는 장면을 목격했어요. 구조원들이 목숨을 걸고 위험에 처한 조난자들을 구하는 모습은 호머에게 깊은 감동을 주었어요. 그는 그 장면에서 받은 강렬한 인상을 그림에 표현합니다.

폭우가 쏟아지는 바다 한복판에서 배가 풍랑을 만났어요. 순식간에 배가 난파되면서 한 소녀가 바다에 빠지고 말았어요. 잔뜩 겁에 질린 소녀는 허우적거리다가 그만 의식을 잃었습니다. 소녀는 꽃다운 나이에 죽음의 문턱에 도달했어요. 하지만 절체절명의 순간, 긴급 구조요청을 받은 구조원이 기적적으로 파도에 떠밀려오는 소녀를 발견했어요. 구조원은 축 늘어진 소녀를 끌어안고 안간힘을 쓰면서 구명줄에 소녀의 몸을 묶습니다. 거센 파도가 두 사람을 금방이라도 집어삼킬 듯 휘몰아쳐요. 그러나 구조원은 결코 풍랑에 굴복하지 않습니다. 저 늠름한 구조원의 몸짓을 보세요. 사경을 헤매는 소녀를 반드시 살리고야 말겠다는 투지가 불타오릅니다.

한편의 서부영화처럼 박진감이 넘치는 그림은 전시장에 선을 보이기가 무섭게 선풍적인 인기를 끌었어요. 관객들은 자연의 위협에 굴복하지 않은 영웅적인 인간상을 제시한 그림에 넋을 잃었습니다. 특히 위기에 처한 연약한 여성을 구출하기 위해 죽음을 불사하는 남성의 강인한 힘과 휴머니즘에 감동을 금치 못했어요.

그림의 폭발적인 성공에 힘입어 호머는 단숨에 위대한 해양화가의 입지를 굳히게 됩니다. 호머 자신도 자연에 도전한 인간승리에 초점을 맞춘 주제에 대만족감을 느꼈어요. 이후에도 조난을 주제로 한 그림을 여러 점 그렸습니다. 바다를 향한 호머의 열망은 노년에 이르러서도 결코 사라지지 않았어요. 그는 캐나다와 카리브해 사이의 파도를 헤치고 다니면서 쉴새 없이 바다를 그렸어요. 마지막 붓을 놓는 순간까지 줄기차게 바다를 묘사했어요. 말 그대로 바다에 살고 바다에 죽은 바다의 화가가 아닐 수 없습니다. 호머의 마지막 작품 역시 바다가 주인공입니다.

바다낚시에 나선 어부들이 갑자기 풍랑을 만났어요. 하늘은 불길한 먹구름으로 가득 차고 파도는 겁을 주려고 작심이라도 한 듯 배를 거칠게 흔들며 위협합니다. 바다를 제 집 마당처럼 드나들던 어부들은 본능적으로 해일이 닥칠 것을 예감해요. 갈 길은 먼데 저 작은 배로 어떻게 거친 풍랑을 헤쳐 나갈 수 있을까요?

호머는 수채화기법을 활용해서 음산한 날씨와 차가운 물보라를 실제보다 더 실감나게 표현했어요. 수채화 특유의 흥건한 물 번짐과 단숨에 내리긋는 붓 터치가 관객에게 바다 한복판에 떠있는 듯한 착각을 불러일으킵니다. 차디찬 바닷물과 축축한 대기가 스펀지처럼 화면에 스며드는 저 탁월한 솜씨를 보세요. '가장 위대한 수채화가'라는 명성이 결코 과장이 아님을 증명하고 있어요.

호머는 최초의 해양화가이기보다 수채화가로서 더 인정을 받고 있어요. 그

호머 | 다이아몬드 여울 Diamond Shoal | 1905 | 수채

의 수채화는 단연 세계 최고의 수준을 자랑합니다. 호머 이전의 화가들은 수
채화를 유화의 밑그림 정도로 인식했어요. 그러나 호머는 결코 수채화가 유
화에 비해 품격이 떨어진다고 생각하지 않았어요. 오히려 수채화의 대담한
붓놀림과 흥건한 물맛, 속도감은 유화가 따라올 수 없는 장점이라고 여겼습
니다. 특히 변화무쌍한 자연을 신속하게 표현하는 데 수채화만한 매체가 없
다고 믿었어요. 호머는 말하자면 미술재료의 블루 오션을 실천한 선구자인
셈인데요, 수채화의 홍보대사 격인 호머 덕분에 수채화는 미술의 주요매체
로 부상할 수 있었습니다.

이 교수님, 이렇게 바다의 화가인 호머의 흥미로운 미술이야기는 끝을 맺습니다. 참, 조금 전 교수님께서 바닷물의 운동을 일으키는 바람에 대해서 설명해 주셨는데요. 바람은 일정한 방향이 있다고 들었습니다. 그렇다면 바람의 종류에는 어떤 것들이 있으며 우리가 흔히 알고 있는 한류와 난류와는 어떤 연관성이 있나요?

해류 역시도 마찬가지입니다. 지구상의 에너지를 늘 일정하게 유지하기 위한 자연의 작용이지요. 다만 차이점이 있다면 태풍이 아주 짧은 시간에 이루어지는 에너지 격차 해소 방법임에 비해 바람과 해류가 만드는 공기와 물의 흐름은 완만하게 지구에너지 균형을 조절하는 방법이라고 설명할 수 있겠습니다.

오랫동안 한 방향으로 바람이 불면 어떻게 될까요? 당연히 그 방향으로 바다의 흐름이 생겨나겠지요. 즉 표층 해류가 생겨납니다. 표층 해류를 만드는 바람은 지구의 자전으로 인해 생겨나는 편서풍과 무역풍이지요. 적도부근에서 달구어진 공기는 대류현상으로 높은 곳으로 상승한 후 다시 지상 가까이 내려옵니다. 북반구의 경우 아래로 내려온 공기가 고위도로 이동할 때 서풍을 만들고 반대로 저위도, 즉 적도방향으로 이동할 때는 동풍을 만들게 되지요. 이것이 각각 편서풍과 무역풍이랍니다. 해류 형성은 바로 이 무역풍과 편서풍과 깊은 관련을 가집니다. 또한 관장님의 질문대로 이 같은 바람에 의해 생긴 해류는 해수를 찬 곳과 따뜻한 곳으로 이동시키면서 한류나 난류를 만들게 되지요. 따지고 보면 한류나 난류의 분류는 편의상 온도를 기준으로 나눈 것에 불과한 셈입니다.

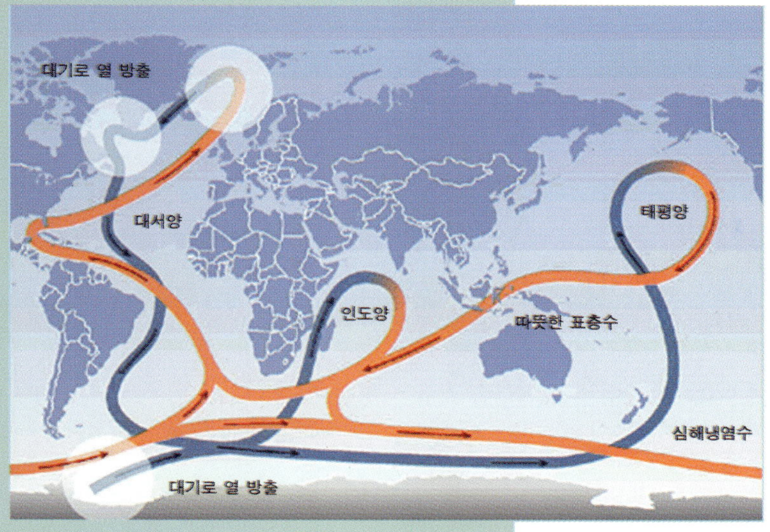

대양순환류 | 출처 NDAA

그렇다면 바람에 의한 해류의 움직임에 전부일까요? 아닙니다. 바람에 의한 흐름이 비교적 빠른 순환임에 반해 아주 느린 속도로 이루어지는 해류가 또 있으니까요. 바로 바다 심해저에서 일어나는 대양순환류Oceanic Conveyor Belt 가 그것입니다. 대부분의 해류가 바람에 의해 만들어지지만 멕시코 만류의 경우 바람에 의한 해류운동을 비웃기라도 하듯 북극권의 노르웨이 해안까지 흘러들어 간답니다. 과연 무슨 힘이 작용하기에 멕시코의 따뜻한 해류가 북극 가까이 흘러들 수 있을까요? 그 수수께끼의 열쇠는 빙하에 있습니다. 바닷물이 얼기 시작하면 남아 있는 물의 염분농도는 더 증가하게 되고 염분이 높은 물은 보통 물보다 무거워서 아래로 가라앉게 됩니다. 또 물이 차가와지면 물의 비중이 더 높아진답니다. 여러분 중에는 맥주를 빨리 차게 하려고 냉동실에 넣어두었다가 그만 얼려버린 경험이 있을 겁니다. 이때 맥주에 어떤 변화가 일어나나요? 맥주가 얼면 알코올과 물중에서 물이 먼저 얼기 시작합니다. 따라서 남아 있는 맥주의 알코올 상대함량이 더욱 올라가게 되겠지요.

호쿠사이 | 가나가와의 파도 The Great Wave(In the hollow of a wave off the Coast at Kanagawa, Kanagawa cki nami ura) |
1830~1831 | 목판화

마찬가지로 빙하에 의해 염분농도가 높아져 더 무거워진 바닷물은 해저 4,000m의 심해저로 가라앉으면서 전 지구적인 순환을 하게 된답니다. 이런 순환과정은 한마디로 지구의 온도를 유지하는 냉난방시스템이라고 할 수 있어요. 안타까운 것은 지구온난화로 인해 빙하가 점차 녹아내리면서 바닷물의 염도가 낮아지게 되고 이로 인해 물의 침강과 순환이 점차 약화된다는 것입니다. 이렇듯 지구과학적 현상은 별개의 것이 아니라 모두 연결되어 있는 것입니다.

66 이상훈 교수님의 과학이야기에 화답할 겸 일본 우키오에의 간판스타인 호쿠사이의 박진감 넘치는 풍랑 장면을 준비했습니다. 99

화면 왼편에서 성난 파도가 벌떡 일어섭니다. 곤두선 파도가 맹수의 발톱처럼 날카로워요. 파도는 예리한 발톱을 내세우며 잔인하게 제물이 될 목선을 덮칩니다. 화면에 보이는 세 척의 목선은 생선을 운반하는 쾌속선입니다. 삶의 터전인 바다에서 생선을 나르던 중 갑자기 해일을 만난 것이지요. 공포에 질린 어부들은 뱃전에 납작하게 몸을 숨기지만 과연 저 무서운 풍랑을 헤쳐 나갈 수 있을까요? 먼 수평선 너머 일본인들이 영산으로 떠받드는 후지산이 보입니다. 산은 의연한 모습으로 격랑에 휘말린 바다를 바라봅니다. 가련한 희생자들은 늠름한 후지산의 정기가 자신들을 위기에서 구해 주기를 빌고 또 빌 뿐입니다.

그림은 우키오에의 최고화가로 손꼽히는 호쿠사이의 걸작입니다. 호쿠사이는 우키오에 스타답게 팬들의 우상으로 군림했습니다. 그런데 그 열성 팬들의 이름을 들으면 독자들은 자신의 귀를 의심하게 될 거예요. 왜냐하면 명성이 자자한 인상파 화가들이 호쿠사이의 열렬한 신봉자였기 때문입니다. 모네, 드가, 세잔, 고흐, 로트렉 등 기라성 같은 인상파 화가들은 호쿠사이 팬클럽을 형성해서 그를 우키오에 최고의 화가로 떠받들었어요. 그중 스타화가를 탄생시킨 주역은 단연 모네와 고흐입니다. 모네는 집안을 온통 우키오에로 장식했으며, 고흐는 우키오에 판박이 그림이라는 비난을 무릅쓰면서 원작을 베꼈어요.

대체 서양미술사에 일대 혁명을 일으킨 인상파 화가들이 왜 먼 섬나라 화가에게 홀딱 반한 것일까요? 타의 추종을 불허한 조형성과 독창적인 화풍 때문입니다. 단순하면서도 강렬한 색채, 부드러우면서도 힘찬 선, 신기에 가까운 붓놀림에 인상파 화가들은 넋을 뺏긴 것이지요. 그렇다면 우키오에란 과연 무엇을 뜻할까요? 우키오에는 17세기 일본의 에도 지방에서 태동한 대중미술을 가리키며, 일명 '에도 그림'으로 불립니다. 서민들의 꿈과 일상을 주제로 삼았으며, 목판화로 제작했습니다. 판화제작방식을 고수한 것은 보다 많은 사람들에게 싼값에 그림을 보급하기 위해서였어요. 에도 지방의 특산품인 우키오에는 시중에 선을 보이기가 무섭게 선물용으로 폭발적인 인기를 끌었어요. 이후 17~19세기 중반에 이르기까지 일본의 미술시장을 주름잡았으며, 지금껏 일본이 세계에 자랑하는 문화유산의 대접을 받고 있습니다.

호쿠사이는 19세기 중엽, 서구에서 이름을 떨친 우키오에의 대표작가입니다. 탁월한 조형능력과 독창성으로 유럽에 소개된 순간부터 인기를 한몸에 받았어요. 오죽하면 당시 최고의 미술전문잡지로 손꼽히던 '가제트 데 보자르'의 편집장인 루이 곤스가 호쿠사이를 가리켜 '인류가 낳은 가장 탁월한 화가'라고 극찬을 했을까요. 호쿠사이는 서구미술계에 '자포니즘'이라는 열풍을 일으킨 주역입니다. 자포니즘이란 19세기 후반에서 20세기 초에 이르기까지 서구미술에 끼친 일본미술의 영향을 말합니다. 덧붙이자면 자포니즘은 일본미술을 응용해서 새로운 미술의 표현형식을 창조한 것을 뜻해요.

요즘 아시아가 한류 열풍에 휘말려있는데 말하자면 자포니즘은 일본미술의 한류였던 셈이지요. 자포니즘의 상징인 호쿠사이 작품 중 가장 인기를 끌었던 것이 바로 〈가나가와의 파도〉입니다. 자연의 무시무시한 에너지와 파도에 휘말리는 갸날픈 목선을 묘사한 대담한 구도는 유럽화가들에게 커다란 충격을 주었어요. 호쿠사이 파도의 인기는 대단했어요. 오스트리아 빈의 공예가들은 앞 다투어 호쿠사이 파도를 응용한 공예품들을 제작했어요. 또 프랑스 인상주의 작곡가인 드뷔시는 작품에 감명을 받은 나머지 교향곡 〈바다〉를 작곡하기도 했습니다.

그렇다면 호쿠사이는 변화무쌍한 자연을 어떻게 이처럼 드라마틱하게 묘사할 수 있었을까요. 자신의 타고난 예술가적 기질 탓입니다. 그는 단 한순간도 현실에 안주하지 않았어요. '지금 있는 것에 물들지 말자.'는 좌우명을 가슴에 새기면서 매 순간 작업에 몰입했어요. 행여 마음이 나태에 물들까 염려했던가 화명을 서른 회 이상 바꾸었으며, 무려 아흔세 번이나 집을 옮겼습니다. 또 3만 여 점에 달하는 판화를 제작했어요. 이런 치열한 도전정신과 변화를 추

호쿠사이 ┃ **불타는 후지산** Mount Fuji in Clear Weather(South Wind at Clear Dawn, Gaifu Kaisei) ┃ 1830~1831 ┃ 목판화

구한 천성이 〈가나가와의 파도〉와 같은 걸작을 창조한 배경이 된 것이지요. 또 한 가지를 얘기하자면 섬나라 특유의 민족성을 들 수 있겠어요. 일본인들은 늘 지진과 해일, 태풍의 위험을 안은 채 살아갑니다. 호쿠사이가 거센 파도에 비해 목선과 어부들을 턱없이 작게 묘사한 것도 자연의 위력을 강조하기 위해서입니다. 하지만 호쿠사이는 자연을 증오하지 않았어요. 해양국가인 일본의 힘은 바다에서 나오며, 바다와 더불어 사는 방법을 터득하는 것이 지혜로운 길임을 잘 알고 있었기 때문입니다.

지금까지 호머와 호쿠사이의 그림을 보면서 새삼 동·서양 해양화의 차이점을 비교하는 재미를 느꼈어요. 하지만 그림들을 보는 내내 최근 '쓰나미'라는 초대형 해일이 지구를 충격에 몰아넣었던 기억이 떠올랐어요. 이 교수님 대형 해일은 왜 일어나는 것이며 해일의 전조에는 어떤 현상들이 나타나는지 소개해 주시겠어요?

이를 입증이라도 하듯 큰 해일과 관련된 뉴스에서 곧잘 '인도판'이니 '유라시아판'이니 하는 낯선 단어들이 자주 등장합니다. 왜냐하면 해일의 원인은 바로 이 판들의 충돌 때문이지요.

지구표면은 크고 작은 20여 개의 지판으로 이루어져 있고 이 지판은 맨틀 위에서 각자 다른 방향으로 이동하고 있어요. 지판은 맨틀 위에 떠서 움직이게 되는데 이때 각 판은 서로 부딪히거나 어느 한 판이 다른 판 밑으로 들어가는 현상이 발생합니다. 이 같은 충돌로 판이 휘어서 위로 솟아올라 휘어지게 됩니다. 그 대표적인 것들이 바로 알프스, 히말라야, 안데스 산맥들과 같은 것들이지요. 이 산맥들은 모두 지판들의 오랜 충돌로 생겨났어요.

그러나 이런 충돌이 일어나면 가끔 지층이 순간적으로 끊어지거나 이동을 하는 단층이 발생하기도 합니다. 이 같은 단층에 의한 급격한 지각변동이 지진의 원인이 되며 지진의 다발 지역을 연결해 보면 바로 판과 판의 경계 부분임을 알 수 있습니다. 우리의 관심인 해일은 해저에서 발생하는 지진에 의해 발생하는 것이에요. 하지만 지진 외에도 해저 화산 분출이나 지진으로 인한 해저 산사태로도 해일이 일어나기도 합니다. 해저에서 일어나는 거대한 땅덩어리의 충돌을 쉽게 이해할 수 있는 방법이 있습니다. 욕조에서 몸을 담그고 있다가 갑자기 몸을 일으켜 보세요. 어떻게 되나요? 몸이 움직인 부분에서 물살이 크게 일어나 욕조 가장자리로 신속하게 이동하여 욕조 밖으로 물이 넘쳐나지요. 지진이 일어나면 이와 같은 현상이 물속에서 일어나며 그 영향으로 집채만한 큰 파도가 해변을 덮치는 것입니다.

그렇다면 우리나라는 해일에 안전할까요? 우리나라의 경우 마침 판 경계의

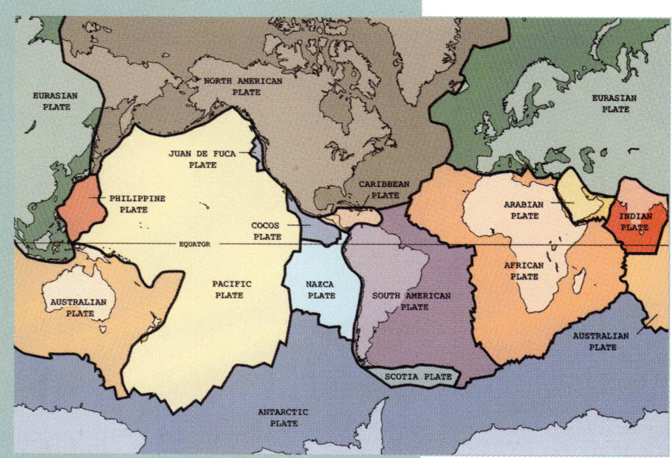

지판의 분포 | 출처 USGS

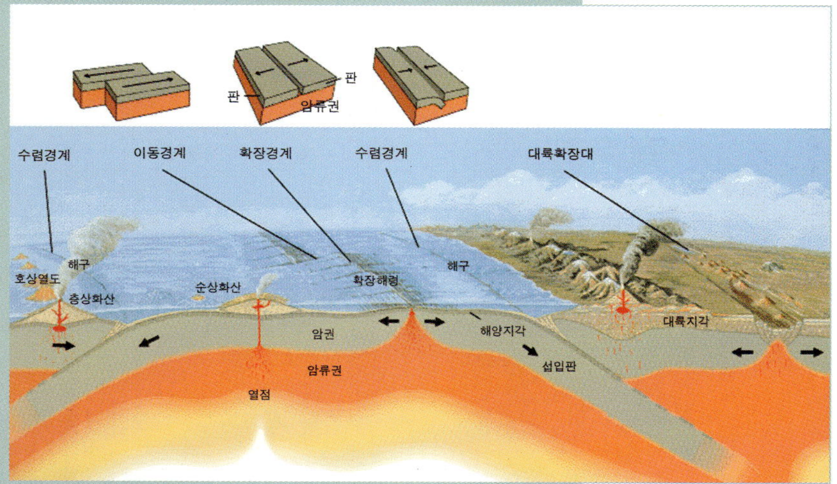

판 경계면에서의 다양한 움직임 | 출처 USGS

안쪽에 있어 지진의 직접적인 위험에 노출되어 있지는 않지만 일본은 판의
가장자리에 놓여 있어 평소에도 지진이 잦습니다. 또한 이 같은 해저 지진의
영향으로 작은 해일이 자주 일어납니다. 따라서 우리나라의 동해안의 경우
해일의 위험에 어느 정도 노출되어 있다고 판단할 수 있어요. 재미있는 것은

해일이 일어나기 전 동물들이 먼저 위험을 느끼고 몸을 피한다는 것입니다. 인간보다 여러 감각기관이 민감한 동물들이 위험을 먼저 감지하고 미리 대피를 하는 것이겠죠. 〈조선왕조실록〉에도 해일이 닥치기 전 우물이 마르거나 흐려진다는 기록이 보이는데 이는 아마도 지각 변동으로 생긴 균열로 인해 지하수에 변화가 발생했기 때문일 것입니다.

이렇게 보면 지구는 요동치는 커다란 생명체라고 보아도 무방할 것 같습니다. 거대한 바닷물의 덩어리에 비해 손바닥만큼 보이는 후지산의 왜소함이 더욱 강렬하게 느껴지는 것도 바로 지구의 끊임없는 생명활동 때문일 것입니다. 그 위에 사는 인간의 초라함은 두말 할 나위도 없을 것이며 그렇기에 자연의 경외감은 그 끝이 없는 것이겠죠?

난파선에 담긴 흥미진진한 미술이야기가 아직 남아 있어요. 독자들에게 들려주고 싶어서 좀이 쑤실 지경입니다. 왜냐하면 그림은 19세기 낭만주의 최고의 걸작이기 때문이지요.

이 장면은 바다를 표류하던 배가 구조선을 발견한 후의 극적인 순간을 묘사한 것입니다. 생존자들은 멀리 보이는 돛대를 향해 필사적으로 셔츠를 흔들어댑니다. 그러나 구조선은 아득히 먼 곳에 있어요. 사람들이 목청껏 부르는 소리를 듣지 못한 채 수평선 너머로 사라집니다. 절망에 빠진 사람들의 심정을 반영한 것일까요? 어두운 하늘에는 먹구름이 잔뜩 끼었으며 파도 역시 더욱 거세집니다. 잠깐 동안의 희망은 고통을 더욱 증폭시키기 마련이지요. 사람들은 탈진한 상태로 바닥에 쓰러지기도 하고, 철퍼덕 주저앉기도 합니다. 화면 왼쪽에 등을 돌린 채 얼굴에 손을 대고 앉은 남자를 보세요. 얼마나 실의에 젖었으면 저토록 절망스런 몸짓을 취한 것일까요? 그는 한 팔을 가

제리코 | 메두사호의 뗏목 The Raft of the Medusa | 1819 | 캔버스에 유채

까스로 들어서 죽은 동료의 몸을 간신히 붙듭니다. 그러나 그는 이미 생에 대한 의지를 버린 것 같아요. 뗏목의 가장자리에 널부러진 시신들이 파도 속으로 빨려 들어가는 것을 못 본 체 하잖아요. 자신도 저들처럼 곧 죽게 될 것임을 잘 알고 있기 때문이지요.

극한 상황에 처한 난파선의 승객들을 묘사한 이 걸작은 실화를 바탕으로 제작한 것입니다. 역사의 시계바늘을 1816년 7월 2일로 돌려 보겠어요. 그 비극적인 날, 프랑스에 망명한 귀족 뒤루아 드 쇼마레가 지휘한 왕실해군 소속 군용선 메두사호가 서아프리카 해안에서 풍랑을 만나 침몰했어요. 당시 배에는 프랑스 군인들과 식민지 세네갈로 가는 이주민들이 타고 있었습니다.

배가 좌초된 것은 전적으로 선장 탓이었어요. 그는 군용선을 지휘할 자격이 없는 무능한 선장이었을 뿐 아니라 부하들에게는 잔인하고 비열한 상관이었어요. 그러나 오직 부르봉 왕가의 충복이었다는 이유만으로 배의 책임자로 임명된 것이지요. 아무튼 배가 갑자기 침몰하게 되자 승객들은 황급히 구명보트에 올라타려고 했어요.

하지만 150명의 승객들이 모두 구명보트에 올라타기란 불가능한 일이지요. 승객들은 구명보트를 탄 승무원들이 뗏목을 끌고 가기로 긴급 합의를 본 후 임시변통으로 뗏목을 급조했습니다. 그러나 구명보트에 올라서기가 무섭게 승무원들의 마음이 변했어요. 뗏목만 떼어버리면 자신들은 살 수 있다고 판단했어요. 다급해진 승무원들은 뗏목과 구명보트의 연결선을 잔인하게 떼어낸 후 해안을 향해서 줄행랑을 놓았어요.

졸지에 배신당한 승객들은 이후 상상을 초월한 고통을 겪었어요. 바다에서 표류하는 15일 동안 굶주림을 이기지 못해 죽은 동료의 인육까지 먹었습니다. 구조선 아르고 호가 뗏목을 발견했을 때는 겨우 열다섯 명만이 살아 있었어요. 애꿎은 승객들은 무능한 선장 때문에 지옥과 같은 고통을 겪은 것이지요. 그러나 정부는 참혹한 사건에 대해 전혀 책임을 지지 않으려고 했어요. 엉터리 선장을 처벌하기는커녕 오히려 감싸고돌았어요. 이에 분노한 생존자들 중 두 사람이 피해보상을 받기 위해서 고소를 했지만 되레 법원에서 쫓겨나는 신세가 되었습니다. 법에 대한 호소마저 물거품이 되자, 두 생존자는 난파 당시의 사건을 책으로 묶었어요. 그런데 그 책이 초대형 베스트셀러가 된 것입니다.

제리코는 책을 읽고 강한 영감을 얻었어요. 그리고 이 처참한 사건을 그림으로 옮길 결심을 굳힙니다. 그는 난파선에서 기적적으로 살아남은 생존자들을 직접 만나서 인터뷰를 하는 등 사건을 치밀하게 취재했어요. 오랜 구상이 끝난 후 제리코는 18개월 동안의 작업을 거쳐서 대작을 완성했어요. 그림은 두 가지 흥미로운 일화를 후세에 전해 주고 있어요. 첫째는 제리코가 시신을 실감나게 묘사하기 위해서 파리의 병원과 시체 공시소를 안방처럼 드나들며 시체를 연구했다는 점입니다. 둘째는 그림을 본 들라크루아가 충격을 받은 나머지 화실을 박차고 거리로 뛰쳐나간 점입니다. 제리코와 함께 낭만주의 거장으로 불리는 들라크루아마저도 초록빛이 감도는 시신들의 생생한 묘사에 역겨움을 이기지 못했던 것이지요.

제리코는 무능한 선장을 임명한 정부를 고발하는 의미에서 그림을 그렸어요. 따라서 그림은 1819년 살롱 전에 전시된 순간부터 뜨거운 감자가 되었어요. 한눈에 보아도 정부의 무능력을 신랄하게 꼬집는다는 것을 누구나 알 수 있었거든요. 당연히 그림에 대한 평가는 극과 극으로 갈렸어요. 군주제를 지지하는 사람들은 그림을 눈엣가시처럼 증오한 반면 군주제를 반대하는 진영에서는 위대한 역사화라고 극찬했습니다. 제리코가 그림을 통해 던진 메시지는 섬뜩할 정도로 강렬해요. 그는 당시 프랑스에는 진정한 영웅도, 희망도 없다는 것을 난파선을 통해 보여 주고 있어요. 사람들을 죽음으로 내몬 것은 자연의 재해가 아니라 인재라는 것을 선명하게 드러낸 것이지요. 어때요. 독자 여러분들, 그리고 이 교수님, 배멀미를 꾹 참고 명화를 감상한 보람이 있지 않나요?

고흐의 태양과
고구려의 달

고흐는 평소 입버릇처럼 '태양을 믿지 않은 자는 신앙심이 결여된 사람'이라고
말하곤 했어요. 그러나 어찌 고흐뿐일까요. 태양은 동서양을 막론하고
숭배와 경이의 대상입니다. 해는 우주의 공간을 가득 메운 별들 중 그 어느 것과도
닮지 않았어요. 또 해가 모습을 드러내기 무섭게 다른 별들은 금세 빛을 잃고
희미해지고 맙니다. 더구나 해가 없는 지구는 감히 상상조차 힘들어요.
모든 생명체는 영원한 어둠에 갇힌 채 더 이상 생명을 유지할 수 없을 테니까요.

고흐 | 씨 뿌리는 사람 The Sower | 1888, 아를, 6월 | 캔버스에 유채

그래서 이번에는 태양의 강렬함을 체감할 수 있는 명화를 준비했습니다. 태양하면 가장 먼저 떠오르는 화가가 있어요. 바로 세계에서 가장 유명한 화가인 고흐입니다. 고흐는 흔히 태양의 화가요, 불꽃의 화가라는 애칭으로 불리고 있어요. 태양계의 중심이며, 에너지의 원천인 태양처럼 뜨겁고 열정적인 삶을 살다 갔기 때문이지요.

태양의 화가답게 고흐의 그림에는 유난히 태양이 자주 등장해요. 태양은 넘치는 생명력으로 화면을 살아 꿈틀대게 하는데요, 이런 태양과의 뿌리 깊은 인연 때문인지 미술평론가 오리에는 '열정과 강렬함으로 가득 찬, 태양처럼 이글대는 고흐의 그림'이라는 찬사를 그에게 바치기도 했습니다.

p.193 그럼 태양과 고흐가 얼마나 밀접한 관련을 맺고 있는지 살펴보겠어요.

황금쟁반처럼 둥그런 해가 밀밭 위로 고개를 내밀었어요. 태양은 대지를 찬란한 황금빛으로 물들입니다. 사방으로 뻗어나가는 햇살과 노랗게 물든 밀밭이 황홀한 조화를 이룹니다. 동트기 직전 밭에 나온 농부가 떠오르는 햇살을 친구 삼아 부지런히 씨를 뿌립니다. 파헤쳐진 땅을 밟으며 개선장군처럼 걸어가는 저 농부의 힘찬 팔놀림과 몸짓을 보세요. 우주의 음악을 연주하듯 팔을 앞뒤로 리드미컬하게 움직입니다. 굶주린 까마귀들이 씨앗을 훔쳐 먹으려고 농부의 발길을 열심히 뒤쫓아요. 그러나 농부는 개의치 않아요. 까마귀 떼가 씨앗을 먹어치운들 그게 뭐 대수인가요. 태양이 모든 생명체를 배불리 먹일 수 있도록 대지에 저토록 환한 햇살을 선사하고 있으니까요. 저 멀리 지평선 너머로 아담한 집이 보이지요? 씨 뿌리는 농부의 집이랍니다. 농부는 자신만을 의지하는 가족들을 위해 이처럼 힘든 농사일도 기꺼이 감수합니다. 그림은 대자연의 순환과 이치, 아울러 태양은 생명의 원천이라는 사실을 생생하게 보여 주고 있습니다.

그렇다면 고흐는 어떻게 태양의 강렬한 열기를 이토록 실감나게 표현할 수 있었을까요. 바로 아를이라는 지방에서 순도 100%의 티 없는 햇살을 체험했기 때문입니다. 아를은 파리에서 약 800km 떨어진 남쪽에 위치하고 있어요. 고흐는 도시생활에 염증을 느낀 끝에 대도시 파리를 벗어나고 싶어 했어요. 기계 문명에 물들지 않은 무공해 땅에서 자연과 호흡하며 살기를 원했습니다. 고흐는 여러 고장을 물색하던 중 남 프랑스에 위치한 아를을 점찍었어요. 그의 눈에 비친 아를은 이상향 그 자체였어요. 청정한 대기는 오염된 그의 영혼을 정화시켜 주었으며, 풍요로운 땅은 그의 병든 혈관에 원초적인 힘을 수혈해 주었어요. 가장 마음이 끌렸던 것은 찬란한 햇살이었어요. 늘 태양을 그리워했던 고흐는 아를의 강렬한 햇볕에 탄복을 금치 못한 나머지 '햇빛은 내게 노란색과 유황색, 금빛 오렌지색이다. 노란색은 그 얼마나 아름다운가.' 라는 찬사를 바쳤습니다.
태양이 축복인양 대지에 쏟아지는 아를의 기후에 매혹된 고흐는 곧 노란 집에 세들었어요. 그리고 아를이 창작의 원천임을 증명하듯 엄청난 양의 그림을 제작합니다. 흔히 아를의 시기를 가리켜 고흐의 전성기요, 생산적인 에너지가 넘치는 때로 부르는데요, 그럴만한 충분한 근거가 있어요. 아를에서 머문 2년 반 동안 그의 걸작들로 손꼽히는 그림들이 하루가 멀다 하고 쏟아져 나왔으니까요.

이렇게 고흐를 태양의 화가로 부르는 이유를 말씀드렸는데요, 이번에는 씨 뿌리는 농부를 그리게 된 배경을 얘기할 순서입니다. 고흐는 농민의 화가로 불리던 밀레의 〈씨 뿌리는 사람〉을 보고 감명을 받은 끝에 이 그림을 그렸어요. 그가 가장 좋아한 화가는 밀레였어요. 고흐는 밀레의 전기를 읽은 후 밀레를 우상으로 떠받들게 되었습니다.
상시에라는 사람이 쓴 밀레의 전기에는 지방 지주의 아들로 태어난 밀레가 농민의 화가로 거듭나기까지의 과정이 한 편의 드라마처럼 감동적으로 묘사되어 있어요. 특히 밀레가 땀 흘려 일하는 농민의 고달픈 일상을 연민의 눈으로 바라본 점과 자연은 삶의 근원이라는 그의 인생철학을 실천하게 된 배경을 책에 상세하게 밝혔어요. 전기를 읽고 난 고흐는 비록 밀레를 만나 본 적은 없지만 그가 진정한 농민의 화가임을 절감할 수 있었습니다.

존경심이 생긴 고흐는 그의 복제 판화들을 구입했으며, 급기야 선배의 그림을 모방하기에 이르렀어요. 〈씨 뿌리는 사람〉은 바로 밀레의 그림을 고흐 식으로 변형한 것입니다. 물론 고흐는 원작을 똑같이 모사하지는 않았어요. 구도와 색채, 기법도 조금씩 다릅니다. 그러나 행여 선배의 그림을 베꼈다는 오해를 받을까 염려했던가, 동생 테오에게 다음과 같은 해명성의 편지를 보냈어요.

말하자면 고흐는 선배에 대한 애정의 증표로 원작을 모방한 것이지요. 그럼 고흐를 그토록 감동시켰던 밀레의 〈씨 뿌리는 사람〉을 감상하겠어요. 모자를 푹 눌러 쓴 농부가 씨를 뿌리고 있어요. 남자는 일에 지친 표정이 역력해요. 어깨는 축 처졌으며, 씨를 뿌리는 팔도 기운차 보이지 않아요. 또 다리에도 힘이 풀렸어요. 벌린 입에서는 금방이라도 한숨이 새어나올 것 같아요. 밀레는 농부의 고된 하루를 강조하고 싶었던가, 하늘은 잿빛으로, 들판은 가파르게, 색채도 어둡고 칙칙하게 표현했어요. 놀라운 것은 그림의 배경은 밀레의 고향이며, 농부는 그의 자화상이라는 점입니다.

밀레는 왜 농민으로 변신했으며, 농부의 일상을 이토록 비참하게 묘사한 것일까요? 불평등한 사회구조로 인해 부당하게 착취당하는 농민들의 삶을 적나라하게 보여 주기 위해서였어요. 즉 그림은 정부의 농민 정책을 비판하고 있는 것이지요. 그림은 당연히 엄청난 파문을 일으켰어요. 농민의 일상을 그림의 주제로 삼은 것만으로도 문제인데 한눈에 보기에도 비관적인

밀레 | 씨 뿌리는 사람 The Sower | 1850 | 캔버스에 유채

분위기가 물씬 풍겼으니까요. 급기야 프랑스 사회는 그림을 사이에 두고 두 진영으로 편이 갈라졌어요. 보수계층에서는 밀레를 선동미술가로 여기며 맹공격에 나섰어요. 하층민의 일상을 그림의 주제로 다룬 것 자체가 사회 불순세력과 연계해서 체제전복을 하려는 불온한 의도를 지닌 것이라며 비난을 퍼부었습니다.

보수층이 위기감을 느낀 것은 당연해요. 당시 프랑스 정부는 농촌에서 가난을 뿌리 뽑겠다고 큰 소리를 치고 있었거든요. 그림은 정부의 말이 거짓임을 명백히 보여 주고 있으니까요.

보수계층은 그림에 표현된 농촌풍경이 기분 나쁠 정도로 암울하다는 점을 가장 선동적인 요소로 지적했어요. 특히 씨 뿌리는 남자의 손 뒤로 까마귀 떼가 몰려와 씨앗을 주어먹는 장면을 가장 못마땅하게 생각했어요. 이 까마귀들은 농부들을 착취하는 상류층을 상징해요. 즉 그림은 농부의 고된 일은 헛된 것임을 알리고 있는 것이지요.

반면 진보진영에서는 밀레의 농민화를 극찬했어요. 당대 최고의 문인 고티에는 '농부의 거친 몸동작 속에는 웅장함과 기품이 서려 있다. 남루하지만 긍지에 차있는 듯 보이는 남자는 마치 자신이 씨를 뿌리는 땅의 흙으로 색칠한 것처럼 느껴진다.' 며 땅과 농부를 동일하게 여겼습니다.

늘 가난한 사람들을 편들었던 고흐 역시 자연과 노동의 의미를 강조한 이 그림을 최고의 걸작으로 평가했어요. 그는 그림을 모방하고 싶은 충동에 몸이 근질거렸어요. 그러나 복제가 아닌 자기 방식으로 표현하고 싶었어요. 우선 고흐는 그림의 색채가 너무 어둡다고 생각했어요. 칙칙한 색깔을 걷어내고 빛나는 태양의 색채를 덧칠했습니다. 또 태양의 신성함을 강조하기 위한 의도에서 밀밭 위로 솟아오르는 해를 후광처럼 보이도록 연출했어요. 그 덕분에 화면은 황금빛으로 충만하며, 태양과 땅의 소중함을 흠뻑 느낄 수 있게 되었습니다.

이상훈 교수님, 불운의 화가인 고흐를 추모하는 의미에서 고흐가 그토록 사랑했던 태양의 특징과 태양의 활동이 지구에 미치는 영향을 설명해 주시겠어요?

네, 관장님의 설명과 함께 고흐와 밀레의 작품들을 감상하니 저도 모르게 태양의 매력에 사로잡히게 되고 말았군요. 사실 고흐의 이글거리는 태양은 지구의 생명체를 유지하는 에너지의 근원입니다.

고흐 | 씨 뿌리는 사람 The Sower | 1888, 아를, 11월 | 캔버스에 유채

고흐가 해바라기로 가득한 아를의 넓은 대지와 강렬한 태양에너지를 흠뻑 받으며 대부분의 주요 작품을 제작한 것도 따지고 보면 우연은 아닐 것입니다. 어쩌면 그의 예술혼은 태양이 선물한 에너지였을지도 모르지요. 태양이 고흐의 예술 에너지를 공급하였듯이 지구의 모든 생명체는 태양에너지로부터 시작합니다. 심지어 우리가 사용하는 모든 에너지는 태양에너지가 그 형태만을 바꾼 것으로 이해할 수 있어요. 석탄, 석유 등의 화석에너지가 어떻게 태양에너지냐고 반문하는 이도 있겠지만 이 역시 오래 전 태양에너지에 의해 합성된 유기물이 변환된 것입니다.

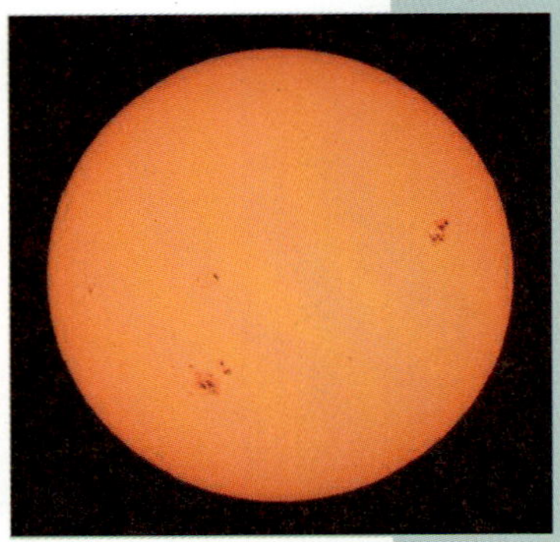

태양흑점 | 출처 천문우주연구원

이처럼 태양은 생명체의 에너지 근원일 뿐 아니라 지구상 물질과 에너지 순환의 원동력이기도 합니다. 영국 지구화학자인 러브록은 그의 '가이아 이론'을 통해 지구를 하나의 생명체로 다루었어요. 이때 지구의 심장은 바로 바다이며, 이 지구의 심장을 뛰게 하는 에너지 공급원이 바로 태양이라고 주장했지요.

그렇다면 태양은 어떻게 빛과 열을 내며 끊임없이 밝게 빛날까요? 사실 태양은 아주 안정된 상태의 행성입니다만 그 표면은 섭씨 6,000°의 고온으로 끓고 있어요. 특히 흑점 근처의 활동은 매우 격렬하답니다. 태양은 지구에서 1억 5천만 km 떨어져 있으며 지구를 무려 130만 개나 담을 수 있는 커다란 크기입니다. 그러나 태양은 지구처럼 단단한 지각이 없고 기체로만 이루어져 있어요. 우리가 보는 태양은 바깥을 둘러싼 기체만을 볼 뿐입니다. 하지만 태양은 기체로 가득 찼기 때문에 빛을 낼 수 있어요. 바로 수소를 태우는 수소핵융합반응이 그 비결이지요. 지금까지 45억 년간 지구에 에너지를 공급한 태양은 앞으로도 50억 년간 에너지를 공급할 것입니다.

태양이 빛나는 이유를 알았으니 태양의 여러 현상에 대해 눈길을 돌려보기로 합시다. 그 활동의 대표적인 것으로 태양흑점과 플레어, 홍염 등을 들 수 있어요. 이중 태양흑점은 1,600년 전 이미 중국의 천문학자가 발견했을 정도로 일찍 눈에 띈 대규모의 활동입니다. 이 현상은 태양 표면의 강한 자기장의 폭발로 인해 막대한 에너지를 방출하는 것으로 지구에 자기폭풍을 일으킵니다. 그 영향으로 전화나 무선통신이 교란되고 집비둘기가 날지 못하기도 하지요. 이때 날아온 전기를 띤 입자들은 극지방에서 방전되면서 아름답고 매혹적인 오로라를 만들기도 합니다.

1995년부터 NASA와 유럽연합이 공동으로 SOHO라는 태양관측전문 위성을 통해 태양을 좀 더 자세히 관찰하고 있습니다. 태양이 그만큼 우리와 밀접한 관계가 있기 때문이지요. 그 위력이 얼마나 막강한지 태양에서 방출되는 에너지가 1백분의 1만 감소해도 지구의 평균 기온이 하강해 빙하기를 맞게 됩니다. 실제로 17세기에 이런 현상이 발생하였고 이로 인한 소빙하기의 한파는 조선왕조실록에도 기록이 될 정도였어요. 막대한 농작물과 인명피해는 상상을 초월했던 것입니다.

태양은 앞으로도 50억 년이라는 무한에 가까운 시간동안 빛과 열을 내겠지만 유감스럽게도 태양도 유한한 존재입니다. 그렇게 보면 태양보다 더 위대한 것은 무한한 고흐의 예술혼이 아닐까 싶습니다. 물론 태양이 사라져버리면 모두 소멸되어 버릴 인류의 보고이지만 왠지 고흐의 영혼은 살아남아 우주를 떠돌며 꺼지지 않을 빛과 에너지로 남아 있을 것 같군요.

> **"**이 교수님의 설명을 들으면서 태양의 중요성을 새롭게 깨달았습니다. 앞서 〈씨 뿌리는 사람〉에 담긴 일화를 통해 고흐가 태양을 숭배한 사연을 알게 되었는데요, 고흐의 또 다른 그림은 그의 넘치는 태양 사랑을 더욱 확실하게 증명하고 있습니다. 바로 고흐의 최고 걸작인 〈해바라기〉입니다.**"**

고흐 | 해바라기 Sunflower | 1888 | 캔버스에 유채

해바라기가 꽃병에 꽂혔어요. 특이한 것은 꽃도, 탁자도 배경도 온통 노란색이라는 점입니다. 이른바 노란색의 향연이 펼쳐진 것인데요, 그렇지만 색채 이외 특별히 눈길을 끌 요소는 없다는 생각이 듭니다.

그렇다면 평범한 해바라기를 묘사한 이 그림이 왜 그토록 엄청난 찬사를 받게 된 것일까요? 먼저 구성과 색채의 완벽한 조화를 들 수 있겠어요. 단순한 정물화인 듯 보이지만 고흐는 탁월한 기술을 구사했어요. 꽃잎과 줄기의 윤곽선은 연하게 색칠한 반면 중심부는 진한 색으로 처리했어요. 또한 노란색을 폭넓게 사용했습니다.
선명한 노란색과 녹색을 띤 노란색, 오렌지색 등, 노란색 한 가지만으로도 이처럼 다양한 색상을 낼 수 있다는 사실이 도저히 믿어지지 않을 정도입니다.

고갱 | 해바라기를 그리는 반 고흐 Van Gogh painting Sunflower | 1888 | 캔버스에 유채

고흐는 그림을 위해서 특별히 파리의 물감 재료상에 여러 종류의 노란색 물감을 부탁했어요. 물감을 구입한 후 새로운 색채 실험에 몰두했어요. 그 결과 황홀할 만큼 아름다운 노란색의 향연이 벌어진 것이지요.

다음은 해바라기가 고흐의 분신이라는 점입니다. 고흐는 해바라기를 '희망과 기쁨의 상징'이며, '태양의 축복을 받은 꽃'으로 여겼어요. 황금색깔의 꽃잎과 오로지 해만을 바라보는 꽃의 독특한 성질이 자신과 닮았다고 생각했어요. 늘 세상에 대해 비관적이었지만 해바라기를 그릴 때만은 삶의 에너지가 넘쳤어요. 해바라기에 심취된 고흐는 해가 뜨기가 무섭게 집 밖으로 나가서 땡볕에도 개의치 않은 채 해바라기를 그렸어요. 날이 저물면 행여 꽃이 질까 두려워 빠른 붓질로 단숨에 그림을 완성했습니다. 고흐와 가까운 사람들은 해바라기가 그의 인생에 가장 중요한 꽃이라는 사실을 잘 알고 있었어요. 그래서 37살이라는 젊은 나이에 그가 세상을 떠날 때, 노란 해바라기 꽃을 그의 관 위에 얹어 주었습니다.

여기 태양을 좋아했던 고흐, 해바라기를 끔찍이도 사랑했던 고흐를 기념한 초상화가 있어요. 동료화가인 고갱이 그린 것입니다.

p.203 ◀··· 고흐가 이젤 옆 소나무 의자에 놓인 해바라기를 바라보면서 작업에 몰두하고 있어요. 해바라기가 영감을 자극한 것일까요? 고흐는 오른팔을 일직선으로 뻗은 채 화폭에 대담한 붓질을 가합니다. 곧게 내리 뻗은 팔은 화가와 해바라기, 그리고 캔버스를 하나로 이어주고 있어요. 구도는 V자형입니다. 고흐의 몸체와 이젤이 커다란 V자를 형성하고, 붓을 쥔 고흐의 오른팔과 캔버스가 다시 작은 V자 형을 이루고 있어요. 고갱은 고흐가 V자형 구도를 가장 좋아한다는 사실을 알고 의도적으로 이 구도를 택한 것이지요. 또 고갱은 고흐가 해바라기를 분신처럼 여긴다는 사실을 강조하고 싶었어요. 고흐와 해바라기 꽃을 닮을 꼴로 묘사했습니다. 고흐의 얼굴색과 수염, 파란색 리본으로 테두리를 장식한 재킷 색깔을 살펴보세요. 파란색 도자기에 꽂힌 해바라기와 국화빵처럼 닮지 않았나요?

고갱은 평소 고흐의 그림을 높이 평가하는 데 인색했지만 왠지 해바라기 그림만은 입이 마르도록 칭찬했어요. 초상화는 그런 고갱의 생각을 거울처럼 반영하고 있습니다. 그런데 운명의 장난인가. 고흐에게 바친 이 그림이 고흐의 귀를 자르게 만든 원인을 제공합니다. 그림을 본 고흐는 고갱과 사이가 벌어졌으며 이후 귀를 자른 엽기적인 사건이 발생합니다.

초상화를 그릴 당시 고갱은 고흐와 노란 집에서 함께 살고 있었어요. 아를의 노란 집을 화가들의 연합체로 만들 계획을 품었던 고흐는 자신이 가장 존경하는 동료요, 이상적인 스승으로 여긴 고갱에게 노란 집에서 함께 살기를 요청했어요. 고흐가 너무 끈질기게 간청하는 바람에 마음이 약해진 고갱은 만사를 제치고 아를로 내려왔어요. 그러나 개성이 강한 두 화가가 한 집에 사는 것은 생각처럼 쉬운 일이 아니지요. 두 화가는 사사건건 마찰을 겪었으며, 마침내 가슴앓이까지 하게 됩니다. 그런 불편한 분위기에서 비극적인 사건이 벌어진 것이지요.

고갱은 자신의 회고록에서 그림이 제작된 이후의 상황을 생생하게 재현합니다.

> '그림을 완성한 후 고흐에게 보여 주자 그는 이렇게 말했다.
> 분명 나인데, 제 정신이 아닌 것처럼 보이는군. 그날 밤 우리는
> 카페로 가서 압생트 술을 마셨다. 그런데 갑자기 고흐가 술잔을 내게 던지는 것이 아닌가.
> 나는 잽싸게 고개를 숙여 술잔을 피한 후 고흐를 끌어안고 술집을 나섰다.……
> 다음 날 저녁, 혼자 밖에서 산책을 하는데 뒤에서 거칠면서 불규칙적인
> 발자국 소리가 들리는 것이 아닌가. 불길한 느낌에 얼른 뒤돌아보니
> 고흐가 손에 면도칼을 든 채 달려들고 있었다.……
> 섬뜩해진 나는 노란 집으로 가지 않고 호텔에서 잠을 잤다.……
> 마음이 심란해서 밤새 잠을 설치다가 아침 7시 30분쯤 눈을 뜨기가 무섭게
> 노란 집으로 향했다. 그런데 대문 앞에 사람들이 웅성거리고 있었다.
> 고흐가 전날 밤 집에 들어와서 곧바로 자신의 귀를 잘랐다는 것이다.'

물론 고갱의 고백대로 정말 그림이 고흐의 귀를 자른 원인을 제공했는지는 영원한 수수께끼로 남아 있어요. 고갱은 불행한 사건이 지난 14년 후 과거를 회고하는 글을 썼으니까요. 그러나 이 초상화를 통해 고흐가 해바라기를 진심으로 아꼈다는 사실만은 거듭 확인할 수 있어요. 태양에게 헌신적으로 믿음과 사랑을 바친 해바라기처럼 그도 몸과 마음을 예술에 바친 것이지요.

태양을 닮았다는 이유만으로 그토록 해바라기를 사랑했던 고흐! 그에게 태양은 신앙과도 같았습니다. 고흐는 평소 입버릇처럼 '태양을 믿지 않은 자는 신앙심이 결여된 사람'이라고 말하곤 했어요. 그러나 어찌 고흐뿐일까요. 태양은 동서양을 막론하고 숭배와 경이의 대상입니다. 해는 우주의 공간을 가득 메운 별들 중 그 어느 것과도 닮지 않았어요. 또 해가 모습을 드러내기 무섭게 다른 별들은 금세 빛을 잃고 희미해지고 맙니다.

해신과 달신도 | 출처 고구려 고분벽화

더구나 해가 없는 지구는 감히 상상조차 힘들어요. 모든 생명체는 영원한 어둠에 갇힌 채 더 이상 생명을 유지할 수 없을 테니까요. 이처럼 해는 태양계의 중심이요, 생명에너지의 원천이며, 우주에 단 한 개뿐이라는 희귀성으로 인해 만물의 상징이 되었어요. 그 덕분에 해에 관한 다양한 신화도 생겨났습니다.

고구려 고분벽화에도 해를 신으로 의인화한 독특한 그림이 있어요. 집안 5괴분군 제 5호분 현실 천장에 그려진 〈해신과 달신도〉입니다.

천상의 꽃나무가 만발한 가운데 두 남녀가 천공을 날고 있어요. 남자는 갈색 날개옷을 펄럭이며 두 손으로 둥근 해를 잡아서 머리 위로 올렸어요. 남자는 해신입니다. 해신의 상반신은 남자이며, 하반신은 용의 모습을 하고 있어요. 너울대는 날개옷은 고구려 고유의상인데 고구려 벽화에서 흔히 찾아볼 수 있어요. 둥그런 해 안에는 세 발 달린 까마귀가 들어 있어요.

까마귀는 태양 속에 사는 상상의 새입니다. 해신은 마치 그네를 뛰듯 몸을 앞뒤로 힘차게 움직이면서 공중으로 뛰어오릅니다. 활기차고 역동적인 해신의 모습에서 중국대륙까지 위세를 떨쳤던 고구려인의 기상을 확인할 수 있어요.

한편 화면 왼쪽의 여인은 달신입니다. 녹색 날개옷을 입은 달신 또한 상체는 여자요, 하반신은 용의 형상입니다. 달신은 달을 상징하는 구체를 머리에 얹은 채 허공을 박차고 오릅니다. 그림은 좌우 대칭 구도를 보이고 있어요. 남성을 상징하는 양의 기운과 여성을 뜻하는 음의 기운이 우주의 기본원리임을 나타내기 위해서입니다. 그림처럼 모든 문화에는 서로 상반된 가치가 짝을 이루고 있어요. 남성과 여성, 더위와 추위, 건조와 습기, 밝음과 어둠, 안과 밖, 해와 달이 곧 그것이지요.

그런데 고구려벽화에서는 왜 해신과 달신을 사람과 동물의 결합체로 표현했을까요? 신화학자인 정재서 교수는 〈이야기 동양신화〉에서 그 근원을 이렇게 밝히고 있어요.

'고대 동양문화에서는 현대인처럼 모든 것을 인간 중심으로 생각하지 않았습니다. 자연에 대한 경외심이 높았기 때문에 자연에 가까운 동물을 오히려 인간보다 더 신성하게 여겼어요. 따라서 동양 신화에서는 신이 동물의 몸을 한 경우가 많습니다. 또한 과학적 지식이 없었던 고대인들은 자연현상을 사람에 빗대어 의인화하는 것을 좋아했어요. 자연도 인간처럼 감정을 지녔으며, 심지어 계절의 변화나 행성의 운행마저 인간의 생활리듬과 같다고 믿었습니다. 즉 고구려 고분벽화가 해신과 달신을 반인반수로 묘사한 것은 인체와 자연을 한몸으로 여겼던 동양사상을 반영한 것이지요.'

이 교수님, 태양에 대한 과학이야기에 이어서 이번에는 달에 대한 재미있는 이야기를 들려주셨으면 합니다. 최근 달에 우주기지를 건설하려는 움직임이 일고 있잖아요? 그런 일련의 과학적 성과들이 인류에게 어떤 영향을 끼칠까요?

운치와 서정을 불러일으키는 달의 정경

달의 모습

> **사실 우리를 포함한 동양인에게는 태양보다 달이 더 가깝습니다. 이어령 선생의 이야기를 빌리면 우리 한국인은 달로 세월을 헤아리고 달로 명절을 치루며 달빛 아래서 놀이를 즐겼다고 해요.**

서양인들이 태양 아래서 축제를 즐기는 동안 한국인은 8월 한가위, 강강술래, 정월대보름뿐 아니라 다리 밟기 등을 통해 아름답고 고요한 달빛 아래에서 운치와 서정을 즐겨온 셈이지요. 그래서 달에 두 마리 토끼가 열심히 절구를 찧는다는 이야기가 전혀 낯설지 않은지도 모릅니다.

그럼 달이 어떻게 생겨났는지 그 궁금증을 풀어 보기로 합시다. 달의 기원에 대해서는 여러 가지 가설들이 있어요. 그중 가장 최근에 제기된 '대충돌설'을 말씀드릴까 합니다. 이 가설의 요지는 다음과 같습니다. 45억 년 지구가 막 생겨났을 때 화성 정도 크기의 별이 지구와 부딪혔고 그 별은 지구 내부로 녹아 들어갔어요. 그러면서 일부 조각과 파편이 모여 달이 되었다는 것이지요. 이를 입증이라도 하듯 아폴로 탐사를 통한 달의 암석 분석 결과 지구와 달의 가장 오래된 암석이 비슷한 연대를 가진다는 것을 밝혀냈어요. 물론 아직 해결할 문제가 많은 가설이지만 달에 대한 자료가 늘어 가면 좀 더 정확한 원인을 끄집어낼 수 있을 겁니다.

달 이야기가 나온 김에 한가위의 달을 그냥 지나칠 수가 없군요. 흔히 1년 중 이 시기에 달이 가장 크게 보인다고 합니다. 그러나 이는 달이 지평선에서 뜨기 때문에 커 보이는 착시현상일 뿐입니다. 우리의 시각은 달이 중천에 뜰 때보다 수평으로 뜰 때 더 크게 느낀다고 해요. 그렇지만 너무 과학적으로 분석하다 보면 우리의 삶이 너무 삭막해질 것 같아요. 가을의 풍요로움으로 다가오는 한가위의 달이 우리 마음속에 따뜻함과 여유를 주기에 다른 시기에 비해 더 넉넉하고 커다랗게 느끼는 것은 아닐까요?

하지만 이런 낭만을 취해 있기에는 우주 개발의 속도가 너무 빨라요. 달의 정복이 코앞으로 다가왔기 때문이지요. 1972년 달 탐사를 중단한 미국이 최근 2018년에 달에 기지를 만든다는 계획을 발표했습니다. 달 기지를 근간으로 하여 화성을 비롯한 다른 행성을 탐사하겠다는 원대한 포부를 밝힌 셈이죠. 만약 이 계획이 이루어진다면 우리의 사고체계가 우주까지 확장되는 계기가 마련될 것입니다. 그에 따라 인류에게 득이 되거나 실이 되는 복잡한 여러 상황이 발생하게 될 것입니다. 이런 사태를 미리 예견하기보다는 짤막하게 제 생각을 전하는 것으로 그 답을 대신하고자 합니다. 달에는 아직 생명체가 발견되지 않았어요. 이런 사실은 애초에 신이 인간에게 허락한 환경은 바로 지구라는 것을 상기시키는 것일지도 모릅니다. 끝없는 우주를 향한 인간의 도전도 중요하지만 그것만큼 중요한 일은 우리가 아끼고 가꾸어야 할 보금자리가 여전히 지구라는 것을 빨리 깨닫는 것입니다. 지구를 사랑하고 소중히 가꾸는 일, 그것이야말로 우주를 이해하기 전에 반드시 해결해야 할 인류의 영원한 숙제는 아닐까요?

4

요동치는 생명의 기쁨

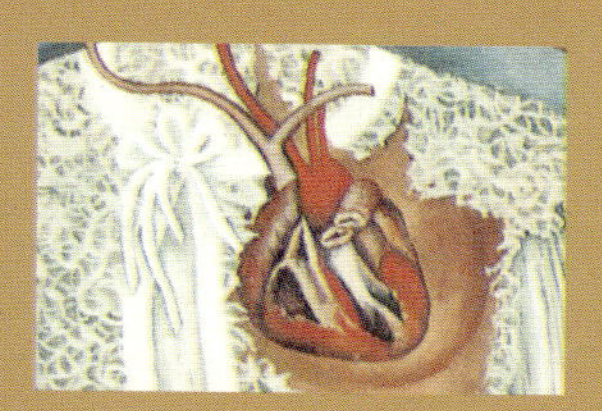

해부도에 담긴

인체의 신비

화가인 다 빈치가 의사보다 더 해부도에 열을 올린 까닭은 무엇일까요?
이유는 간단해요. 신체의 내부구조를 완벽하게 파악하면 인체를 더 정확하게
그릴 수 있기 때문입니다. 당시 미술계 분위기도 다 빈치가
해부에 빠지도록 부추겼어요. 르네상스 시대 가장 뛰어난 이론가인 알베르트는
저서 〈회화론〉에서 '위대한 화가가 되려면 해부학에 능통해야 한다.'고
아예 못을 박았습니다.

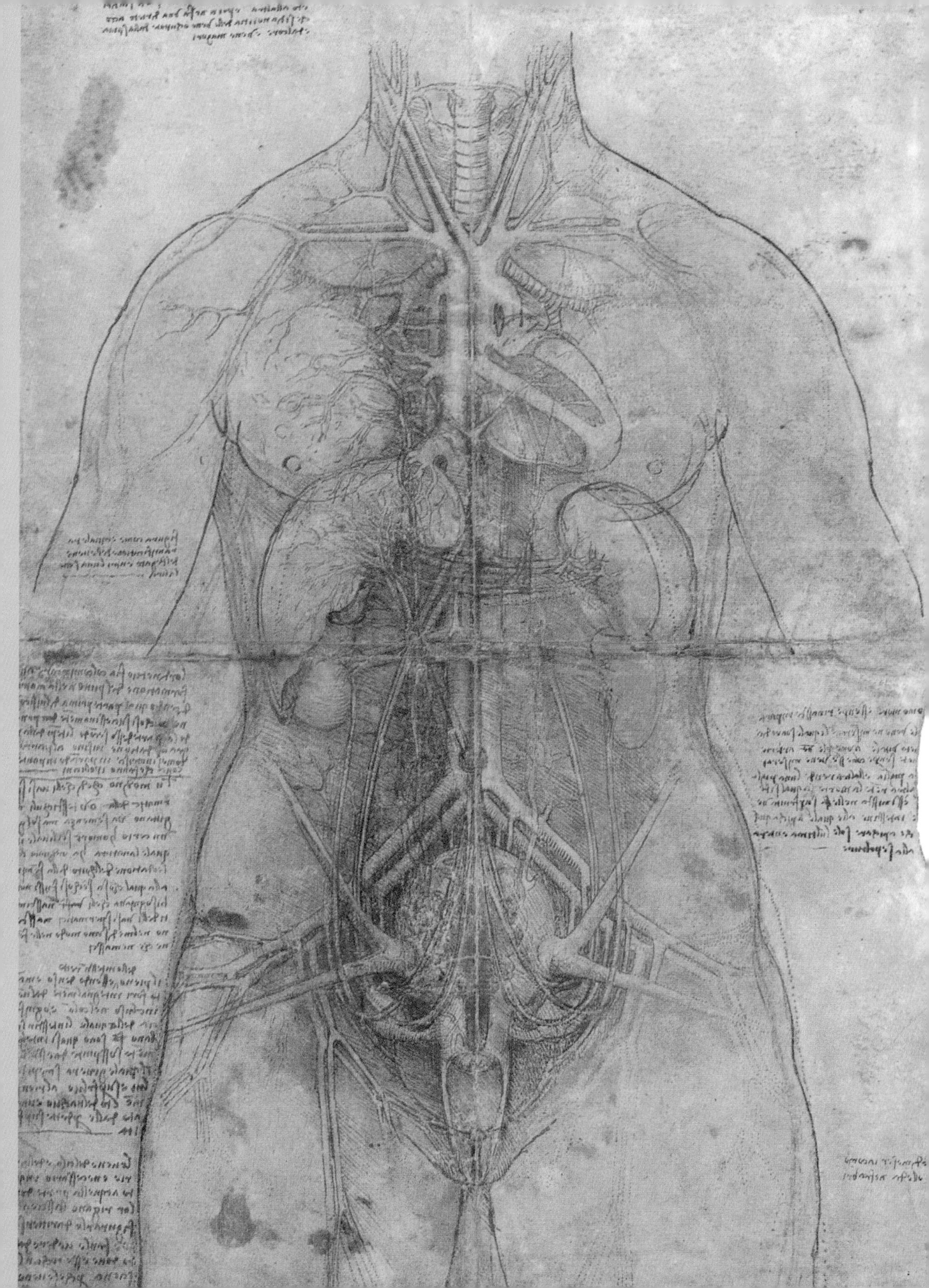

이제야 고백합니다만 평소 생물하면 왠지 인간적인 학문이라는 선입견을 갖고 있었어요. 물론 지극히 개인적이며, 주관적인 생각입니다만, 흔히 과학하면 연상되는 객관적이고 논리적인 면 대신 모든 생명체는 존엄하다는 사고가 은연 중 제 마음속에 깔려 있었기 때문이 아닐까 싶어요. 그런 의미에서 생물시간의 첫 번째 순서는 인체에 관한 미술이야기로 시작하고 싶군요.

얼마 전 세계 주요도시를 순회하던 '인체의 신비전'이라는 전람회가 국내에서도 소개되어 커다란 인기를 끌었어요. 의학교수인 폰 하겐스가 기획한 이 전시가 세계적인 화제를 불러일으킨 것은 모형이 아닌 실제 인체의 각 부분을 절개한 후 표본으로 만들어 전시했기 때문입니다. 표본들은 살아 있는 인체로 착각될 만큼 정교하게 디자인되고 재봉되었어요. 그 덕분에 관객은 베일에 싸인 인체의 각 기관들을 긴장감 넘치는 리얼 쇼를 보듯 생생하게 감상할 수 있었습니다.

전람회는 또 한 가지 이색적인 장면을 연출했어요. 전시장 출구에 신체기증을 유도하는 지원서를 배치한 것입니다. 사람들에게 인체에 대한 교육 기회를 제공할 수 있도록 해부학 연구소에 신체를 기증하라는 뜻이었습니다.

인파로 붐비는 전시장에서 당당하게 배치된 신체기증서를 보면서 새삼 감회가 새로웠어요. 해부그림의 원조인 레오나르도 다 빈치의 고소사건이 머릿속에 떠올랐기 때문입니다. 당시 로마에 있던 다 빈치는 인체해부에 몰두하다가 낭패를 당했어요. 해부장면에 기겁을 한 독일인 조수가 행정당국에 그를 이단죄로 고발했기 때문이지요. 다 빈치가 살던 르네상스 시대에는 인체해부를 철저히 금지했어요. 인체를 해부하는 행위는 비도덕적이며, 비종교적인 지극히 불미스러운 일로 여겼으니까요. '신의 선물인 인체를 인간이 감히 해부해서 창조의 비밀을 밝힌다?' 이는 생각조차 할 수 없는 불경한 일이었어요. 따라서 특별허가를 받은 의사만이 해부를 할 수 있었습니다. 그러나 다 빈치는 인간의 몸이 어떤 구조를 지녔으며, 어떤 메커니즘에 의해 그토록 정교하게 작동하는가 궁금해서 견딜 수가 없었어요.

도저히 호기심을 참을 수 없게 된 다 빈치는 마침내 금기에 도전하지요. 다 빈치가 얼마나 해부에 몰두했는지는 그의 화실을 방문했던 안토니오 데 베아티스가 여행기에서 생생하게 증언하고 있어요.

> '그는 해부학 탐구를 그림으로 표현하는 일에 깊이 빠져 있었다. 이전의 어떤 화가도 해 본 적이 없는 독특한 방식으로 인체의 사지와 근육, 신경, 혈관, 관절들을 탐구했다. 우리는 두 눈으로 이 경이로운 그림들을 직접 확인했다. 다 빈치는 모든 연령층의 남자와 여자의 신체 서른 구 이상을 해부했다고 우리에게 말했다.'

자신의 말대로 다 빈치는 주위의 눈을 피해서 밤에 몰래 해부를 하다가 그만 조수에게 들켜서 곤욕을 치른 것이지요. 이단죄로 고발되는 것을 감수하면서까지 해부에 몰입했던 다 빈치의 열정은 이 그림에 고스란히 담겨 있습니다. 다 빈치가 인체를 해부해서 관찰한 소묘입니다.

다 빈치는 인체의 내부를 안쪽에서 바깥쪽으로 묘사하는 특이한 방식으로 표현했어요. 인체의 내부 층을 단계별로 묘사했으며, 어깨의 근육과 힘줄 건을 마치 섬유조직처럼 섬세하게 표현했습니다. 또 해부도를 실물처럼 느끼도록 원근법을 적용해서 입체감을 살렸어요. 인체구조를 실감나게 묘사한 이런 새로운 표현방식은 르네상스 시대 다른 해부학 삽화와 비교해 보면 정말 경이로울 정도입니다. 물론 당시 해부학 책에도 뼈와 근육, 동맥과 정맥, 신경과 관련된 흥미로운 도판이 실려 있었어요. 하지만 이런 삽화들은 관찰에 의한 것이 아니었으며, 평면적이고, 도식적이었습니다. 그러나 다 빈치

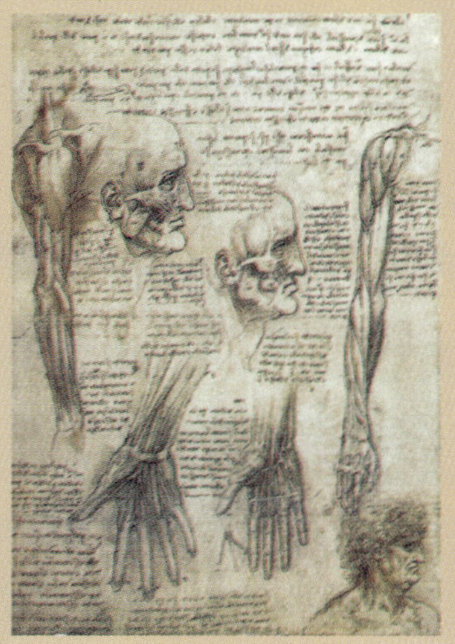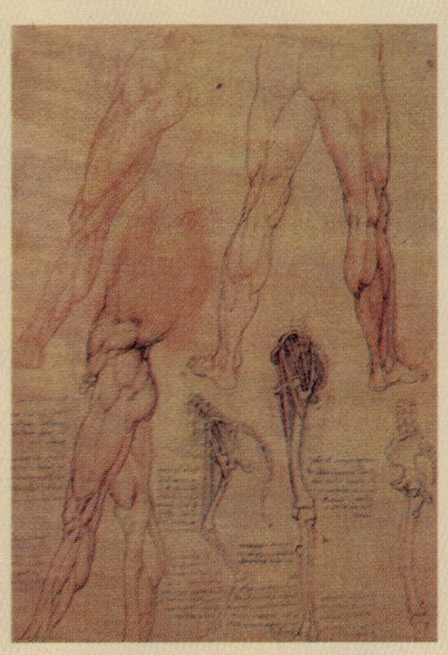

레오나르도 다 빈치 | 신경조직의 해부학적 연구 | 1510년경 | 펜, 잉크, 적색 쵸크
팔, 손, 얼굴의 해부학적 연구 | 1510년경 | 펜, 갈색 잉크
다리의 해부학적 연구 | 1507년경 | 적색지 위에 펜, 잉크, 적색 쵸크

는 미술의 원근법을 해부도에 적용해서 기존 삽화가 얼마나 실제감이 떨어
지는가를 증명한 것이지요.

그런데 화가인 다 빈치가 의사보다 더 해부도에 열을 올린 까닭은 무엇일까
요? 이유는 간단해요. 신체의 내부구조를 완벽하게 파악하면 인체를 더 정
확하게 그릴 수 있기 때문입니다. 당시 미술계 분위기도 다 빈치가 해부에
빠지도록 부추겼어요. 르네상스 시대 가장 뛰어난 이론가인 알베르트는 저
서 〈회화론〉에서 '위대한 화가가 되려면 해부학에 능통해야 한다.'고 아예
못을 박았습니다. 아울러 그는 화가가 해부학을 공부해야 할 근거를 이렇게
밝혔어요.

'첫째 화가는 뼈가 인체 구조 안에 어떻게 배치되었는가를 파악해야 한다.
둘째 화가는 신경과 근육의 배치를 알아야 한다.
셋째 화가는 살과 피부를 어떻게 표현해야 할지 알아야 한다.
이렇게 뼈와 신경, 근육, 피부의 구조를 파악한 후에 제대로 인체를 그릴 수 있다.'

다 빈치는 알베르트의 충고를 곧 바로 실행에 옮겼어요. 천재성을 발휘해서 그 누구도 흉내 낼 수 없는 아름답고 정교한 해부학 드로잉의 걸작을 창조한 것이지요. 그런데 다 빈치의 해부도에 관한 이야기를 나누다 보면 늘 아쉬움 이 따라요. 다 빈치는 시신경이 눈의 뒤쪽에 있으며, 뇌와 연결되어 있다는 사실을 역사상 가장 먼저 관찰한 해부학자입니다. 그와 동시에 개별 근육과 얼굴 표정 사이의 연결관계를 드로잉에 표현한 최초의 화가이기도 하지요. 예술과 과학의 완벽한 조화를 이루었으며, 무려 1,500편에 달하는 해부학 드로잉을 그렸어요. 하지만 그의 빛나는 업적은 과학자들의 눈길을 끌지 못했어요. 그것은 그가 해부그림을 다른 사람이 볼 수 없는 비밀노트에 그렸기 때문입니다. 그래서 가끔씩 이런 생각을 합니다. '만일 다 빈치가 자신의 노트를 책으로 출간했다면 어떤 일이 벌어졌을까?' 아마 과학자들은 예술적 상상력과 과학적 사고를 결합한 해부그림의 출현에 감탄을 금치 못했을 거예요. 그러나 안타깝게도 그의 해부그림들은 19세기 이전까지 극소수의 사람들만 보았을 뿐입니다. 하지만 다 빈치의 비밀노트가 세상에 알려진 순간 과학계는 뒤늦게 천재의 진가를 깨달아요. 그리고 그를 최초의 해부화가로 인정합니다. 그렇다면 오늘날 과학계에서는 다 빈치의 해부소묘를 어떻게 평가하고 있을까요? '해부도의 백미요, 19~20세기 의학계의 인체 묘사방식에 지대한 영향을 끼쳤다.'는 찬사를 바치고 있습니다.

이렇게 다 빈치가 해부학을 미술에 접목시킨 최초의 화가라는 사실을 말씀 드렸는데요. 다음에 소개할 화가 역시 다 빈치 못지않게 인체를 탐구한 것으로 유명합니다. 17세기 네덜란드 최고의 화가로 손꼽히는 렘브란트인데요, 그는 놀랍게도 인체해부장면을 감히 미술의 주제로 삼았습니다. 세월이 흘러서 더 이상 인체해부는 화가에게 금기가 되지 않은 것일까요? 그림을 감상하면서 그 의문점을 풀어 보겠어요.

여덟 사람이 탁자에 올려놓은 시신을 에워싸고 있어요. 화면 가운데 검은 옷 ···▶ p.218
을 입은 남자가 근엄한 표정을 지은 채 절개한 시신의 팔 힘줄을 족집게로

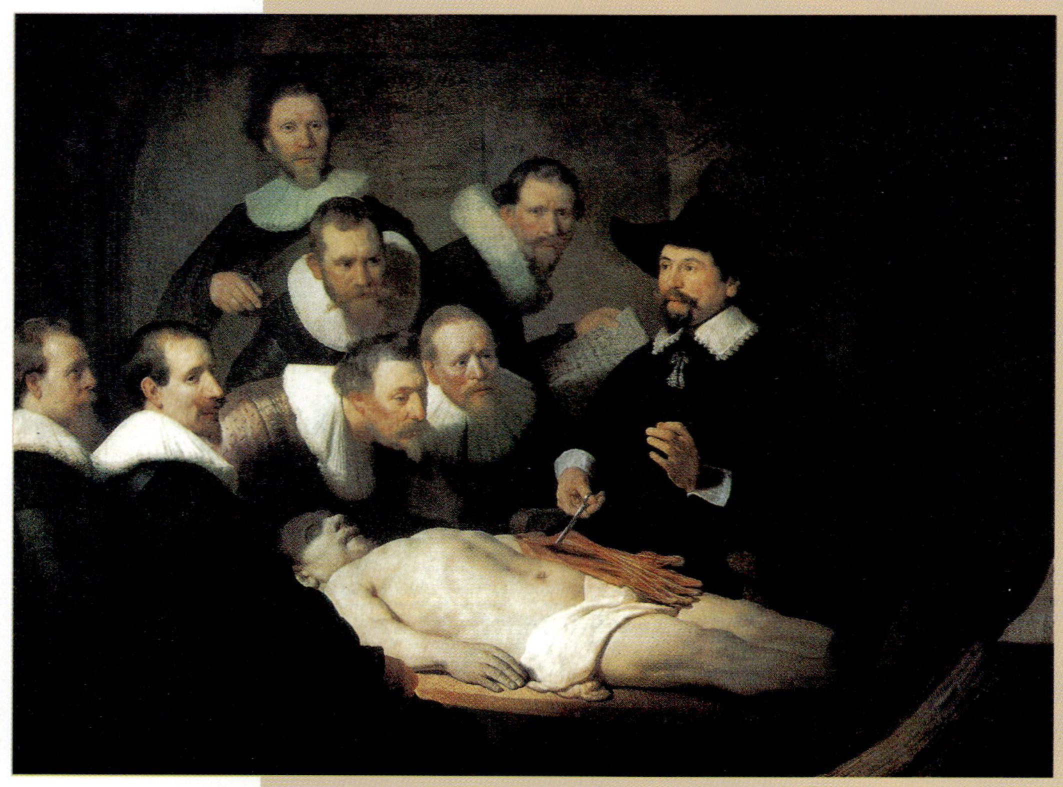

렘브란트 ㅣ 툴프 박사의 해부학 강의 Anatomy lesson of Dr.Tulp ㅣ 1632 ㅣ 캔버스에 유채

들어올립니다. 남자는 암스테르담에서 가장 유명한 외과의사인 툴프 박사
에요. 그는 두 번이나 시장에 선출되었고, 그림이 그려질 당시에는 행정관으
로 재직 중이었으며, 외과의사조합의 스타 강사이기도 했습니다. 지금 툴프
는 팔의 조직과 엄지와 검지를 연결해 주는 힘줄에 관해 설명하고 있어요.
툴프 박사의 말에 귀를 쫑긋하며 듣는 수강생들은 네덜란드에서 둘째가라
면 서러운 명사들입니다.

의사도 아닌 명사들이 왜 해부학 강의를 듣고 있는지에 대한 설명은 조금 뒤
에 말씀드리겠어요. 우선 수강생들의 눈길과 자세, 표정을 주목하세요. 일곱
명 모두 제각기 다릅니다. 인물들 머리와 손이 만드는 각도, 코가 그리는 선,

턱수염, 심지어 하얀 주름장식 방향까지 같은 것이라곤 없어요. '7인 7색'이
라는 말이 머릿속에 저절로 떠오르는데요, 렘브란트는 관객이 해부학 강의에
참석했다는 느낌을 갖도록 의도적으로 화면 연출을 한 것이지요.

화면 뒤편에 명단을 손에 들고 있는 남자가 보이지요? 이 종이에 수강생들
의 이름이 적혀 있어요. 그런데 흥미로운 것은 수강생들이 돈을 지불하고서
그림의 모델을 섰다는 점입니다. 대체 의사도 아닌 명사들이 왜 해부학 강의
를 들으려고 했으며, 돈을 내면서까지 그림의 모델이 되려고 애를 쓴 것일까
요? 당시에는 해부학 강의에 참석하는 것은 대단한 명예이며, 가장 흥미로
운 일이었기 때문입니다. 다 빈치가 살던 시절에는 범죄에 해당되던 인체해
부가 17세기말이 되면서 일생에 두 번 보기 힘든 구경거리가 되었어요. 관객
들은 창조의 비밀을 공개하는 리얼 쇼를 보기 위해서 해부가 행해지는 날을
손꼽아 기다렸어요. 그러나 암스테르담 외과의사 조합은 1년에 단 한 차례
만 해부를 공개적으로 허용했어요. 사형 당한 범죄자의 신체를 해부용으로
사용하곤 했는데 사형이 드물어지면서 시신을 구하기가 점차 힘들어졌기
때문입니다.
이처럼 해부의 기회가 줄어들면서 해부학 강의는 대중이 가장 선망하는 볼
거리가 되었어요. 그런데 그림 속 명사들은 치열한 경쟁을 뚫고 해부학 강의
에 참관하는 영광을 누리게 되었어요. 당연히 이를 기념하는 그림을 남기지
않을 수 없지요. 그림이 사진의 역할을 대신하던 시절, 명사들은 진기한 강
의에 동참했다는 기록을 남기고 싶어서 홍보용 기념초상화를 화가인 렘브
란트에게 의뢰한 것입니다.

그림은 렘브란트가 초상화의 대가로서의 입지를 굳히는 데 결정적인 작용
을 했어요. 당시 그림을 주문했던 외과의사 조합 역시 대 만족을 했습니다.
동료와 후배 화가들 역시 렘브란트의 재능에 극찬을 아끼지 않았어요. 훗날
해부장면을 실제보다 더 실감나게 묘사한 선배의 솜씨에 탄복한 고흐가 동
생 테오에게 다음과 같은 편지를 보낼 정도였으니까요.

김학현 선생님, 인체의 신비에 매혹 당했던 다 빈치, 인체 해부장면을 초상화로 남긴 렘브란트, 두 화가는 마치 약속이라도 한 듯 인체의 근육을 그림의 주제로 삼았는데요, 근육에 대해 궁금한 독자들을 위해서 인체 강의를 해 주시겠어요?

우선 〈툴프 박사의 해부학 강의〉가 사실은 해부학 실습 그 자체를 그렸다기보다는 그런 배역에 맞게 일종의 초상화를 그린 것이라는 관장님의 설명은 아주 흥미롭습니다. 또한 렘브란트가 해부학과 관련된 그림을 그렸다는 사실도 놀랍습니다.

이런 그림은 직접 해부하지 않고 그리기란 꽤 어려웠을 텐데 렘브란트 시대에도 인체에 대한 관심과 연구가 활발했음을 보여 주는 사례라 생각되어 아주 이채롭군요. 렘브란트의 〈툴프 박사의 해부학 강의〉는 상완의 골격근 학습 현장을 담았다고 생각됩니다. 더 자세히 말하면 골격근 중 전완근육을 그린 것이며 분명치 않지만 전완근육 중 장무지굴근과 심지굴근을 그린 것으로 보여 지는군요. 여기서 굴근이란 팔의 이두박근처럼 뼈대를 굽게 하는 근육을 말합니다. 반면 삼두박근처럼 뼈대를 펴는 근육은 신근이라고 부르지요.

렘브란트가 그림으로 남길 정도로 활발하게 연구된 해부학은 여러 장기들을 작용 계통별로 나누어서 다룹니다. 보통 골이나 관절, 인대 등에 관해 공부하는 골격계, 관절을 움직이기 위한 전신의 골격근을 다루는 근육계, 호흡·소화·비뇨·생식·내분비계를 다루는 내장기계, 심장을 중심으로 여기에 연결된 혈관이나 림프관을 다루는 순환기계, 마지막으로 시각기나 평형기, 미각기, 후각기, 피부감각 등을 공부하는 감각기로 나누어서 다룹니다.
또한 해부학에서 인체를 구분할 때는 두부^{머리}, 안면, 경부^목, 체간^{흉부, 복부, 골반,}

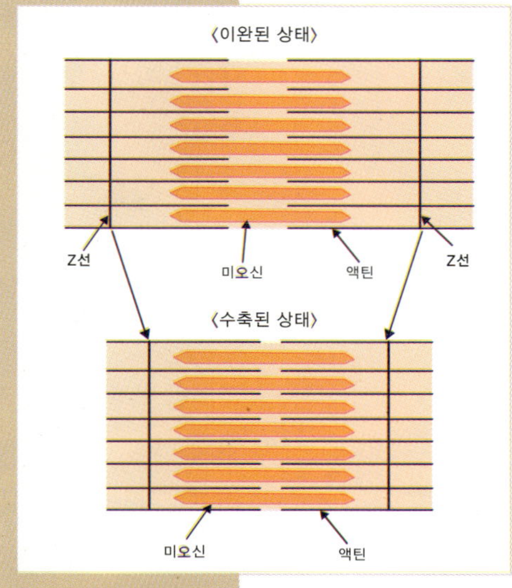

근육의 이완과 수축

배부 및 체지 상지, 하지로 크게 나누지요. 상지는 다시 상완, 전완, 손 및 손가락으로 나누고, 하지는 대퇴, 하퇴, 발가락으로 구분합니다. 전완의 근은 모두 열아홉 개가 있으며 모두 상완골 혹은 전완골에서 시작합니다. 이 전완근 대부분은 기다란 건이 되는데, 이 건이 손의 뼈에 정착함으로써 전체적으로 손목과 손가락의 운동을 가능하게 하지요.

그럼 〈툴프 박사의 해부학 강의〉에서 그려진 골격근이 어떻게 수축하고 이완하는지 간단히 살펴볼까요? 보통 골격근은 근섬유로 이루어져 있고 근섬유는 근원섬유라고 하는 수축성 섬유가 모여서 이루어져 있습니다. 근원섬유를 전자현미경으로 보면 '미오신'이라는 단백질과 '액틴'이라는 단백질 부분으로 구별되지요. 이 두 단백질은 부분적으로 겹쳐서 배열되는데 액틴만으로 배열된 부분을 'I대 명대', 미오신이 배열된 부분을 'A대 암대', A대 가운데 미오신만 배열된 부분을 'H대'라고 하며 I대의 중앙 경계선을 'Z선', Z선과 Z선 사이를 '근절'이라고 합니다.

광학현미경으로 골격근을 관찰하면 가로무늬가 보이는데 바로 이 명대와 암대가 교대로 배열되어 나타나는 것입니다. 근육은 신경 충격을 받으면 수축합니다. 수축된 근원섬유의 A대 길이는 수축 전과 같지만 I대가 짧아지고 H대가 없어지면서 Z선과 Z선 사이는 좁아지지요. 그런 과정을 통해 근원섬유가 수축하게 되는 것이지요. 이것은 미오신 섬유 사이로 액틴 섬유가 미끄러져 들어가면서 발생합니다.

하지만 근육에는 골격근만 있는 것이 아니에요. 근조직은 구조와 기능에 따라 세 가지 형태로 구분해 볼 수 있습니다. 평활근, 골격근, 심근이 바로 그것이지요. 평활근은 불수의근 혹은 내장근이라 불리기도 합니다. 이 근육의 특성을 이해하려면 '불수의不隨意'라는 말의 뜻을 이해할 필요가 있겠어요. 여기서 불不은 '안 된다', 수隨는 '따르다'는 의미이며, 의意는 '뜻'을 나타내는 한자에요. 즉 '불수의'라는 말은 '뜻을 따르지 않는다. 뜻대로 안 된다.'는 의미인 것이죠. 의식적인 조절이 불가능한 내장기관의 근육이 모두 불수의근인 것이지요. 물론 툴프 박사가 그린 앞의 골격근은 수축, 이완을 우리 의지대로 할 수 있으니 수의근이지요.

특이한 것은 심장을 이루는 근육인 심장근은 다른 근육과는 다른 독특한 면을 가지고 있다는 점입니다. 평활근과 마찬가지로 자율신경이 조절하는 불수의근이지만 골격근처럼 원통형이며 가로무늬근이지요.

해부장면의 묘사에 관한 한 렘브란트를 능가할 화가가 없었던가 24년이 지난 후 그는 또 다시 외과의사 조합의 주문을 받아서 같은 주제의 그림을 그리게 됩니다. 그러나 해부학 강의 내용과 강사는 바뀌었어요. 강의 주제는

렘브란트 | 요하네스 다이만 박사의 해부학 강의 Anatomy lesson of Dr.Deyman | 1656 | 캔버스에 유채

뇌의 구조에 관한 것이며, 강사는 툴프 박사의 후임인 요하네스 다이만 교수
입니다.

다이만 교수가 무장강도죄로 교수형을 당한 시신의 뇌를 해부합니다. 조수
인 칼쿤이 시신에서 잘라 낸 뇌를 손에 든 채 다이만 박사의 해부를 돕습니
다. 절개한 시신의 뱃속은 피가 흥건히 고였으며, 그 틈새로 내장이 보입니
다. 화면은 툴프 박사의 해부강의 때와는 사뭇 달라요. 우선 구도가 훨씬 파
격적입니다. 다이만 박사의 얼굴은 보이지 않고 두피가 벗겨진 시신의 뇌를
해부하는 손을 확대해서 부각시켰어요. 수강생들의 모습 역시 어둠 속에 가
려져 보이지 않아요.

더욱 파격적인 것은 시체가 앞으로 반드시 누운 자세를 취한 점입니다. 더구나 시체에 단축법을 적용했어요. 그 바람에 관객은 사후강직으로 굳어진 시신의 잿빛 발바닥을 코앞에서 보는 듯한 느낌을 받게 됩니다. 사형수의 시신을 이처럼 대담하게 묘사한 것은 미술에서 유례가 없는 일입니다. 미술가들은 오직 죽은 예수를 그릴 때만 이런 과감한 표현방식을 취했으니까요. 렘브란트는 감히 사형수의 시신을 성스러운 예수의 주검과 동격으로 만든 것입니다. 그러나 외과의사 조합은 뇌가 열린 상태에서 어딘가를 응시하는 시신의 텅 빈 눈길과 마치 능숙한 이발사처럼 뇌를 해부하는 의사의 손놀림은 더없는 볼거리를 제공한다고 판단했어요. 그림에 크게 만족한 의사들은 〈툴프박사의 해부학 강의〉가 걸린 맞은편 벽에 그림을 걸었어요. 덕분에 관람객들은 그림 속 의사들 중 누가 더 해부학 강의를 잘하는지 두고두고 비교할 수 있게 되었습니다.

〈요하네스 다이만 박사의 해부학 강의〉를 보면서 뇌에 대해 한없이 궁금해졌어요. 김 선생님, 뇌란 무엇이며 그 기능과 역할에 대한 이야기를 들려주시겠어요?

68kg인 사람의 약 2%정도에 불과한 무게지만 뇌의 물질대사는 매우 활발해서 폐를 통해 흡입하는 공기의 약 20%를 사용합니다. 이런 정도의 산소를 공급하려면 혈액순환이 매우 빨라야 하며 대략 좌심실 수축으로 대동맥으로 이동한 혈액의 15% 정도가 뇌로 이동하지요. 이런 활동들은 뇌가 우리 몸에서 얼마나 중요하며 얼마나 많은 활동을 하는지를 극명하게 보여 주는 것들입니다.

p.223 ◀··· 〈요하네스 다이만 박사의 해부학 강의〉에서도 볼 수 있듯 대뇌는 가운데 깊은 홈에 의해 좌우의 두 개의 반구로 갈라져 있습니다. 겉모습은 두 반구가

비슷해 보입니다. 실제로 감각기의 흥분을 받아 감각을 일으키는 감각령과 팔, 다리의 수의 운동을 조절하는 운동령은 비슷한 방식으로 그 기능을 나타내지요. 그러나 정보를 판단하고 선별해서 운동령에 명령을 내리며 복합적인 정신활동을 하는 두 반구의 연합령은 매우 다른 기능을 나타냅니다. 좌반구는 언어와 지적능력을 지배하는 반면 추상적 사고나 공간지각능력, 예술적 재능이나 음악적 재능 같은 비언어적 영역은 우반구가 지배합니다.

이렇듯 좌우 대뇌반구가 서로 다른 기능을 갖는다는 것은 노벨상 수상자인 스페리의 연구결과로 알려지게 되었어요. 스페리는 간질성 발작을 치료하기 위해 좌우 대뇌반구 사이에 정보를 전달하는 신경섬유덩어리인 뇌량Corpus callosam을 절단한 환자를 관찰하였습니다. 환자는 왼손에 열쇠를 잡고 있으면 두 눈을 뜬 상태에서 쉽게 열쇠라고 말할 수 있었어요. 그러나 환자의 눈을 가리면 열쇠로 문을 열 수는 있었지만 열쇠라고 말하지는 못했습니다. 이는 열쇠를 잡은 왼손의 감각신호는 오른쪽 대뇌반구로 전달되지만 왼쪽반구에 있는 언어중추는 기능을 발휘하지 못하기 때문이지요. 뇌량이 손상된 환자는 열쇠에 대한 정보가 오른쪽 반구에서 왼쪽 반구 쪽으로 전달될 수 없기에 열쇠라고 명칭을 말할 수 없는 것입니다.
좌우 대뇌반구가 서로 다른 역할을 맡고 있다는 사실이 알려지면서 예술가는 우뇌가 발달했고, 수학자나 공학자는 좌뇌가 발달한 사람이라고 회자되곤 했어요. 또한 예술적 능력이나 창의력을 기르기 위해서는 우뇌를 발달시키는 노력이 필요하다고 주장하는 사람들도 생겨나기 시작했습니다. 반대로 우뇌만 발달시키는 것보다 좌·우뇌를 고르게 사용하는 전뇌학습이 중요하다는 학자들도 있습니다만 아직 분명하게 실증된 것은 없는 듯 합니다.

이처럼 대뇌는 운동신경 활동 및 사고와 관련되는 고등정신 능력의 중추로 인간 두뇌 무게의 85%를 차지합니다. 대뇌는 앞쪽의 전두엽, 뒤쪽의 후두엽, 전두엽과 후두엽사이의 꼭대기와 측면 부분인 두정엽, 측면의 아래쪽 부분인 측두엽으로 나누어지지요. 전두엽은 학습 등의 고도의 지적능력, 고도

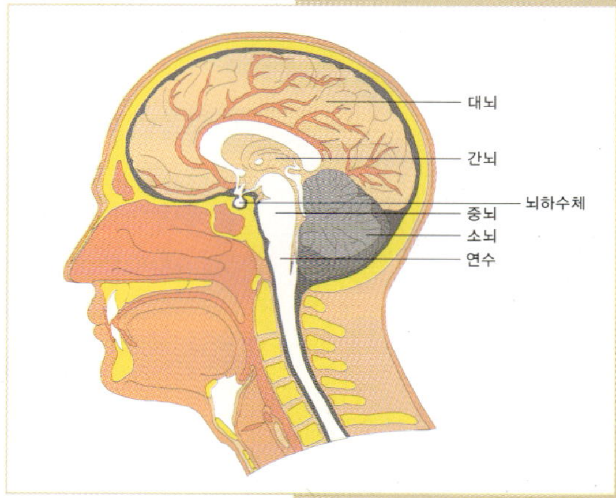

사람의 뇌

의 심리과정, 수의근의 운동기능 등과 관련 있습니다. 두정엽은 듣고 말하는 능력과 피부감각이나 특정한 인지적 과정과 관련되며 측두엽은 시각과 청각의 기억이 처리되는 곳이지요.

대뇌반구가 뇌의 고등기능과 관련된다면 소뇌나 뇌간은 뇌의 가장 원시적인 기능을 통합하지요. 소뇌는 자세를 바로 잡는 운동중추가 위치하며 대뇌의 가장 뒤쪽 아래 부분에 위치합니다. 뇌간은 생명활동에 중추적인 역할을 하며 간뇌, 연수, 중뇌로 이루어집니다. 시상과 시상하부로 구분되는 간뇌는 자율신경의 중추와 체온조절 및 수면중추가 있으며 연수는 호흡운동, 심장박동, 소화기 활동을 조절하는 중추가 있고 음식물을 삼키거나 재채기, 침분비 등의 중추도 되지요. 중뇌는 안구운동과 명암에 따른 홍채의 수축을 조절하며, 소뇌와 함께 몸의 자세를 바로잡는 작용도 합니다.

분명한 것은 이렇게 뇌의 부분마다 각각의 기능이 있다 할지라도 사람의 뇌는 우리가 상상하는 것 이상으로 서로 연결되고 겹쳐 있고, 중복되며 서로 보완하는 기능이 있는 것 같습니다. 정보처리 역시 여러 중추들의 복잡한 상호작용이 관련되어 있어요. 이런 생각을 가지고 〈요하네스 다이만 박사의 해부

p.223 ◄···

학 강의〉를 보면 눈으로 이 그림을 보지만 동시에 그림에 대해서 느끼며 생각하고 기억하는 일련의 과정을 한꺼번에 경험하게 됩니다. 대상은 〈요하네스 다이만 박사의 해부학 강의〉라는 그림 한 점이지만 이 그림으로부터 출발한 감각신호는 뇌의 서로 다른 부분에서 서로 연결되고 보완되며 통합되고 저장되는 복잡한 상호작용이 이루어지게 되는 것이지요.

김 선생님, 덕분에 뇌에 관한 지식을 넓힐 수 있게 되었어요. 미술가들은 인체의 경이로움을 보여 주고 인간을 보다 실감나게 그리기 위해서 해부학에 관심을 보이고, 신체의 내부를 관찰했는데요, 끝으로 현대미술에도 해부학적 전통의 맥이 이어지고 있는지 살펴보면서 인체 탐험의 대장정을 마칠까 합니다.

이 그림은 20세기 영국의 가장 위대한 화가로 인정받는 베이컨의 〈인간 연구〉입니다. ⋯▶ p.228

침대에 사람을 연상시키는 형체가 누워 있어요. 허공에 늘어진 두 개의 전등이 침대에 누운 기이한 형상을 비춥니다. 그런데 실내 분위기가 왠지 음산해요. 둥그런 침대와 전등 불빛이 등골을 오싹하게 만들어요. 그런 느낌 때문에 혹 이곳은 수술실이 아닐까 하는 섬뜩한 생각마저 들어요. 잔뜩 긴장된 눈길로 침대 위를 더듬는데 '으악'하는 소리가 저절로 나오게 되네요. 사람으로 보이는 저 이상한 형상의 얼굴을 보세요. 무자비하게 뭉개져 있잖아요. 화가는 사람의 얼굴을 마치 삶은 감자처럼 잔인하게 으깨버렸어요. 몸체도 해부학적 구조를 철저히 무시하고 있어요. 뼈에 당연히 붙어 있어야 할 살점은 몸체에서 떨어져 나와서 흐느적거립니다.

베이컨은 왜 이토록 사람의 기분을 불편하게 만드는 그림을 그렸을까요? 현대인들은 늘 폭력적인 상황에 시달리며, 공포와 두려움, 고통을 받는 가련한 존재임을 나타내기 위해서입니다. 그는 자신의 생각을 극적으로 표현하기

베이컨 | 누운 신체 Lying Figure | 1969 © Francis Bacon | DACS, London - SACK, Seoul, 2005

위해서 인격을 상징하는 얼굴을 해체하고 짓이겨버렸어요. 인간은 더 이상 정체성이나 존엄성을 지닌 존재가 아니라는 것을 말하고 싶었던 것이지요. 수술대를 연상시키는 침대에 인체를 눕힌 것도 인간은 밀폐된 공간에 갇힌 불안한 존재임을 강조하기 위해서입니다. 다시 말해 동그란 침대는 소외와 격리, 고독을 상징하지요. 베이컨은 인간이란 정육점에 걸려있는 고깃덩어리와 같다고 늘 생각했어요.

사람들에 의해 도살된 동물들처럼, 인간 역시 사회의 폭력에 의해 죽임을 당하는 제물이 아닐까하는 의구심을 떨칠 수 없었습니다. 이는 지극히 당연한 현상입니다. 생각해 보세요. 인간은 비록 강철 같은 의지와 정신력을 지녔지만 한낱 살과 뼈의 덩어리에 불과한 나약한 존재입니다. 특히 끔찍한 사고를 당했을 때 인간은 한없이 무력해집니다. 일상생활에서도 육체로 인해 자주 고통을 받아요. 툭하면 피부가 찢기고 내장이 뒤틀리며, 뼈가 부러집니다.

아일랜드에서 자랐던 베이컨은 그곳의 끔찍한 폭력을 체험했으며, 이어 나치의 잔인함과 세계 대전의 처참함을 두루 겪었습니다. 사지가 찢기고 뭉개진 사람들이 도살되는 동물처럼 비명을 지르고 울부짖는 것을 목격했어요. 그는 고깃덩어리에 불과한 인간에 대한 연민을 자신만의 방식으로 표현하고 싶었습니다. 얼굴을 뭉개고 인체를 해체한 것도 인간의 동물성을 한층 강조하기 위해서였어요. 베이컨은 인간의 야수성을 드러내기 위해서 의학도감들과 구강병리학 해설서, 방사선개론서 해부학 관련 사진들을 탐독했어요. 이렇게 얻은 해부학적 지식을 활용해서 베이컨 특유의 일그러진 피조물들을 창조한 것입니다. 그러나 인간을 정육점에 걸린 고기에 비유한 베이컨의 파격적인 그림은 관객들의 심기를 건드렸어요.

실제로 베이컨은 가장 관객을 불편하게 만드는 화가로 악명이 높아요. 그의 그림을 대하면 속이 메슥거리고 토할 것 같다며 이상증세를 호소하는 관객들이 많습니다. 또 너무 폭력적이라면서 터놓고 불평을 늘어놓기도 하지요. 이런 관객들의 민감한 반응을 접할 때면 베이컨은 되레 깜짝 놀라면서 이렇게 되묻곤 했어요.

피와 심장이 그린

예술

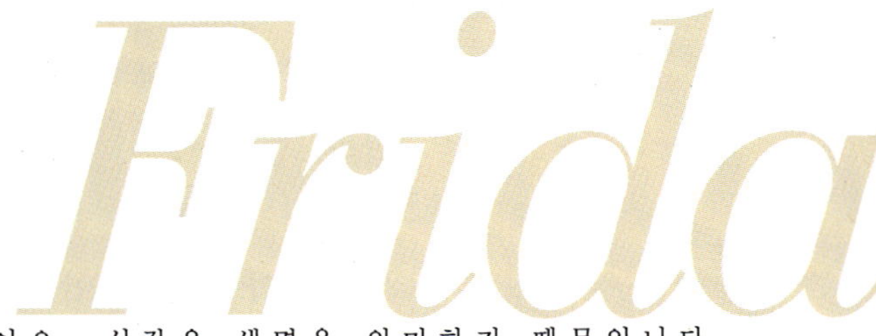

심장을 드러낸 것은 사랑은 곧 심장이요, 심장은 생명을 의미하기 때문입니다.
비단 프리다뿐만 아니라 대다수의 사람들은 심장을 단순한 신체기관으로
보지 않아요. 생명 그 자체요, 마음이 위치하는 곳이며,
느낌과 생각, 기억의 원천으로 여깁니다. 프리다는 그림을 통해 심장은
피가 순환되는 기관 이상의 의미를 지녔다는 것을 증명한 것이지요.

프리다 칼로 | 두 개의 프리다 The Two Fridas | 1939 | 캔버스에 유채

대부분의 사람들은 피에 대해서 상반된 생각을 갖고 있어요. 섬뜩하게 느끼면서도 한편으로는 더없이 소중하게 여깁니다. 이처럼 피가 이중성을 띠는 것은 피는 생명을 상징하는 동시에 죽음을 의미하기 때문입니다. 피는 혈관을 타고서 신체 내부를 흐를 때는 생명이지만 반대로 몸에서 빠져나오면 죽음입니다. 이처럼 생과 사를 관장하고 있기 때문인지, 피는 일찍부터 금기이자 숭배의 대상이 되기도 했습니다. 그렇다면 생명과 죽음을 의미하는 피를 예술가들은 어떻게 느끼고 표현했을까? 그림을 감상하면서 궁금증을 풀어보겠어요.

p.231 ◄··· 이 작품은 멕시코 출신의 초현실주의 화가 프리다가 그린 것입니다. 프리다는 여성화가 중 가장 대중적인 인기를 누리고 있는 예술가예요. 그녀의 전시가 열리는 곳은 발 딛을 틈이 없을 정도로 관객이 북적거려요. 어디 전시뿐인가요? 프리다의 일생을 담은 책들과, 영화, 심지어 연극까지 만들어졌어요. 이처럼 그녀의 예술과 삶이 대중들의 관심을 끄는 것은 인생이 드라마이며, 예술은 그 드라마를 보다 극적으로 표현하고 있기 때문이지요. 프리다는 어릴 적 소아마비를 앓아서 장애인이 되었어요. 엎친 데 덮친 격으로 18살 때 타고 가던 버스가 전차와 충돌하는 바람에 치명적인 부상을 입었어요. 이 처참한 교통사고 후유증으로 죽을 때까지 끔찍한 고통에 시달려야 했습니다. 그러나 그녀는 평생을 병마와 싸우면서도 결코 운명의 힘에 굴복하지 않았어요. 무릎을 꿇기는커녕 오히려 자신의 육체적, 정신적 고통을 예술로 승화시켜서 전 세계가 주목하는 화가로 우뚝 섰습니다. 이 자화상은 삶과 죽음 사이를 곡예사처럼 줄타기했던 프리다의 절박한 심정을 거울처럼 선명하게 반영하고 있어요.

두 명의 프리다가 다정하게 손을 잡은 채 나란히 벤치에 앉았습니다. 화면 왼편 프리다는 흰색 드레스 차림이며, 오른편의 프리다는 멕시코 전통의상인 테우아나 치마와 블라우스를 입었어요. 그런데 두 프리다의 가슴 부위에 눈길을 돌리면 마치 엑스레이에 찍힌 것처럼 심장이 통째로 드러났다는 것을 발견할 수 있어요. 그렇지만 두 프리다의 심장 상태는 너무도 달라요. 화면 왼쪽 프리다의 심장은 상했어요. 부패한 심장을 상징하듯 드레스를 장식하는 레이스 천마저 찢겨졌어요. 반면 오른쪽 프리다의 심장은 건강해요. 이 건강한 심장이 내뿜는 신선한 피가 혈관을 타고 왼편 프리다의 심장에 생명의 피를 수혈합니다.

그림에서 유독 눈길을 끄는 것은 두 심장에서 뻗어 나온 혈관이 넝쿨처럼 두 프리다의 팔을 휘감고 있다는 점입니다. 왼쪽의 프리다는 수술용 집게를 사용해서 가느다란 혈관에서 흘러나오는 피를 막고 있어요. 그러나 피는 멈추지 않고 계속 새어 나와서 순백의 드레스를 붉게 적십니다. 그런데 옷에 스며든 저 핏자국을 보세요. 드레스에 수놓은 꽃잎 문양과 신기할 정도로 같아요. 프리다는 자신의 피를 생명처럼 소중하게 여겼던 것 같아요. 그렇지 않았다면 혈흔을 저토록 아름다운 꽃잎무늬 형태로 표현하지 않았을 테니까요.
한편 오른쪽 프리다의 혈관 끝에는 작은 타원형 액자가 매달려 있어요. 육안으로 확인하기 힘들지만 작품을 자세히 관찰하면 작은 액자 안에 남자아이의 초상화가 그려져 있다는 것을 발견하게 됩니다. 바로 이 아이가 프리다로 하여금 수수께끼 같은 자화상을 그리게 한 장본인입니다. 소년의 이름은 디에고, 아이는 자라서 훗날 20세기 멕시코 최고의 벽화가인 동시에 프리다의 남편이 됩니다.

대체 그림과 프리다의 남편 디에고 사이에는 어떤 상관관계가 있을까요? 이 자화상을 그릴 당시 프리다는 엄청난 심적 고통에 시달리고 있었어요. 남편 디에고와 이혼한 직후였기 때문이지요. 남편을 무척 사랑했던 프리다는 이혼한 자신의 참담한 심정을 그림에 담았습니다. 그녀는 자신의 뼈저린 슬픔을 강조하기 위해서 두 명의 프리다를 화면에 등장시켰어요. 왼쪽은 남편에게 버림받은 상처로 창백하게 죽어 가는 프리다이며, 오른쪽은 아직도 남편의 사랑을 받는 생기 넘치는 프리다입니다. 즉 두 명의 프리다는 사랑과 미움, 다시 말해 정말로 미워하면서도 사랑하지 않을 수 없는 남편에 대한 애증을 뜻합니다.

한편 심장을 드러낸 것은 사랑은 곧 심장이요, 심장은 생명을 의미하기 때문입니다. 비단 프리다뿐만 아니라 대다수의 사람들은 심장을 단순한 신체기관으로 보지 않아요. 생명 그 자체요, 마음이 위치하는 곳이며, 느낌과 생각, 기억의 원천으로 여깁니다. 프리다는 그림을 통해 심장은 피가 순환되는 기관 이상의 의미를 지녔다는 것을 증명한 것이지요.

두 명의 프리다에 관해 덧붙일 이야기가 있어요. 늘 죽음의 공포에 시달렸던 프리다는 외로움을 나눌 친구가 필요했던가, 자신의 분신을 창조해서 위안을 받았어요. 그녀는 일기에 마음을 털어놓을 친구가 생긴 기쁨을 이렇게 적었어요.

> '지구 중심으로 내려가면 항상 상상 속의 친구가 나를 기다리고 있었다. ……
> 나는 그 친구와 함께 춤을 추었으며, 온갖 비밀이야기를 나누었다.'

이후 죽을 때까지 프리다는 상상 속의 프리다와 헤어지지 않아요. 프리다가 분신과 이별할 수 없었던 것은 지극히 당연해요. 그녀와 또 다른 프리다는 두 영혼이 붙은 샴 쌍둥이었기 때문이지요. 그림은 프리다의 예술적 특징을 잘 보여 주고 있어요. 그 특징이란 그림에 자신의 인생을 고스란히 투영하고 있는 점입니다. 그래서 프리다의 그림을 가리켜서 일기, 혹은 자서전으로 부르기도 합니다.

김 선생님, 〈두 명의 프리다〉는 심장은 사랑이며, 예술가의 영혼을 의미한다는 사실을 감동적으로 보여 주고 있는데요. 이런 심장의 상징성에 대한 김 선생님의 견해가 궁금합니다.

두 명의 프리다가 가진 두 개의 심장이 주는 묘한 인상에 문득 큐피드가 떠오르는군요. 옛날부터 사람들은 심장에 마음이 있다고 생각했어요. 그래서 큐피드는 사랑의 화살을 쏠 때 마음을 향해 즉 심장을 겨냥했다고 합니다.

그렇다면 왜 사람들은 심장에 마음이 있다고 했을까요? 그 답을 명확히 알지 못하지만 제 나름대로는 이렇게 추측해 봅니다. '심장에 마음이 있다.' 라는 표현은 사랑을 해 본 사람이나 지금 사랑에 빠져 있는 사람들의 경험에서 우러난 표현이 아니었을까하고 말입니다. 그 까닭은 사랑하는 사람을 만날 때 두근거리는 설렘과 흥분을 고스란히 심장에서 느낄 수 있기 때문이지요. 물론 손이 떨리고 안면에 홍조를 띠거나 말을 더듬고 호흡이 가빠지는 여러 작용들도 동반되는 것이 사실이지만, 왜 유독 심장의 두근거림은 그 수위를 한 층 더해 가는지 도무지 알 수 없습니다. 그때 사람들은 '아! 사랑하는 나의 마음이 바로 심장에 있구나.' 하고 생각하게 된 것은 아닐까요.

그런 생각으로 〈두 개의 프리다〉를 다시 감상하니 그 생각이 더욱 강해지는 것 같습니다. 피가 뚝뚝 떨어지는 혈관을 집게로 집고 있는 두 명의 프리다의 리얼한 모습에서 관장님 말씀대로 프리다 역시 마음은 심장에 있다고 생각했을 거라고 믿어집니다. (그렇지만, 마음은 심장이 아니라 뇌에 있는 것은 잘 아시죠!) 이 작품은 또 이런 생각도 떠오르게 하는군요. '만약 두 명의 프리다에 두 개의 심장이 없었다면…….' 그렇다면 관장님의 설명하신 내용이 그렇게 절실하게 와 닿지는 않았을 겁니다.

사랑하는 사람 앞에서 있는 힘을 다해 쿵쿵 뛰는 심장. 하지만 잘 느낄 수 없지만 평상시에도 이 심장은 여전히 박동하고 있습니다. 다만 사랑하는 사람 앞에서는 조절이 안 될 만큼 더 심하게 뛰었을 뿐이지요. 이것은 사랑하는 사람 앞에서만 심장박동이 조절되지 않는 것이 아니라 언제나 우리 뜻대로 조절할 수 없음을 의미합니다. 그 까닭은 심장박동에 대뇌가 관여하지 않으며 또한 심장을 뛰게 하는 박동원이 바로 심장에 있기 때문이지요. 그래서 심장만 따로 떼 내어 물통 속에 집어넣어도 심장은 얼마간 계속 뛰는 심장박동의 자동성을 보여 줍니다.

" 김학현 선생님은 로맨틱한 과학자임에 틀림없어요. 예술가 못지않은 섬세한 감수성을 지녔다는 것을 말씀 중에 느낄 수 있었습니다. 김 선생님, 그렇다면 이번에는 과학자적 시각으로 심장 박동에 대해 설명해 주세요. "

" 아, 제가 너무 과학적인 설명에서 동떨어진 이야기를 했나 보군요. 하지만 저뿐만 아니라 많은 과학자들도 피가 흐르는 따뜻한 로맨티스트들임을 이 자리에서 밝히며 관장님 요청대로 과학적 입장에서 심장 박동에 대해 설명 드리겠습니다. "

피가 우리 몸을 순환하는 것은 심장의 주기적인 수축과 이완에 의해서 가능한데 이러한 심장의 수축운동을 '박동'이라고 합니다. 이미 말씀드린 대로 심장박동은 다른 기관의 운동과는 달리 자동성을 띤다는 점이 흥미롭지요. 이는 심장자체에 박동원이 위치하기 때문입니다.

심장에 위치하는 박동원은 동방결절로 그 위치는 대정맥과 우심방 사이에 위치합니다. 박동원이 흥분을 일으키면 좌우 심방이 수축하고 이 흥분은 심방과 심실 사이에 있는 방실결절로 전달됩니다. 이 자극은 좌우의 심실로 널리 가지를 뻗친 흥분전달섬유^{푸르키네 섬유}로 전달되며 심실의 근육이 수축합니다. 심장박동은 이와 같이 자동성을 가지지만 심장박동 속도는 연수에서 조

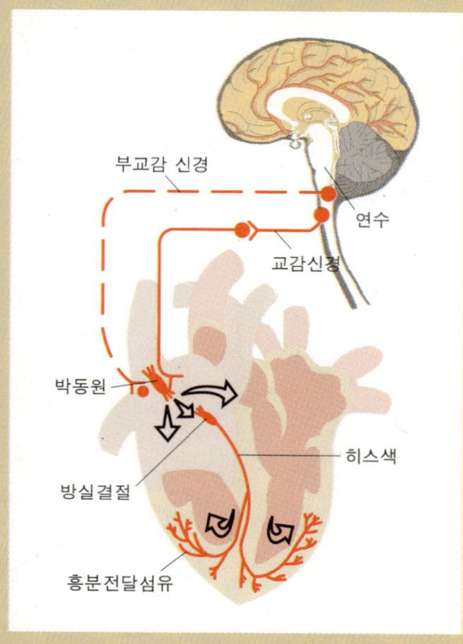

심장의 박동과 박동의 조절

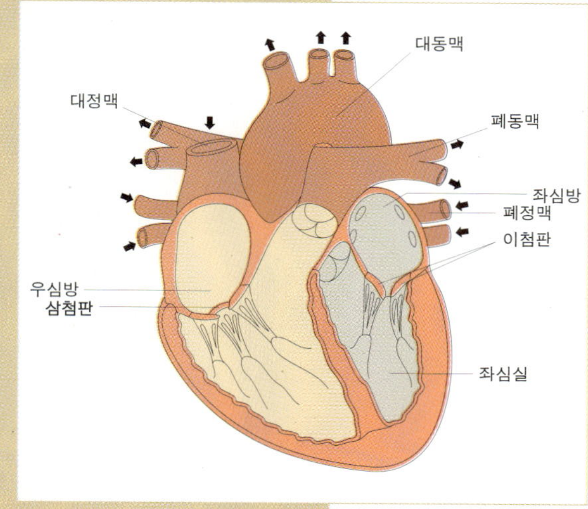

심장의 구조

절합니다. 이산화탄소의 농도가 높으면 박동속도는 빨라지며 혈액 내의 이산화탄소 농도가 낮으면 심장박동은 억제되지요. 이처럼 심장이 뛰는 것 자체나 혹은 빨리 뛰거나 느리게 뛰는 데는 대뇌가 전혀 관여하지 않으니 우리가 어떻게 해 볼 도리가 없는 것이겠지요.

심장도 또한 계속해서 박동하기 위해서는 피를 통한 양분과 산소 공급이 필요합니다. 이 양분 공급은 심장 꼭대기를 왕관처럼 둘러싸고 있는 모습에서 유래한 '관상동맥'이 담당합니다. 관상동맥의 주가지는 심장 끝으로 내려오며 작은 혈관으로 갈라지게 되지요. 관상동맥이 경련이나 두터운 용혈반으로 좁아질 때 심장은 과로한 장딴지 근육이 경련을 일으키는 듯이 협심증을 일으킵니다. 그리고 관상동맥을 통해 피가 오랫동안 공급되지 못하면 심근경색을 일으키고 이런 심근경색이 반복되면 심장이 너무 약해져 심장이 펌프질을 할 수 없게 되고 결국 심장마비로 죽게 됩니다. 그렇게 되지 않으려면 심장이식을 받아야 합니다만 심장은 단 하나 밖에 없고 이 심장도 기증받아야 하니까 결코 만만한 일은 아닌 것 같습니다.

혈액순환을 발견한 윌리엄 하비가 심장에 대해서 이렇게 말한 바 있습니다.

> '심장은 생명의 근원이자 만물의 왕이며 소우주의 태양이라.
> 모든 초목이 그에 의지하여 원기와 체력이 그로부터 뿜어져 나온다.'

프리다 칼로가 하비를 알고 있었는지는 알 수 없으나 그녀 역시 〈두 개의 프리다〉에서 심장이 가지는 중요성과 상징성을 하비만큼 분명하게 인식하고 있었던 것 같습니다. 모든 일에 열정적인 관장님, 심장에 손을 얹고 '만물의 왕이며 우주의 태양인 심장'이 얼마나 힘차게 뛰고 있는지 확인해 보세요. 박동이 전하는 생명의 기쁨에 온몸이 충만해지지 않나요?

" 김학현 선생님, 심장만으로 이토록 다양한 이야기를 이끌어낼 수 있다는 사실에 그저 놀라울 따름입니다. 미술가와 과학자가 서로 만나서 영감을 주고받으면 천일야화를 능가하는 이야기꾼이 될 수 있다는 훌륭한 사례가 되겠어요. 프리다의 다음 작품인 〈후앙 파릴의 초상화와 함께 있는 자화상〉을 감상하면 독자들은 심장의 상징성을 보다 확실하게 이해할 수 있을 것 같아요. "

휠체어에 탄 프리다가 화면에 등장했어요. 그녀는 비록 양손에 팔레트와 붓을 들고서 그림을 그리는 중이지만 얼굴에는 병색이 완연합니다. 하얀색 가운과 검정색 치마를 입어서인지 몸이 더욱 수척해 보여요. 그러나 프리다는 의연한 눈길로 관객을 응시합니다. 그 단호한 눈빛에서 굳센 의지로 반드시 죽음을 물리치고야 말겠다는 결연한 태도가 느껴집니다. 양손에 든 팔레트와 붓도 자신의 심장과 피를 닮았어요. 아니, 닮은 정도를 지나쳐 아예 심장과 피 그 자체입니다. 그녀는 자신의 가슴을 절개해서 심장을 꺼낸 후 심장모양의 팔레트로 만들었어요. 오른손에 가득 쥔 붓에도 피가 흠뻑 묻어 있어

프리다 칼로 | 후앙 파릴의 초상화와 함께 있는 자화상 Self-Portrait with the Portrait of Dr.Fraill | 1951 | 캔버스에 유채

요. 이것은 무엇을 뜻할까요? 혈관이 드러난 자신의 심장에 물감 대신 피를 짜서 그 피를 캔버스에 발랐다는 의미예요. 즉 그녀는 심장이라는 이름의 팔레트에 담긴 피를 붓으로 찍어서 예술을 창조하고 있는 것이지요. 정말 가슴이 뭉클해지는 그림이 아닐 수 없는데요, 더욱 감동적인 것은 프리다의 피로 그려진 사람은 그녀의 목숨을 구해준 의사라는 점입니다. 근엄한 표정을 지은 채 골똘히 생각에 잠겨 있는 초상화 속 남자는 프리다의 수술을 집도했던 파릴 박사입니다.

그녀의 생애는 언제나 가시밭길이었지만 이 자화상을 그릴 때가 프리다에게는 가장 어려운 시기였어요. 오른발에 회저병이 생겨서 발가락 절단 수술을 받았으며, 후앙 파릴 박사의 집도로 다시 골수 이식 수술을 받았습니다. 그러나 죽음은 집요하게 그녀를 물고 놓치지 않았어요. 설상가상으로 수술 중 세균감염이 되어 여섯 차례에 걸쳐서 대 수술을 받아야 했으니까요.

지옥과 같은 고통을 참다못한 프리다는 자신의 비참한 처지를 의사들에게 호소하곤 했어요. 특히 파릴 박사에게는 노골적으로 투정을 부렸어요. 그럴 때마다 파릴 박사는 귀찮은 기색은커녕 마치 아이를 다독이듯 그녀를 포근히 감싸주었습니다. 파릴 박사의 자상함에 감격한 프리다는 감사의 마음을 두 점의 초상화에 담아서 의사에게 선물했어요. 이 그림은 수술이 끝난 직후에 그린 것입니다.

그녀는 자신의 일기에 자화상을 그리게 된 배경을 이렇게 적었어요.

'파릴 박사가 나를 죽음에서 구해주었다. 그는 내게 삶의 기쁨을 안겨준다. 나는 여전히 휠체어를 벗어나지 못하는 신세이며 다시 걸을 수 있을지조차 알 수 없다.…… 때때로 형언할 수 없는 절망감에 빠진다.……그럼에도 불구하고 나는 정말 살고 싶다. 지금 파릴 박사에게 선물할 소품을 제작하고 있다. 그에 대한 모든 애정을 그림에 담아서 작업에 몰두하는 중이다.'

프리다는 심장과 예술, 피와 사랑은 하나라고 굳게 믿었기 때문에 이 자화상을 그렸어요. 만성빈혈증을 앓던 영혼에 늘 생명의 피를 수혈하고 싶은 바램을 가졌던 그녀, 프리다에게 피와 심장은 예술가의 정체성이었던 것이지요.

지금까지 프리다의 자화상을 감상하면서 심장과 피가 예술가에게 주는 의미를 살펴보았는데요. 이번에 소개할 명화 역시 피와 깊은 인연을 맺고 있습니다.

18세기 신고전주의 거장인 다비드의 〈마라의 죽음〉입니다.

머리에 수건을 쓴 남자가 욕조에 몸을 담근 채 옆으로 쓰러진 자세를 취했어요. 가슴의 상처에서 흘러나온 피가 욕조의 물을 붉게 물들입니다. 남자는 미처 방어할 새도 없이 누군가에게 살해를 당한 것 같아요. 그렇지 않다면 오른손에 깃털 펜을 쥐고, 왼손은 편지를 들고 있을 리가 없겠지요. 또 바닥에

다비드 | 마라의 죽음 Death of Marat | 1793 | 캔버스에 유채

는 피 묻은 칼이 떨어져 있어요. 이 모든 정황에 비춰볼 때 남자는 갑자기 죽임을 당한 것이 분명합니다. 한편의 범죄영화를 대한 것 같은 긴장감을 자아내는 이 그림, 그 사연이 궁금할 독자들을 위해 타임머신을 타고서 살해현장을 찾아가겠어요. 때는 1793년 7월 13일, 과격한 혁명가로 악명을 떨치던 마라는 자신의 집 욕조에 몸을 담그고 있었어요. 마라가 욕조에 있었던 것은 피부병을 앓고 있었기 때문입니다. 마라는 피부병 치료를 위해 틈만 나면 식초를 탄 목욕물에 몸을 담그곤 했는데, 잦은 목욕으로 인해 업무에 지장을 받게 되면서 나중에는 아예 책상을 목욕탕에 두고 집무를 보곤 했어요. 그때 샤로트 코르데이라는 여인이 마라의 집을 찾아와서 긴급한 일이라며 그에게 면회를 요청했어요. 코르데이는 목욕 중인 마라에게 청원서를 건네주었으며, 그가 서명하려던 순간을 재빨리 노려서 칼로 그를 찔러 살해했습니다. 당시 최고의 권세를 자랑하던 정치가는 목욕 도중 느닷없이 피살당했어요. 코르데이가 마라를 암살한 것은 그가 공포정치를 주도한 대표적인 인물이었기 때문입니다.

마라는 과격한 행동을 통해서만 자유와 평등이 확립된다는 강한 신념을 갖고 있었어요. 극단적인 언행 때문에 한때 구금된 적도 있었습니다. '공화국의 앞날을 방해하는 인민의 적은 10만 명이라도 처형할 수 있다.'고 간담이 서늘해질 말도 거침없이 내뱉었습니다. 이처럼 과격한 마라의 사상에 심취된 사람들도 많았지만 이를 갈며 증오하는 사람도 있었습니다. 코르데이는 프랑스의 미래를 위해서는 반드시 마라를 제거해야 한다고 믿었던 사람들 중 하나입니다. 그녀는 자신의 신념을 곧 행동으로 옮겼어요. 목욕 중인 그를 마치 짐승을 도살하듯 현장에서 살해한 것이지요.

청천벽력 같은 마라의 암살소식을 전해 들은 다비드는 경악을 금치 못했어요. 평소 다비드는 혁명의 상징인 마라를 그리스의 대 철학가 소크라테스에 견줄 만큼 존경하고 사랑했거든요. 더욱 가슴이 아팠던 것은 마라가 욕조에서 무방비 상태로 암살을 당했다는 점입니다. '시민의 친구'라는 애칭으로 불릴 만큼 추종자가 많았던 그가 벌거벗은 몸으로, 더구나 여자에게 살해당했어요. 위대한 혁명가의 죽음이라곤 도저히 믿기 어려울 만큼 그는 초라하면서도, 민망스러운 최후를 맞았습니다. 이에 격분한 다비드는 마라의 최후를 영웅에 걸 맞는 죽음으로 미화시킬 것을 결심했습니다. 먼저 다비드는 마라가 피살된 현장을 직접 찾아가서 치밀한 조사를 했어요. 그런 다음 건강이 나쁜 마라가 목욕탕에서까지 인민의 청원을 들어주기 위해서 업무를 보다가 순교한 것으로 그림의 각본을 짰습니다. 다비드는 마라가 죽는 순간까지 민중을 돌보기 위해 열심히 일했다고 믿도록 그의 양손에 깃펜과 편지를 쥐게 했습니다.

저 나무 상자 위에 놓인 약속 어음과 메모가 보이지요. 이것은 마라가 남편을 조국에 바친 한 미망인과 그의 자녀들에게 보내는 글이요, 돈입니다. 다비드는 모든 사람들이 마라에게 존경심을 보이고, 연민을 가질 수 있도록 비장한 분위기를 연출했어요. 그래도 부족했던가. 나무 상자에 마라에게 바치는 글을 헌사했어요. 어때요. '마라에게 다비드가 바친다.' 는 화가의 서명이 유난히 선명하게 보이지 않나요?

그러나 그림에서 가장 흥미로운 점은 다비드가 마라의 죽음을 그리스도의 죽음에 비유한 것입니다. 고개를 옆으로 비스듬히 떨군 마라의 자세와 갈비뼈 사이 상처에서 흐르는 피는 십자가에 못 박혀 죽은 예수의 모습 그대로입니다. 미술가들은 관습적으로 죽은 그리스도를 묘사할 때 이런 구도를 선택했어요. 또한 다비드는 관객들이 저절로 구세주를 떠올리도록 마라의 상처에서 붉은 피가 계속 흐르도록 했으며, 욕조를 핏물로 가득 채웠어요. 그리스도가 인류를 구원하기 위해서 신성한 피를 쏟은 것처럼 마라 역시 민중을 위해 고귀한 피를 흘린다고 믿도록 말이지요.

이처럼 다비드는 피의 효과를 철저히 계산해서 마라의 죽음을 미화시켰어요. 혁명의 이념을 신봉했던 다비드는 혁명정부를 홍보하기 위해서 냉혹한 혁명가의 피를 고귀하고 값지며, 순결한 그리스도의 피에 비유했어요. 그러나 비록 진실을 왜곡했지만 이 작품은 프랑스 혁명을 다룬 최고의 걸작입니다. 지금껏 이의를 제기한 사람은 없어요. 그래서 이런 상상을 해 봅니다. 혹 관객들은 다비드의 뛰어난 재능에 탄복한 나머지 진실을 가린 것마저 살며시 눈감아 준 것은 아닐까?

독자들은 다비드가 피를 절묘하게 활용해서 혁명의 이상을 구현했다는 사실을 새롭게 알게 되었는데요, 그렇다면 김 선생님, 도대체 피는 우리의 신체에서 어떤 기능을 담당하고 또 피의 성분은 무엇인지 궁금합니다.

＂이 질문의 답을 위해 피가 우리 몸에서 차지하는 비율을 생각해 보도록 하지요. 생각보다 많은 비중을 차지할 것이라고 생각하는 분들도 있겠지만 피는 고작 우리 몸의 약 8% 정도를 차지합니다.＂

제 몸무게가 80kg이니까 6.4kg정도는 피가 차지하고 있다고 할 수 있겠지요. 어쩌면 그렇게 많은 양이라고 할 수는 없을 겁니다. 아마 제 몸에서 거의 도움이 되지 않는 배 둘레 햄의 무게도 그 보다는 많을 것이고 같은 양의 몸무게를 줄인다면 생명활동의 지장을 받기보다 좀 더 활기찬 생활을 할 수 있을 겁니다.

내 몸에서 쉽게 떼버릴 수 있을 것 같은 채 8%도 되지 않는 피. 그러나 그 피는 다른 지방덩어리와는 달리 한순간이라도 없어서는 안 될 영양분과 산소, 항체, 호르몬이 들어 있습니다. 또한 피는 몸을 구성하는 세포들에게 양분과 산소를 공급하고 그 세포들이 방출하는 노폐물과, 이산화탄소 등을 다시 흡수하지요. 그러므로 세포에게 필요한 영양분과 조직에게 필요한 산소, 병든 세포에서 병균과 싸우는 항체를 모두 담은 피가 없다면 살 수 없는 것은 너무나 당연한 것입니다.

사실 핏속에 영양분이 들어 있다고 하면 언뜻 이해가 되지 않을 수 있습니다.

이 책을 읽는 독자들 중 음식물은 입을 통해 소화관을 지나 배설되는데 어떻게 영양분이 핏속에 들어가 있냐고 반문하실 분들이 있을 겁니다. 물론 음식은 입으로 먹고 이것들은 입, 위, 십이지장, 소장 ,대장 등의 소화관을 지나며 소화됩니다. 하지만 이 소화된 영양소가 어디로 가는지 좀 더 따져본다면 이 같은 의문점이 금방 사라지게 될 것입니다. 이 영양소들은 바로 소장의 융털에서 흡수되어 모세혈관을 통해 혈액으로 들어가게 되거나 암죽관을 통해 가슴관, 림프관을 지나 쇄골하 정맥을 통해 핏속으로 들어갑니다. 그러니 핏속에 영양분이 들어 있게 되는 것이지요.

산소의 경우는 어떨까요? 숨을 쉬면 코로 공기를 들이마셔서 폐로 보내게 되는데 이 폐 속으로 들어온 산소가 폐 속에 들어 있는 조그만 주머니인 허파꽈리[폐포]에서 확산을 통해 허파꽈리를 감싸고 있는 모세혈관으로 들어가게 됩니다. 거기서 산소는 적혈구와 결합합니다.

이렇게 흡수된 영양소과 산소는 혈관을 따라 온몸으로 운반됩니다. 그래서 달리기를 하는 근육, 명화를 보는 눈, 말하는 혀와 입, 열심히 공부하는 학생들의 뇌세포는 신선한 산소와 양분을 공급받을 수 있는 것이지요. 이렇게 공급된 신선한 산소와 양분은 곧 에너지를 만드는 데 쓰이고 이산화탄소와 노폐물이라는 부산물을 만들게 됩니다. 언급했듯이 이런 부산물 중 노폐물 역시 혈액을 따라서 이동하지요. 이산화탄소의 경우는 허파꽈리의 모세혈관으로 이동되고 폐포 속으로 확산되어 나가게 됩니다. 단백질이 호흡의 재료로 쓰이면 노폐물로 암모니아가 나옵니다. 이 암모니아는 간에서 요소로 전환되며 신장에서 오줌이 되어 체외로 나가게 됩니다. 암모니아를 간으로, 요소를 신장으로 운반하는 데는 역시 피가 관여하는 것은 당연하겠죠.

그 뿐만 아닙니다. 피의 역할은 여러분의 상상을 초월하거든요. 우리 몸의 피부와 점액은 외부에서 이물질이 체내로 들어오는 것을 막아 줍니다. 하지만 때때로 상처가 나서 피부와 점액이 제 구실을 다 할 수 없는 경우가 발생하지요. 상처 부위를 통해 병균이 침투하면 우리 몸은 병균들에게 노출되어

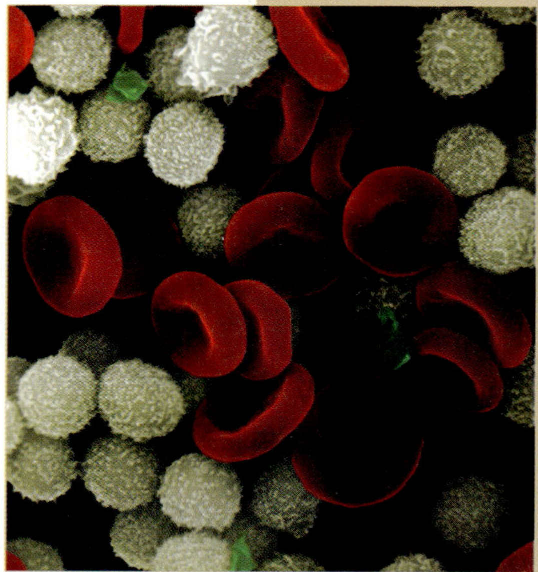

혈구의 모습 | 출처 이미지클릭

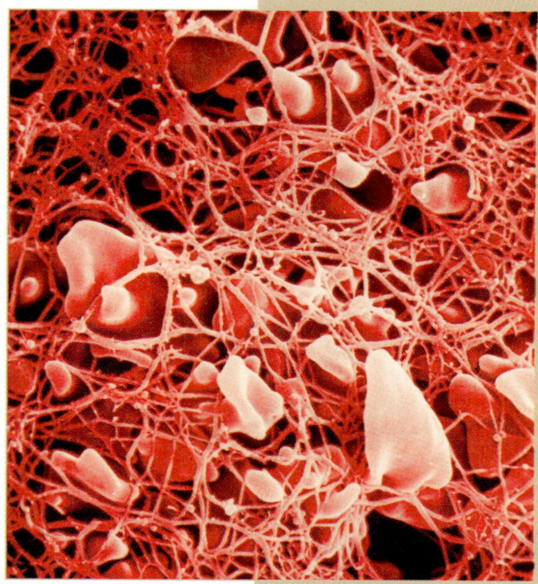

혈액 응고의 모습 | 출처 이미지클릭

병에 걸리게 될 겁니다. 이때 자신의 역할을 톡톡히 하는 것이 바로 피입니다. 이 같은 병균들은 핏속에 포함된 백혈구가 달려들어 '식균작용'으로 제거하거든요. 만약 침투한 균들이 너무 막강할 경우에는 백혈구의 식균작용만으로는 해결할 수 없습니다. 그때 항체가 동원되는 것이지요. 항체는 백혈구의 일종인 림프구에서 생성한 단백질로 외부에서 들어온 이물질^{병균}과 결합하여 '항원항체 반응'을 통해 병균을 제거하게 됩니다. 백혈구와 백혈구의 일종인 림프구에서 생성한 항체가 없다면 아마 우리는 충분한 양분과 산소가 공급된다할지라도 곧 병에 걸려 죽게 될 것입니다.

상황이 이렇다보니 피 없이 살 수 있다는 것은 터무니없는 거짓말이겠죠. 피의 역할이 이쯤에서 끝나리라 기대하지는 않으셨겠죠? 혈액 속에는 호르몬이라는 또 다른 물질이 들어 있습니다. 이들 호르몬은 특정한 부분에서 생성되어 우리 몸의 특정한 부분이 어떤 역할을 하도록 메시지를 전달하는 물질입니다. 가령 혈당량이 높아지면 인슐린이 분비되어 혈당량을 낮추어 주고 혈당량이 낮으면 글루카곤이 분비되어 혈당량을 높여 줍니다. 이처럼 체내의 항상성을 유지하는 데 있어 중요한 역할을 하는 호르몬도 바로 혈액을 따라 이동합니다. 피가 없다면 이런 항상성을 유지할 수 없게 됩니다. 다시 한 번 피가 없이 살 수 없음을 느끼게 해 주는 순간입니다.

관장님과 함께 감상한 그림 속의 마라는 피를 너무 많이 흘려 죽은 것 같습니다. 그러나 출혈양이 적다면 생명에 위협을 주지는 않으며 또한 우리 몸은 이렇게 피 흘리는 순간 피가 더 이상 헛되이 흘러나가지 않도록 기작이 작동합니다. 우연히 칼이나 깨진 유리에 손을 베인 경험이 있을 겁니다. 이때 피는 곧 멈추게 됩니다. 이는 우리 몸속에 있는 혈소판이 더 이상 출혈이 없도록 혈액을 응고시키는 기작을 작동시키기 때문입니다. 만약 혈소판이 없다면 이런 작은 상처에도 몸에서 없어서는 안 될 '생명'인 피가 자꾸 빠져나가 결국 죽게 될 것입니다. 그러니 피는 '생명'임에 틀림없으며 피 흘리며 죽어간 마라의 모습은 '생명'을 민중에게 바쳤다는 상징성을 매우 잘 나타낸 것 같군요.

구분	핵	크기(μm)	수(㎣당)	생성 장소	파괴 장소	수명
적혈구	없음	7~8	450만~500만	골수	간, 지라	120일
백혈구	있음	9~12	6000~8000	골수, 지라	지라, 골수	20일
혈소판	없음	2~4	15만~40만	골수	지라	2~3일

혈구의 종류와 특징

" 김학현 선생님, 조금 전 〈마라의 죽음〉을 감상하면서 다비드가 마라의 피를 그리스도의 피에 빗대어 표현했다는 말씀을 드렸어요. 그런데 중요한 한 가지를 빼놓고 얘기하지 않은 것이 못내 마음에 걸려요. 바로 피가 구세주와 밀접한 관련을 맺고 있다는 점이지요. 행여 그 근원이 궁금하실 독자들을 위해서 보충 설명을 하겠어요. "

기독교와 피는 떼려야 뗄 수 없는 깊은 인연을 맺고 있어요. 구약성서에서 피를 언급한 부분만도 무려 500군데가 넘습니다. 또 신약성서는 속죄와 용서를 위해서는 반드시 피를 흘려야 한다는 것을 거듭 강조합니다. 이 속죄의 피 중 가장 효험이 강한 것은 십자가에 매달린 구세주의 상처에서 흘러나온 피입니다. 히브리서는 그리스도가 자신의 신성하고 고귀한 피로 인간의 영혼을 구했다는 점을 분명히 하고 있어요. 다음 그림은 구세주의 피가 구원이요, 은총임을 확연히 보여 주고 있습니다.

십자가에 매달린 예수가 고통 끝에 비참하게 죽어 갑니다. 처참하게 못 박힌 양손과 발목, 창에 찔린 옆구리의 상처에서 피가 폭포처럼 쏟아져 내립니다. 성스러운 예수의 피가 강물처럼 흐른다는 소식이 천국에까지 전달된 것일까요? 천사들이 하늘에서 내려와 십자가 주위를 맴돌며 피의 세례를 받습니다. 한 성녀는 행여 고귀한 피가 손가락 틈새로 빠질 새라, 두 손을 아예 그릇처럼 모아 피를 받습니다. 대지는 그리스도의 피로 온통 피바다가 되었어요. 죄악에 빠진 인류는 구원과 화해, 용서의 피에 목욕을 하면서 순결한 영혼으

지안 로렌쪼 베르니니 ㅣ 그리스도의 피 Christ's Blood from the Middle Ages to the Eighteenth Century ㅣ 1699 ㅣ 캔버스에 유채

로 거듭나겠지요. 이처럼 기독교는 구세주의 보혈에 큰 의미를 두고 있어요.
혁명적 이상에 불탄 다비드는 피가 인류의 구원을 의미한다는 사실을 간파
하고 마라의 피를 신성한 그리스도의 피에 비유한 것이지요.

임 신 과 수 유 의

아 름 다 운 과 학

Pontormo

20세기 이전의 미술은 성모마리아처럼 특수한 몇몇 여성의 임신을 묘사했지만 현대에 접어들면서 많은 변화가 생깁니다. 임신은 더 이상 미술의 금기가 되지 않았어요. 특히 성 평등과 여성해방을 외치는 페미니즘 운동이 거세게 일어나면서 일부 여성화가들은 임신을 여성적 주체성의 상징으로 여깁니다. 그 대표적인 화가는 독일출신의 여성화가인 모더존 베커입니다.

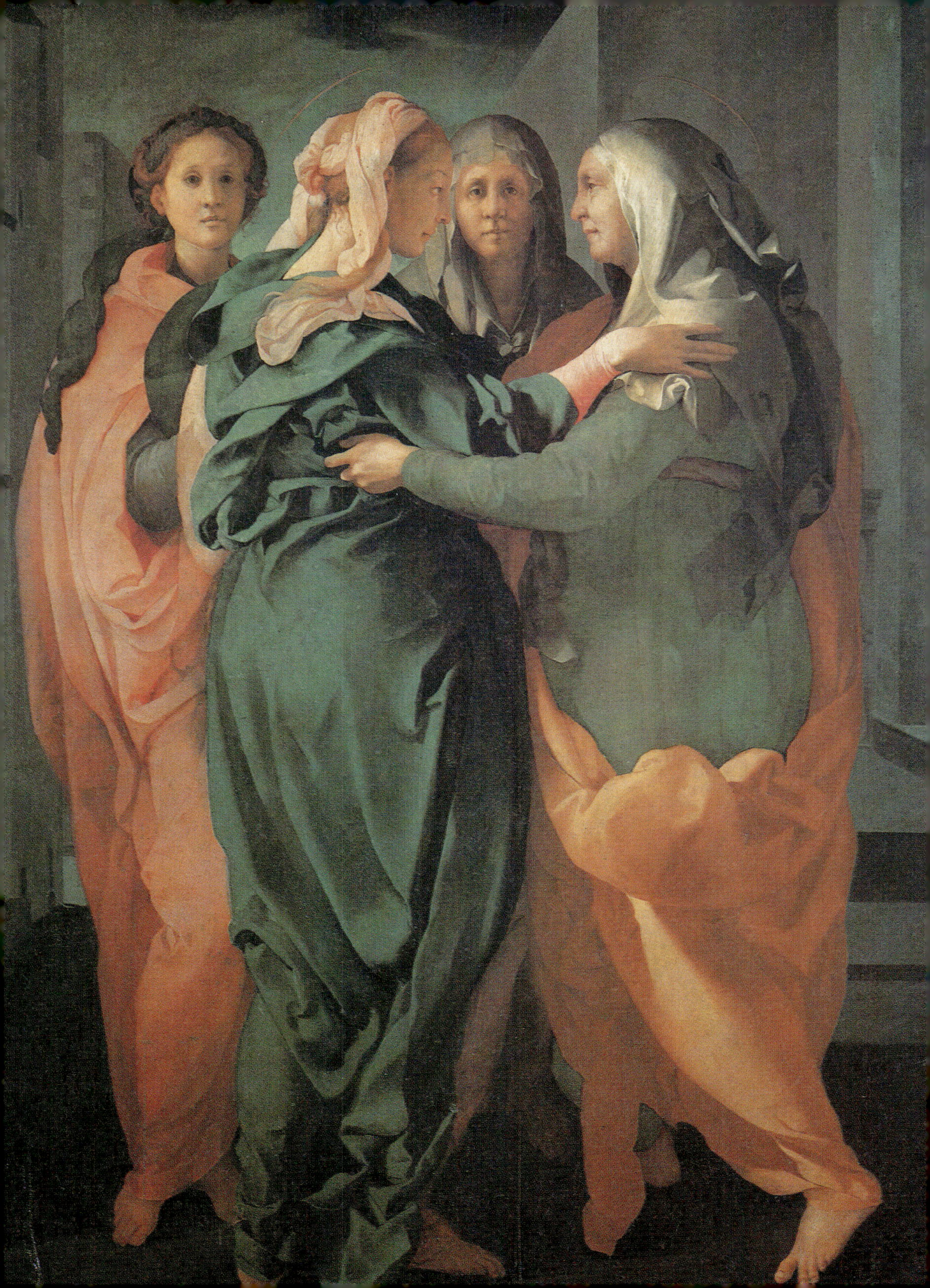

한 생명을 잉태하는 것, 그리고 그 소중한 생명을 보살피고 기르는 일은 인간에게 주어진 가장 중요한 사명이라고 말해도 결코 지나치지 않아요. 그러나 미술의 역사를 살펴보면 뜻밖에도 임신이 주제인 그림을 찾기가 매우 힘들어요. 그나마 남아 있는 소수의 그림도 기독교에 관련된 것이거나 몇몇 여성 화가에 의해 그려진 것입니다. 대체 미술가들은 왜 그토록 임신에 관심을 두지 않았을까요? 먼저 미술계의 심각한 성적 불균형으로 인한 현상입니다. 불과 50년 전까지만 해도 대다수의 미술가들은 남성이었어요. 또한 예술가를 도와준 후원자도, 그림을 사는 고객도 역시 남성이었습니다. 이처럼 남성 위주의 미술계 분위기에서 화가들은 여성만의 생리적 현상인 임신에 관심을 갖기란 상당히 쑥스러운 일이었습니다.

설령 어떤 화가가 이런 사적이면서 은밀한 주제에 관심을 가졌다 할지라도 막상 그림으로 표현하기란 힘든 일이었어요. 왜냐하면 20세기 이전까지 미술의 목표는 고상하고 우아한 아름다움, 즉 미를 표현하는 것에 있었으니까요. 지금도 임신한 여자의 몸은 추하다는 선입견을 갖는 사람들이 있어요. 몇 해 전 이런 편견을 갖는 사람들을 향해 통쾌하게 강펀치를 날린 여배우가 있었지요. 인기 여배우 데미 무어인데요, 그녀는 만삭의 몸을 대담하게 잡지에 공개해서 팬들에게 큰 충격을 안겨 주었어요. 데미 무어의 용감한 행동 덕분에 임신은 은밀한 것이며, 임산부는 아름답지 않다는 편견은 깨지고 말았습니다.

이런 미술계의 속사정 말고도 임신이 주제인 그림이 귀한 또 하나의 이유가 있어요. 지극히 현실적인 것인데요, 임산부 모델을 구하기 어려웠기 때문입니다. 임신한 여성들은 초상화의 모델이 되는 것에 강한 거부감을 보였던가 좀처럼 화가의 요구에 응하지 않았습니다.

그렇지만 예외가 있어요. 기독교 미술에서는 임신을 부끄럽게 여기지 않았습니다. 물론 모든 여성에게 해당되는 것은 아닌 오직 특별한 여성의 임신이긴 합니다만, 교회는 이 여성의 임신 사실을 숨기기는커녕 터놓고 자랑을 했습니다. 기라성 같은 화가들이 앞 다투어 특별한 임산부를 그리고 싶어 했는데, 그 여인은 바로 예수를 잉태한 성모마리아입니다.

그럼 르네상스 후기 이탈리아 출신 화가 폰트르모의 걸작을 감상하면서 왜 유독 마리아의 임신이 화가들의 자랑거리였는지 살펴보겠어요. ⋯➡ p.251
이 장면은 예수를 임신한 성모마리아가 역시 세례 요한을 임신한 사촌 엘리자벳을 만나는 순간을 묘사한 것입니다. 화면 왼편의 젊은 여인이 마리아이며, 오른편의 나이든 여자가 사촌 엘리자벳입니다. 옷의 주름에 비춰볼 때 두 여인은 상당히 배가 부른 상태임을 알 수 있어요. 두 임산부는 착잡한 눈길로 상대의 눈을 바라보면서 위로하듯 서로의 몸을 끌어안습니다. 사촌 간이며, 둘 다 임신 중인 여인들이 이처럼 의미심장한 눈길과 몸짓을 주고받는 까닭은 무엇일까요? 두 여인은 지금 기적 같은 일을 겪고 있기 때문입니다. 마리아는 처녀의 몸으로 덜컥 예수를 임신했으며 엘리자벳은 도저히 임신이 불가능한 늙은 나이에 세례 요한을 배었으니까요. 두 여성은 아마도 자신의 몸에서 벌어지고 있는 일이 도저히 믿어지지 않았겠지요. 동병상련인 두 임산부는 만나기가 무섭게 서로의 딱한 처지를 동정합니다. 두 여인의 눈빛을 보세요. 만감이 교차해요. 상대가 겪고 있는 마음의 갈등과 혼란을 이해하는 사려 깊은 눈길입니다.

화가는 두 여인이 한 배를 탄 신세임을 암시하기 위해서 치밀하게 화면을 연출했어요. 우선 마리아와 엘리자벳의 옷 색깔을 녹색계열로 통일했습니다. 또한 마리아의 머리를 장식한 천과 엘리자벳의 가운 색깔을 동일한 붉은색으로 맞추었습니다. 색채뿐 아니라 두 여인 모두 맨발이에요. 맨발은 겸양의 표시인 동시에 두 여성이 신의 은총으로 임신한 순결한 몸임을 강조합니다. 폰트르모는 대단한 예술적 재능의 소유자였음이 분명해요. 자신의 임신 사실을 아무에게도 털어놓지 못한 채 끙끙 앓는 두 여인의 답답한 심정을 눈빛과 표정을 통해 저토록 실감나게 표현하고 있잖아요. 더욱 신비로운 것은 마리아와 엘리자벳의 상봉을 지켜보는 또 다른 여인들의 존재입니다. 배경의 두 여인은 사촌을 끌어안는 임산부들을 마치 증인인양 지켜보고 있어요. 그런데 두 여인의 모습은 마리아와 엘리자벳과 너무도 흡사합니다. 그래서 이런 추측을 하는 사람도 있어요. '혹 폰트르모는 마리아와 엘리자벳의 앞모습을 보여 주기 위해서 두 여인을 등장시킨 것은 아닐까?' 실제로 폰트르모는 인물의 여러 모습을 화면에 동시에 보여 주기 위해서 이 같은 독특한 구도를 취한 적이 여러 번 있었지요.

이 그림을 통해서도 알 수 있듯, 기독교 미술은 마리아의 임신을 기독교인들의 신앙심을 깊게 하는 데 절묘하게 활용했어요. 남자를 접촉하지 않은 순결한 몸으로 임신한 마리아는 신의 기적을 증명하고 있어요. 화가들은 신은 정자와 난자가 없어도 인간을 잉태시킬 수 있는 초능력을 지닌 절대자라는 것을 보여 주기 위해서 마리아의 임신을 그토록 공들여 묘사한 것이지요.

이처럼 20세기 이전의 미술은 성모마리아처럼 특수한 몇몇 여성의 임신을 묘사했지만 현대에 접어들면서 많은 변화가 생깁니다. 임신은 더 이상 미술의 금기가 되지 않았어요. 특히 성 평등과 여성해방을 외치는 페미니즘 운동이 거세게 일어나면서 일부 여성화가들은 임신을 여성적 주체성의 상징으로 여깁니다. 그 대표적인 화가는 독일출신의 여성화가인 모더존 베커입니다.

그림은 모더존 베커가 자신의 임신한 모습을 그린 것입니다. 여성화가가 임신한 자화상을 그린 것만도 놀라운 일인데, 더구나 나체로 표현했어요. 이것은 상상을 초월할 대 사건입니다. 드디어 여성화가의 나체 자화상이 미술에

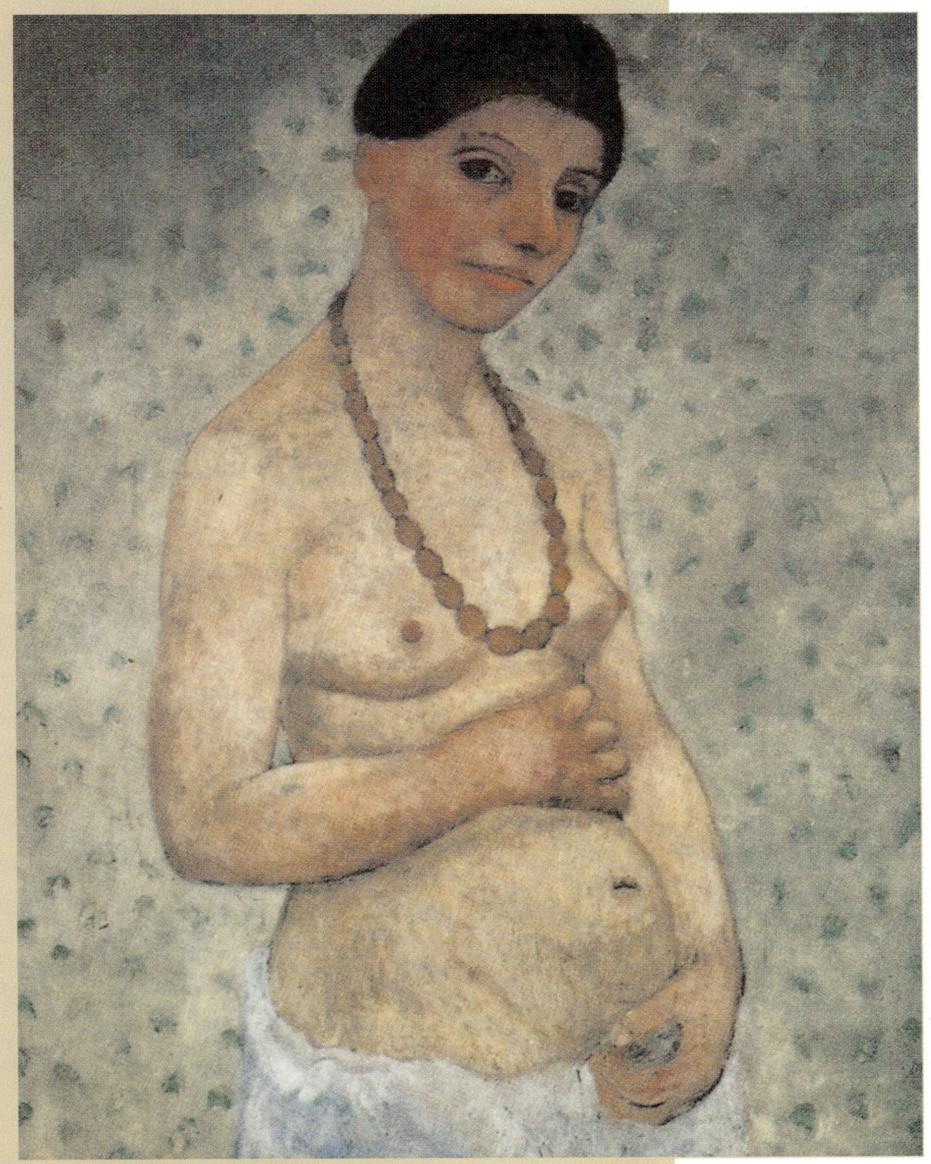

모더존 베커 | 자화상 Selbstbildnis am 6. Hochzeitstag | 1906 | 종이에 유채

등장했으니까요. 당연히 그림은 엄청난 스캔들을 불러일으켰어요. 사람들은 뻔뻔스럽게도 임신한 나체 자화상을 그린 여성화가의 배짱에 경악을 금치 못했어요. 세상이 종말을 고한 것은 아닐까하는 우려마저 생겼습니다. 모든 사람들이 거품을 물고 그림을 헐뜯었으며, 심지어 모더존 베커의 남편 오토마저도 대중의 비난에 합세했어요. 그녀는 마음이 찢어질 듯 아팠는데 왜냐하면 남편 오토 역시 화가였기 때문이지요. 모더존 베커는 세상의 몰이해와 편견을 결코 받아들 수 없었어요. 자신은 단지 임신한 몸을 정직하게 표현했을 뿐입니다. 나체인 것은 임신이 자연스럽고 원초적인 생리현상임을 보여 주기 위해서입니다. 화면 속 화가의 표정을 보세요. 진지하면서도 무언가를 탐색하듯 관객을 뚫어지게 바라봅니다. 혹 저 당당함이 보수적인 관객의 비위를 건드린 것은 아닐까요?

그러나 그림을 그릴 당시 그녀는 극심한 심적, 경제적 고통에 시달리고 있었어요. 오직 화가가 되겠다는 야망을 품은 채 홀로 파리에 둥지를 틀었건만 생활비를 마련할 길이 막막했어요. 무명화가에 불과한 그녀에게 경제적 독립이란 말처럼 쉬운 일은 아니었습니다. 모더존 베커는 체면 불구하고 멀리 떨어진 남편에게 손을 벌려야 했습니다. 엎친 데 덮친 격이랄까. 그토록 기대했던 자신의 개인전마저 미술계의 관심조차 끌지 못했어요. 사이가 벌어진 남편에게 생활비를 구걸해야 하는 신세에, 예술가로서의 마지막 남은 자존심마저 뭉개졌습니다. 극한 상황에 처한 그녀는 믿을 것은 오직 자신의 몸밖에 없다고 생각한 것인지 모릅니다. 그녀는 왼손으로 동그랗게 튀어나온 배를 보호하듯이 감싸고 있어요. 또 그녀의 목에 걸린 호박 목걸이와 배경 색은 한없이 따뜻한 노란 색조입니다. 그녀가 임신한 자신의 몸을 소중하게 여기고 포근하고 온화한 색을 선택한 것은 그만큼 그녀의 영혼이 춥고 외로웠다는 증거가 아닐까요?

그러나 충격적인 것은 당시 모더존 베커는 임신한 상태가 아니라는 점입니다. 그녀는 남편과 멀리 떨어져서 파리에서 혼자 작업하고 있었기 때문에 임신은 불가능했어요. 말하자면 그녀는 상상임신을 그린 것이지요. 미술역사 상 초유인, 상상임신을 그린 화가의 의도와 배경은 아직껏 수수께끼로 남아 있어요. 하지만 그림이 임신을 예고했던 것인지 모더존 베커는 실제로 임신을 하게 됩니다. 그리고 1년 후 고대하던 첫아이를 낳았지만 출산 후유증으로 세상을 떠나고 맙니다. 그녀 나이 불과 서른두 살 때였습니다.

이 그림은 페미니즘 미술을 대표하는 명화로 인정을 받고 있어요. 가부장적인 미술계 풍토에서 과감하게 여성의 정체성을 부르짖었던 한 화가의 예술혼이 담겨 있으니까요.

김학현 선생님, 사실 미술에서의 임신은 상징과 은유가 강한데요. 생물학적인 관점에서 임신이란 무엇인지 또 어떻게 생명을 잉태하게 되는지 설명해 주시겠어요?

** 관장님께서 인간이 어떻게 임신하게 되는지 질문하셨는데요, 사실 일반인들도 임신 과정에 대해서는 이미 잘 알고 있습니다. 그래서 여기서는 과학적인 의미의 임신을 이야기해볼까 합니다.**

임신은 '수정된 난자가 자궁벽에 착상하여 자라는 것'을 말합니다. 자궁벽에 수정란이 착상될 때 바로 임신이 이루어지는 것이지요. 흔히들 임신과 수정을 혼동하는 사람들이 있습니다만 수정은 정자와 난자가 만나 정핵과 난핵이 융합하여 수정란을 형성하는 과정이므로 임신과는 분명히 다릅니다. 물론 수정이 되었다고 모두 다 임신이 되는 것도 아니지요. 왜냐하면 이 수정란이 자궁벽에 착상이 되지 않을 수도 있으니까요. 하지만 반드시 수정이 되어야만 임신이 가능하기 때문에 이 둘은 임신에 있어 떼려야 뗄 수 없는 관계인 셈이죠. 이런 점에서 보면 임신을 알기 위해서는 먼저 수정을 이해하는 것이 당연한 것입니다.

그럼 수정에 대해 좀 더 자세히 알아보도록 하지요. 수정은 여성생식기관인 수란관의 윗부분에서 이루어집니다. 수란관은 나팔모양으로 생겼어요. 그래서 이 수란관을 나팔관이라고 부르기도 합니다.

수정에 앞서 난소에서 자란 난자는 수란관으로 배란되어 수정할 정자를 기다리거나 혹은 난자가 배란되기만을 기다리며 이곳에 미리 도착해 있는 정자와 만나게 됩니다. 이 만남은 정확한 위치에서 아주 정확한 시간에 한 치의 오차도 없이 이루어져야 하지요. 수정이 되려면 정자는 난자가 배란되는 곳까지 무사히 오거나 미리 와서 대기하고 있어야 하며 또한 정확한 위치에서 난자를 기다려야만 해요. 더욱이 난자의 수명은 하루, 정자의 수명은 5~6일 가량 밖에 안 되므로 그 시간 내에 배란이 이루어지지 않으면 수정은 일어나지 않게 됩니다. 얼마나 어려운 과정을 통해 수정이 이루어지는지 짐작하고도 남는 부분입니다.

또 하나 흥미로운 점은 배란은 보통 단 하나의 난자만 이루어지지만 정자의 경우는 3억 마리 이상이 이 과정에 참여한다는 것입니다. 물론 수정에 성공하는 정자는 단 한 마리뿐 입니다. 어떻게 그럴 수 있을까요? 이것은 한 마리의 정자가 난막을 뚫고 난자와 수정하게 되면 난자의 막은 수정막으로 변화하게 됩니다. 다른 정자들은 이 수정막을 뚫고 들어갈 수 없기 때문에 이런 경이로운 일이 생겨나는 것이지요.

수정된 난자는 세포분열을 진행하면서 이를 난할이라고 한다 수란관의 수축과 수란관벽의 섬모운동에 의해서 데굴데굴 굴러 자궁에 도달하지요. 세포분열을 지속한 수정란은 이제 포배 상태에 도달해 자궁내막에 착상하게 되는데 이때 황체에서 생산된 호르몬이 착상을 도우며 자궁내막은 곧 배를 완전히 감싸게 됩니다. 이렇게 착상이 완전히 이루어지기까지 수정 후 약 일주일 정도의 시간이 걸리며 착상이 되면 '임신되었다.' 고 합니다.

p.251 ···· 이런 임신의 일련의 과정을 생각해 볼 때 〈방문〉에서 마리아가 '성경에 의해

처녀가 잉태했다.’ 혹은 ‘성령으로 잉태했다.’는 것은 과학적으로 설명하는 것이 불가능함을 알 수 있습니다. 성적인 접촉 없이 처녀가 아이를 잉태한 이 신비로운 일을 믿느냐 안 믿느냐의 선택은 전적으로 신앙의 문제일 듯합니다. 물론 현대과학은 ‘시험관아기 기술’을 통해서 처녀가 성적 접촉 없이도 임신을 할 수 있는 세상을 만들었습니다만, 수정과정과 착상을 통하지 않고 처녀가 잉태하는 것은 결코 일반적이거나 자연스런 일은 아닐 것입니다.

이 작품에는 또 한 가지 경이로운 일을 목격할 수 있습니다. 앞서 관장님이 그림 속의 엘리자벳은 임신하기에 너무 나이가 많았다고 지적했는데요, 분명 여성에게는 임신이 가능한 나이가 있습니다. 보통 여성은 사춘기 이후 폐경기까지 임신이 가능하지요. 여기서 폐경기란 난소의 기능저하로 여성호르몬의 분비가 감소하여 월경이 영구적으로 멈추게 되는 것을 말하며 사람에 따라 다르지만 40세 중반 무렵부터 50대 초에 나타나게 됩니다. 40대 중반 이후로 보이는 엘리자벳이 임신하기에는 나이가 많은 편임에 분명하며 그런 점에서 보아도 이 여인의 임신은 아주 특별한 것임에 틀림없겠습니다.

모더존 베커의 〈자화상〉은 정말 재미있습니다. 제 생각에는 상상임신을 그린 ···▶ p.255 그림이 이것말고는 없을 것 같군요. TV에서 가끔 상상임신을 한 여성이 등장하기도 합니다만 신기하게도 상상임신을 하면 진짜처럼 생리가 멎고 헛구역질이 난다고 하는 군요. 신 것이 먹고 싶은가하면 배까지 불룩 나오게 되기도 합니다. 누가 보아도 임신이지만 결코 뱃속에서 태아가 자라는 것이 아닙니다. 이런 증상은 임신에 대한 소원이 간절하거나 반대로 임신 공포증이 있는 여성에게 나타납니다. 상상임신을 하면 호르몬 분비에 이상이 생기고 지방질 대사가 나빠지게 되어 결국 임산부의 배처럼 살이 차오르게 되는 것이지요.

이만하면 임신에 대한 궁금증이 풀렸을 것 같은데요. 이번에는 제가 거꾸로 관장님께 부탁을 드리고 싶습니다. 혹 임신과 불가분의 관계인 수유하는 장면을 묘사한 명화가 있다면 소개를 해 주세요.

르노와르 | 모성 Nursing(Aline Nursing Her Son, Pierre)-second version | 1886 | 캔버스에 유채

보기만 해도 가슴과 영혼이 사랑으로 충만해지는 그림입니다. 초상화의 모델은 르노와르의 아내인 알린과 그의 아들 피에르예요. 알린은 마당에 놓인 등나무 의자에 앉아서 생후 6개월이 된 아들에게 젖을 물리고 있어요. 그녀의 둥그런 얼굴과 풍만한 몸매, 건강한 살색은 전형적인 어머니 상을 보여 주고 있어요. 르노와르는 평소 알린과 같은 현모양처형의 여성을 좋아했어요. 입버릇처럼 '여자들은 살림을 할 때가 가장 보기에 좋다. 이런 동작들은 기분을 좋게 한다.'고 말하곤 했어요. 말하자면 가사 일에 헌신하는 여성을 이상형으로 여겼던 것이지요.

그러나 여성의 본분이란 아기를 낳고 기르며, 가정을 돌보는 것이라고 믿었던 르노와르를 난처하게 만드는 사건이 벌어졌어요. 1880년 프랑스에서 여성들에 대한 공교육이 전면적으로 실시된 것이지요. 이 같은 사실에 격분한 르노와르는 이렇게 말했어요.

> '내가 변호사를 아내로 둔다는 것은 상상조차 할 수 없다.
> 나는 똑똑한 여자보다 아기 엉덩이를 몸소 닦아 주는 무식한 여자가 훨씬 좋다.'

여성의 인격을 무시하며, 여성을 단지 살림을 하는 가정부로 취급한 르노와르의 무례한 발언은 페미니즘 관계자들의 눈살을 찌푸리게 했어요. 하지만 르노와르는 모성애를 가진 여성이야말로 가장 이상적이라는 평소 생각을 바꿀 마음은 추호도 없었어요. 오히려 보란 듯 모성애를 자극하는 여성상을 연달아 창조해 냅니다. 이 그림에서도 자신의 아내를 대지의 여신으로 묘사하고 있어요. 엄마가 아기에게 젖을 먹이는 일상적인 장면을 표현했지만 알린은 지구의 모든 생명체를 먹여 살리는 땅처럼 풍요로워 보입니다. 르노와르는 여성의 본질은 따뜻하고 부드러운 모성애에 있다는 것을 보여 주기 위해서 아들에게 젖을 주는 아내의 초상화를 제작한 것이지요.

르노와르 그림의 특징은 이처럼 첫눈에 보아도 밝고 화사하고 편안한 것에 있어요. 모나고 질긴 인간의 감정,을 갈고 문질러서 부드럽게 만드는 탁월한 효과가 있지요. 그래서 그의 그림을 좋아하는 팬들이 유독 많습니다. 화면의 부드럽고 따뜻한 노란 색조와 깃털처럼 섬세한 붓질을 보세요. 더없이 부드럽고 감미로우며 행복한 느낌을 전달해 주지 않나요? 설령 르노아르의 보수적인 여성관이 마음에 들지 않더라도 이 그림을 보면 그런 불만쯤은 눈 녹듯 사라질 것으로 믿어요. 왜냐하면 르노와르는 삭막한 현대인들에게 푸근하고 영원한 어머니 상을 제시하고 있으니까요.

이 작품과 관련하여 '모유 먹이기 운동'과 같은 신세대 엄마에게 유행하는 새로운 경향이 머릿속에 불연듯 떠오르는 군요. 사실 신생아에게 모유는 무척이나 중요합니다. 물론 과학이 발달해 모유에 함유된 거의 모든 성분뿐만 아니라 특정 중요 영양분은 더 보충하여 만든 최첨단 분유들이 속속 등장했지요. 모유 못지않게 잘 배합된 이 같은 분유가 아이의 건강에 유익하다며 광고하는 것을 흔히 목격합니다. 심지어 젖병도 아기들이 빨기 좋게 만들어져 나온다며 은근히 분유 판매를 부추기기도 하지요.

하지만 이런 분유회사의 노력에도 불구하고 모유를 먹이는 것이 아이에게나 어머니에게도 더 유익하다는 것을 대부분의 사람들이 잘 알고 있는 듯합니다. 아기를 위해 사람의 몸에서 만들어진 모유를 대신할 완벽한 식품은 없을 것이기 때문이지요. 실제로 모유는 알레르기, 호흡기 질환, 폐렴, 소아마비 등 아이들이 걸리기 쉬운 병을 막을 수 있는 물질들이 많아 들어 있습니다. 흔히 모유 대신 아이에게 먹이는 분유에는 소젖 성분이 많은데요, 소의 질병 요인과 사람의 질병 요인이 같지 않다는 점은 미리 알고 아기에게 주어야 할 것입니다. 아기에게 소젖을 먹이는 것은 사람에게 필요한 병균을 막는 물질이 다량 함유된 젖을 공급하는 것이 아니라 송아지에게 필요한 물질을 주는 셈이라는 것이지요.

따라서 분유를 먹는 아기가 모유를 먹는 아기보다 병에 잘 걸리는 것이 당연합니다. 특히 출산 후 첫 5일 동안 많이 분비되는 노랗고 맑으며 끈적거리는 초유에는 세균을 막아 주는 항체와 아미노산이 풍부하게 들어 있습니다. 그러므로 신생아에게 모유는 없어서는 안 될 필수 영양분인 것입니다. 엄마 젖의 좋은 점은 이뿐만이 아니지요. 모유는 아기가 먹기에 좋게 항상 따뜻하며 처음엔 먹기 좋게 묽게 분비되지만 시간이 지날수록 점점 진해집니다. 반면 분유는 어떤 방법으로든 이렇게 완벽하게 아기를 위해 조절될 수 없어요.

모유는 성분만이 좋은 것이 아닙니다. 엄마 젖을 먹는 아기는 이빨과 턱의 모양이 자연스럽고 곱게 성장하지만, 우유병을 물려 키운 아이는 턱이 약할 뿐만 아니라 이빨의 모양도 어긋나거나 앞으로 밀려 나와 보기 흉한 경우가 있다고 합니다.

모유의 장점은 이것만이 아니에요. 어머니에게 있어서도 아이에게 수유하는 것이 건강에 큰 도움을 주기 때문이지요. 아기가 젖을 먹음으로써 출산 후 유방이 팽팽하게 불어나는 고통을 없애 주고, 젖을 빠는 아이의 자극으로 인해 임신으로 늘어난 어머니의 자궁은 좀 더 잘 수축하게 됩니다.

하지만 모유의 가장 큰 위대함은 〈모성〉에서도 느낄 수 있는 것처럼 자신의 ⋯▶ p.260
사랑스런 아기를 품에 안고 젖을 물린다는 고귀하고 아름다운 축복이 어머니와 아기를 더욱 행복하게 한다는 점일 것입니다.

그러면 아기를 낳은 어머니에게서 어떻게 젖이 만들어져 나올까요? 이는 '유즙사출반사'라고 하는 호르몬과 반사작용에 영향을 받습니다. 이 과정을 보면 임신기간동안 여러 호르몬이 작용하여 유방의 젖샘 조직이 발달하고 출산 직후 뇌하수체에서 '프로락틴'이라는 젖 분비 자극호르몬이 분비되는 것을 알 수 있지요. 이 호르몬은 말 그대로 젖 분비를 자극하는 호르몬으로 유방에서 젖을 만드는 젖샘 조직이 젖을 분비하도록 합니다. 프로락틴은

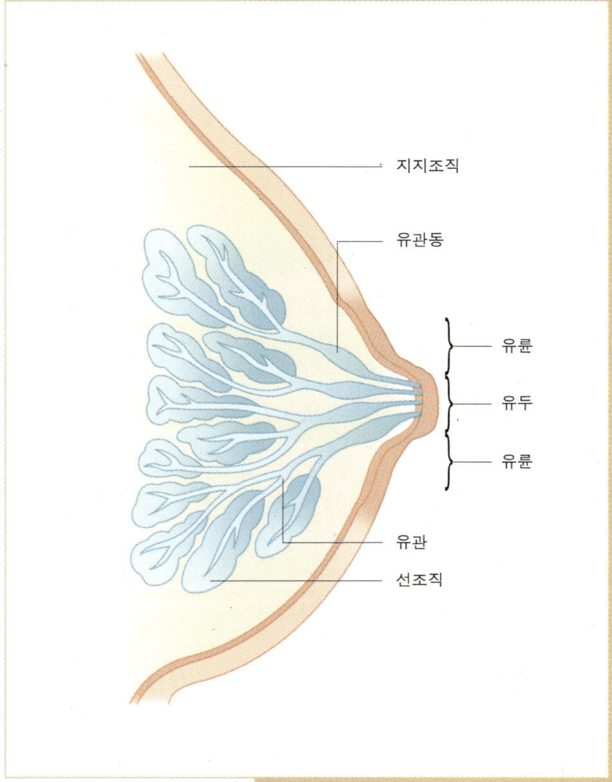

모유를 만드는 유방의 모습 | 출처 〈우리 아기에게 주는 최고의 건강식 – 모뮤 먹고 이유식 먹고〉

아기가 젖을 빨면 이 자극에 영향을 받아 뇌하수체 전엽에서 분비되어 유방으로 전달됩니다. 그리고 젖샘에서 젖을 만들게 되는 것이지요. 재미있는 점은 젖은 아기가 원하는 만큼 만들어지기 때문에 아기가 젖을 많이 힘껏 빨면 빨수록 더 많이 만들어지고 젖을 빨지 않으면 더 이상 젖이 만들어지지 않는다는 것입니다.

또 하나 젖 분비와 관련되는 호르몬은 '옥시토신'입니다. 옥시토신은 자궁벽 수축 호르몬이라고도 하는데 자궁벽을 수축시켜 출산을 도와 주는 호르몬이기도 하지요. 이 호르몬은 프로락틴과는 달리 젖을 잘 뿜어져 나오게 하는 호르몬입니다. 즉 아기가 젖을 빨기만 해서는 충분한 양의 젖을 먹을 수 없으며 수유 동안 젖이 잘 배출되어야 합니다. 이에 관여하는 호르몬이 바로 옥시토신인 것이지요. 이 호르몬은 아기가 젖을 빠는 동안 그 자극으로 뇌하수체 후엽에서 생산되며 유방으로 전달되어 젖이 잘 배출되도록 합니다.

관장님이 앞서 〈모성〉의 모델이 르노아르의 아내이고 아들이라고 말씀하셨지요. 그래서인지 화가는 어머니의 밝고 환한 모습과 아기가 만족스런 표정으로 발가락을 잡고 놀면서 젖을 빠는 건강한 모습을 누구보다도 아주 잘 포착하여 화면에 담은 것 같습니다. 아마 르노아르도 모유가 아이에게 얼마나 좋은 것이고 어머니에게는 얼마나 기쁜 일인지 잘 깨닫고 있었던 것 같습니다. 그런 의미에서 르노아르는 생명의 소중함과 건강함을 잘 아는 위대한 화가라고 할 수 있겠군요.

복제로 생각하는

예술과 과학

혹 독자들 중에 '그래, 과학자들은 난치병을 치료하기 위해서 복제를 한다지만
대체 화가들은 왜 그토록 기를 쓰고 복제를 하려는 것이지?' 하고
의문을 제기하는 분들이 있을 것 같아서 한 말씀 덧붙입니다.
화가들이 복제에 집착한 것은 바로 눈앞의 대상을 소유하고 싶은 갈망과
가상의 세계를 창조하고 싶은 욕망 때문입니다. 즉, 세상을 눈으로나마 소유하고
싶은 마음, 붓과 물감으로 신처럼 또 다른 세상을 창조할 수 있다는
예술가의 자부심이 복제를 부추긴 것이지요.

존 하벌 | 복제 Reproduction | 1887 | 캔버스에 유채

김학현 선생님, 생물 강의가 진행될수록 생명의 경이로움을 추적하는 예술가와 과학자의 집념에 감탄을 금할 수가 없네요. 그런데 혹 선생님은 예술가와 과학자의 공통점이 무엇인지 생각해 본 적이 있으세요? 제가 이 책을 집필하는 도중 주변에서 가장 많이 듣던 질문이긴 합니다만, 그동안 안개처럼 모호한 부분이 있었는데 이제는 명쾌하게 대답할 수 있습니다.

바로 호기심과 실험정신, 열정과 탐구심입니다.

그럼 이 네 가지가 과연 예술과 과학의 공통분모인지 확인하는 의미에서 이번에는 복제에 관한 이야기를 나눠볼까요?

과학에서와 마찬가지로 미술에서도 복제는 아주 중요한 과제입니다. 미술의 역사가 복제를 위한 것이었다고 잘라 말해도 지나치지 않을 정도입니다. 예를 들어 서양미술의 경우, 실제와 똑같이 재현하고 싶은 욕망을 채우기 위해서 갖가지 특수기법이 개발되었어요. 미술가들이 기를 쓰고 원근법이나 명암, 해부학, 색채 등을 탐구했던 것도 실물 그대로 화폭에 복제하기 위해서였습니다. 왜냐하면 서양미술은 자연의 모방을 미술의 가장 큰 사명으로 여겼거든요. 따라서 대상을 사진처럼 정확하게 복제하는 재능을 가진 화가가 일급미술가의 대접을 받았어요. 또 미술품의 가치를 평가하는 데도 재현의 정확도를 가장 중요하게 여겼습니다.

지금 소개할 화가는 실제보다 더 실제 같은 그림을 그릴 수 있는 실력을 가졌다는 것을 여실히 증명하고 있어요. 그는 복제능력에 관한 한 타의 추종을 불허합니다.

p.267 ◀◀◀◀ 화가는 자신의 복제능력에 엄청난 자신감을 가졌던 것으로 보입니다. 그럴 수밖에 없는 것은 제목부터가 아예 '복제'거든요. 화면에 돈과 우표, 신문기사, 사진이 등장했어요. 그런데 그림이라는 정보를 갖고서 작품을 보는 데도 전혀 그림처럼 느껴지지 않아요. 마법사가 아닌 다음에야 물감과 붓만으로

지폐의 글자, 질감까지도 어떻게 저렇게 감쪽같이 베낄 수 있지요?

귀신도 탄복할 솜씨로 대상을 원본과 똑같이 복제한 화가는 미국출신의 하벌입니다. 하벌은 자신의 복제능력을 뽐내기 위해서 이 그림을 그렸어요. 그는 어느 날, 실물보다 더 실물처럼 보이는 그림을 그리겠다는 결심을 합니다. 화가의 자존심을 여지없이 뭉개버린 미국정부의 면전에 핵폭탄 급 주먹을 날리기 위해서였어요. 하벌이 살던 시절, 미국 전역에 위조화폐가 나돌았어요. 위조화폐가 극성을 부린 것에 깜짝 놀란 미국 재무부 비밀경찰국은 범인을 검거하는 대신 애꿎은 화가들을 표적으로 삼았어요. 돈이 그려진 그림에 자극을 받은 위조범들이 충동적으로 위조화폐를 만든다는 억지주장을 늘어놓으면서 돈을 묘사하는 것 자체를 금지시켰습니다.

경찰은 본보기로 당시 가장 실력이 뛰어난 화가인 하넷을 체포하기도 했어요. 예술성을 짓밟는 경찰의 횡포에 분노한 하벌은 당국을 조롱하기 위해서 원본보다 더 원본 같은 그림을 그렸어요. 그림에 보이는 것처럼 지폐를 감쪽같이 복제했습니다. 하벌은 이런 대담한 풍자행위를 통해 미술가의 복제능력을 과시하는 한편 예술을 검열하는 경찰의 어리석음을 실랄하게 꼬집은 것이지요.

김 선생님, 미술에서의 복제는 가능한 실물을 똑같이 모방하고 싶은 뿌리 깊은 갈망 때문입니다만 과학에서 생물체를 복제한 까닭은 무엇인가요?

> **“** 우선 질문에 답을 드리기 전에 사진보다도 더 실제 같은 그림을 이렇게 재미있게 설명해 주셔서 감사합니다. 덕분에 잘 몰랐던 작품을 아주 흥미롭게 감상할 수 있었어요. **”**

미술에서 이야기하는 복제의 개념과 생물에서 논하는 복제가 일맥상통하는 것은 아닙니다만 대상을 그대로 재현한다는 것에 초점을 맞춘다면 충분히 사고의 연장선상으로 이 두 주제를 모을 수 있을 듯 합니다.

현재 복제는 생물학에 있어 뜨거운 감자로 떠올랐으며 현대 생명공학 기술을 활용해 복제한 여러 종의 동물들이 출현했습니다. 1997년 복제양 돌리를 필두로 1998년 쥐와 소, 1999년 염소, 2000년 돼지, 2002년 고양이와 토끼를 복제하는 데 성공했어요.

여러분은 동물을 복제하는 것이 어떤 의미가 있기에 언론이 그토록 시끌벅적한 것인지 의아하게 생각하기도 했을 거예요. 하지만 조금 자세히 들여다보면그 속에 '왜 많은 생물학자들이 동물 복제에 열을 올리는 것일까?' 하는 질문이 숨어있습니다.

그럼 이 질문에 대해 생각해 보도록 할까요? 우선 동물복제는 멸종위기에 처한 동물을 보호하는 데 이용될 수 있습니다. 복제를 통해서 개체의 수를 늘릴 수 있기 때문이지요. 물론 복제를 통해 수만 늘린다고 해서 멸종위기에 처한 동물들이 보호받을 수 있을지는 저 자신도 아직은 의문입니다. 하지만 이런 발상은 돈 많은 사람들에는 전혀 엉뚱한 방향으로 흘러가도록 조장될 수도 있어요. 자신이 키우던 애완동물을 복제하려는 시도가 그 대표적인 경우라 할 수 있을 겁니다.

생물학자들이 동물 복제에 열을 올리는 두 번째 이유는 질병모델 동물을 확보할 수 있다는 점입니다. 복제 개의 경우를 생각해 보면 사람의 질병을 복제 개에게 걸리게 한 후 신약후보 물질을 투여해 그 결과를 알아볼 수 있는 것이지요. 모든 실험에서는 변인통제가 대단히 중요한데 복제 개는 유전적으로 동일하므로 그 효과에 대해 보다 일관성 있는 자료를 얻을 수 있는 셈이지요. 셋째는 이종 간의 장기이식에 활용될 수 있다는 것이지요. 돼지의 심장은 사람의 심장과 크기가 거의 같아 사람의 심장이식용 후보의 하나로 각광 받고 있습니다. 물론 심장이식에 쓰이기 위해서는 면역거부반응 등 여러 가지 극복해야 할 문제들이 남아 있기는 하지만 만약 이런 문제를 해결한 돼지를 탄생시킬 수 있다면 이 돼지를 잘 유지하고 생산해야 되겠지요? 그 해답은 당연히 복제일 겁니다.

네 번째 이유는 줄기세포 문제와 관련되어 있습니다. 개의 복제 배아에서 줄기세포를 얻은 후 질병에 걸릴 개에게 이식하는 경우를 생각하면 이식된 줄기세포가 질병에 걸린 개에게 어떤 치료효과를 보이는지 그리고 부작용은 무엇인지 알아볼 수 있는 것이겠지요.

이렇듯 많은 생물학자들이 동물복제에 열을 올리는 데 이 같은 까닭이 있습니다. 무엇보다도 사람의 병을 치료할 수 있는 어떤 돌파구를 마련할 수 있다는 점에서 강한 호소력과 매력을 발산하는 것이지요. 하지만 아직 많은 사람들은 여전히 복제에 대한 두려움과 염려를 머릿속에 지우지 못한 것 같습니다. 특히 복제가 동물을 넘어 인간과 관련될 때는 더욱 첨예해지곤 하지요.

최근 환자의 체세포를 이용한 배아복제로 줄기세포를 얻는 획기적인 연구결과가 발표되었지요. 하지만 배아복제를 통한 줄기세포의 연구가 불치병으로 고통 받는 많은 사람에게 희망을 줄 수 있을 텐데도 많은 이들은 이 문제를 걱정합니다. 그것은 배아복제가 인간복제로 직결되는 것은 아닐까하는 의구심과 두려움 때문입니다.

여기에는 또 다른 이슈가 기다리고 있어요. 바로 사람의 배아를 하나의 생명체라고 볼 것이냐 아니냐는 문제입니다. 만약 배아를 하나의 생명체라고 본다면 배아복제를 통해 줄기세포를 얻는 것은 한 생명을 구하기 위해 또 다른 생명을 희생시킨 꼴이 되니 윤리적으로 보았을 때 범죄행위에 속할 수도 있겠지요. 또한 신神만이 생명을 탄생시키고 만물을 주관한다고 믿는 종교계에서도 이 문제는 틀림없이 논란의 핵폭탄을 안고 있는 셈입니다.

> **"** 김학현 선생님의 해박한 설명 덕분에 배아복제에 대한 논쟁을 좀 더 심도 있게 생각해 볼 기회를 가졌어요. **"**

선생님의 열강에 보답하는 뜻에서, 미술에서 복제그림이 발생한 시기와 그

호흐스트라덴 | 메모판 그림 Trompe l'Oeil Letter Rack | 1664 | 캔버스에 유채

미술사적 의미를 정리해 보겠습니다.

미술에서는 이런 종류의 작품을 '눈속임 그림'으로 부릅니다. 인간의 눈을 속일만큼 실제와 똑같다는 뜻이지요. 따라서 눈속임 그림의 성공여부는 관객이 그림을 얼마나 실제처럼 착각하는가에 달려 있어요. 가령 감상자가 그림인지 아닌지 만져보고 싶어 손이 근질근질한다면 화가의 실력을 100% 인정받게 됩니다.

이번에 감상할 그림이 바로 대표적인 눈속임 그림입니다. 17세기 네덜란드 화가인 호흐스트라덴은 눈속임 그림의 대가였어요. 그가 편지나 메모를 끼워두는 메모판을 그린 솜씨를 보세요. 국화빵처럼 실물과 똑같아요. 각종 일상용품들을 묘사한 실력도 놀랍지만 저 액자의 테두리를 한번 살펴보세요. 실제 액자로 보이며 전혀 그림으로 느껴지지 않아요. 이처럼 마술 같은 그림 솜씨를 자랑하는 호흐스트라덴이니 만큼 당연히 그림에 얽힌 흥미로운 일화들이 지금까지 전해지고 있어요. 그 일화 중 하나를 소개할까요?

호흐스트라덴은 자신의 집 곳곳에 눈속임 그림을 걸어 두었어요. 그런데 그림을 본 방문객들은 실제물건으로 착각한 나머지 화면에 그려진 사물들을 서로 먼저 집으려고 부산을 떨었다는군요. 그렇다면 물건인줄 알았는데 나중에 그림이라는 사실을 깨달았을 때 손님들은 어떤 반응을 보였을까요. 신선한 충격을 느끼면서 무척 즐거워했답니다. 자신이 속은 줄 알면서도 전혀 기분이 나쁘지 않은 것, 불쾌해지기는커녕 오히려 유쾌해지는 것, 이것이 바로 눈속임 그림의 묘미랍니다.

그런데 조금 전, 하벌의 복제이야기를 꺼낼 때 과거 서양미술의 대가들은 자연을 똑같이 모방하기 위해서 갖은 애를 썼다는 사실을 말씀드렸어요. 그래요. 명성이 뛰어난 화가들일수록 진짜처럼 묘사하는 것에 더욱 집착했습니다. 그에 관한 전설처럼 내려오는 가장 유명한 일화를 소개하겠어요.

어느 날 그리스 최고의 화가로 손꼽히는 제욱시스와 파라시우스 사이에 경쟁이 붙었어요. 두 라이벌 중 누가 더 그림솜씨가 뛰어난가 내기를 한 것이지요. 먼저 제욱시스가 신들린 솜씨로 달콤한 포도송이를 그렸어요. 어찌나 실감나게 그렸던지 창문 밖의 새들이 방 안으로 날아 들어와서 포도를 쪼아 먹으려고 했어요. 제욱시스는 어깨가 으쓱해졌습니다. 이 광경을 목격한 파라시우스가 회심의 미소를 지으며 경쟁자를 자신의 화실로 초청했어요. 그런데 제욱시스는 그림 앞에 커튼이 드리워져 있는 것을 발견했어요. 그는 별 일도 다 있다 싶어서 무심코 커튼을 들어올렸어요. 그러다가 얼굴이 벌게지면서 얼른 손을 거두어들였어요. 커튼이 바로 그림이었던 것이지요. 승부는 끝났어요. 제욱시스는 자신의 패배를 받아드렸습니다. 새의 눈을 속인 자신보다 화가의 눈을 속인 파라시우스가 더 실력이 뛰어나다는 것을 솔직히 인정한 것이지요.

마술 같은 화가의 그림솜씨를 입증한 사례는 이외도 무수히 많아요. 가령 르네상스의 문을 연 천재화가 지오토는 스승 치마부에의 눈을 속일만큼 모방능력이 탁월했어요. 어느 날 지오토는 치마부에가 그리던 인물화의 코에 몰래 파리를 그려 넣었어요. 스승이 파리를 쫓으려고 손을 휘젓는 모습을 본 그는 박장대소를 했답니다. 이 같은 눈속임 그림은 17세기 후반 네덜란드에서 인기를 끌었지만 이내 시들고 말았어요. 오로지 사람의 눈을 속이는 데에만 치중할 뿐 예술성은 뒷전이라고 생각했기 때문입니다.

그러나 눈속임 그림은 18~19세기 미국에서 화려하게 부활했어요. 그리고 지금도 눈속임 기법을 훌륭하게 구사하는 화가들이 꾸준히 늘고 있어요. 원본을 복제하고 싶은 화가들의 욕망이 있는 한 눈속임 그림은 계속해서 그려지겠지요.

이번에 감상하게 될 그림 역시 원본과 도저히 구별할 수 없을 만큼 완벽한 복제능력을 자랑하고 있어요. 포토리얼리즘의 대표화가인 척 클로스의 〈마크〉입니다.

포토리얼리즘은 일명 '극사실주의'로 부릅니다. 극사실주의는 1960년대 중반에서 1970년대 중반까지 미국에서 선풍적인 인기를 끌었던 미술사조를 뜻해요. 말 그대로 사진처럼 사실적인 그림으로 해석하면 별 무리가 없겠어요. 포토리얼리즘 작가들의 작업방식은 독특해요. 이들은 대부분 사진을 정교하게 그림으로 옮깁니다. 화가들은 캔버스 위에 환등기를 비추면서 사진 영상을 에어브러시 같은 상업적 화구를 이용해서 정확히 재현해 냅니다. 이렇게 치밀하게 묘사된 그림은 너무도 생생해서 실제보다 더 실제 같은 착각을 불러일으킵니다. 척 클로스 역시 다른 극사실주의 화가들처럼 사진을 이용했어요.

주로 친구들의 정면 사진을 거대하게 확대해서 화면에 옮겼어요. 이 초상화를 보세요. 얼마나 정교하게 묘사했으면 얼굴의 털과 점, 모공까지 고스란히 드러나 있을까요. 만일 그림의 모델인 마크가 초상화를 본다면 과연 자신이 그림인지, 그림이 자신인지 한창 헷갈릴 거예요. 최근에는 한 술 더 떠서 그림을 사진으로 찍은 후 그 사진을 다시 그림으로 똑같이 재현하는 작품도 등장하고 있어요. 관객들은 이런 미술작품을 보면서 어느 것이 원본이며, 복제

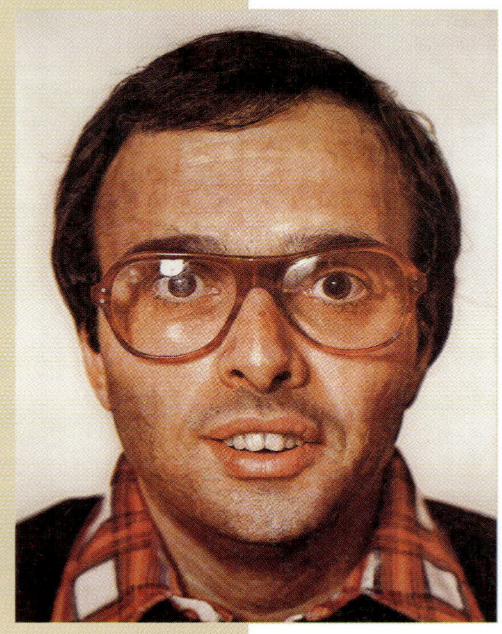

척 클로스 | 마크 Mark | 1978~1979 | 캔버스에 유채

인지 혼란에 빠지게 됩니다.

이렇게 흥미진진한 미술에서의 복제이야기는 드디어 막을 내릴 시간이 되었는데요, 혹 독자들 중에 '그래, 과학자들은 난치병을 치료하기 위해서 복제를 한다지만 대체 화가들은 왜 그토록 기를 쓰고 복제를 하려는 것이지?' 하고 의문을 제기하는 분들이 있을 것 같아서 한 말씀 덧붙입니다.

화가들이 복제에 집착한 것은 바로 눈앞의 대상을 소유하고 싶은 갈망과 가상의 세계를 창조하고 싶은 욕망 때문입니다. 즉, 세상을 눈으로나마 소유하고 싶은 마음, 붓과 물감으로 신처럼 또 다른 세상을 창조할 수 있다는 예술가의 자부심이 복제를 부추긴 것이지요.

끝으로 화가를 창조주에 비유한 레오나르도 다 빈치의 어록을 사례로 들면서 복제이야기를 마무리하겠어요.

" 관장님, 미술에서의 복제이야기는 정말 시사하는 바가 많았습니다. 하지만 저 역시 덧붙일 얘기가 있습니다. 바로 DNA의 복제 문제입니다. 앞서 배아복제에 대해서는 충분하게 설명 드렸지만 생물에서의 가장 대표적인 복제는 언급하지 않았거든요. **"**

저는 동물복제나 배아복제도 의미가 있지만 사실 더 놀랍고 경이로운 것은 유전물질인 'DNA의 복제'라고 말하고 싶습니다. 동물복제나 배아복제의 경우 미토콘드리아의 DNA 같은 물질은 난자 속에 포함된 것이 전달되기 때문에 엄밀한 의미에서 본다면 100% 유전적으로 똑같다고 볼 수 없어요. 또한 유전자가 발현되는 과정에서 환경과의 상호작용이나 혹은 환경의 영향을 받기 때문에 사실상 100%의 복제는 불가능합니다. 마치 일란성 쌍생아의 경우 100% 모든 것이 똑같지는 않고 자세히 살펴보면 구별되는 각자가 독립적인 개체이듯 말입니다.

척 클로스의 작품이 원본보다 더 원본 같지만 아주 꼼꼼한 눈을 가졌다면 그림임을 알 수 있습니다. 그러나 DNA 복제는 척 클로스의 그림보다 더 정확하게, 우리가 상상할 수 없을 만큼 아주 정확하게 복제를 완성해 냅니다. 어느 것이 정말 원본이고 어느 것이 복사본인지 모르게 감쪽같이 말이지요. 물론 가끔 실수^{돌연변이}도 있지만 그 역시 우리 몸 안에 있는 효소들이 다시 검사해서 아주 정확히 교정해 주기 때문에 DNA의 복제능력은 세상의 그 어느 것보다 정확하고 정밀하다고 할 것입니다. 또한 이 복제 시스템은 수없이 복제를 반복해도 닳거나 흐려지지도 않는, 속된 말로 울트라 슈퍼 시스템입니다.

관장님, 복사기로 복사한 문서를 다시 복사하고 여기서 얻은 복사물을 또 다시 복사하는 방법으로 100만 번 정도를 반복한다고 생각해 보세요. 나중에 어떻게 될지 아찔하시지요? 아무리 성능 좋은 복사기라도 그쯤이면 거의 모

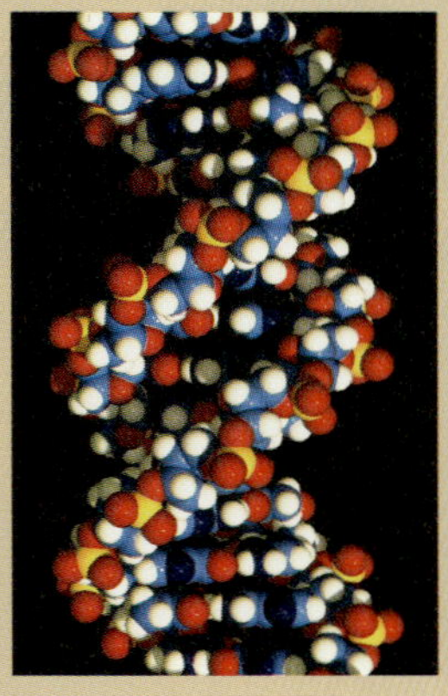

DNA의 모습

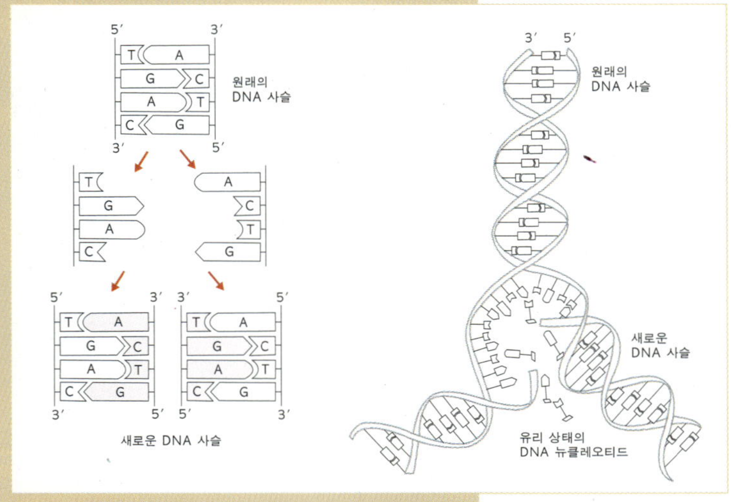

DNA 복제 기작 DNA는 절반이 주형이고 나머지 절반이 새로이 만들어지는 방식으로 복제가 이루어진다. DNA를 구성하는 염기인 아데닌(A)은 티민(T)과, 구아닌(G)은 시토신(C)과 결합하는 식의 상보성을 띠어 아주 정확하게 복제가 이루어진다. 이 과정에 효소가 작용한다.

든 글자를 분별하기 힘들 겁니다. 그러나 DNA복제는 100만 번이 아니라 1,000만 번을 복제해도 원본 형태가 그대로 유지된다는 점에서 경이로움 그 자체입니다. 옥스퍼드 대학의 도킨스가 그의 책 〈눈먼 시계공〉에서 DNA 복제에 대해서 재미있는 계산을 한 것이 생각납니다. 히스톤 H4 DNA는 소와 강낭콩이 똑같이 306개의 염기로 이루어졌는데 그중 단 두 개만 차이가 있다고 합니다. 15억 년 전 소와 강낭콩이 공통 조상에서 갈라진 후 적어도 200억 번 가량 복제가 이루어졌을 텐데 그 차이가 고작 2개의 염기 정도로 한정된다는 것은 정말 대단한 것입니다. 이는 1급 타자수가 성경을 25만 번 치는 동안 딱 한 번 실수하는 정도의 정확성과 비견할 수 있는 것입니다.

DNA 복제의 정확성은 정말 경이로움 그 자체라고 할 것입니다. 배아복제 소식이나 존 하벌의 그림도 저를 충분히 놀라게 했습니다만 그 어떤 것도 DNA의 복제에는 비할 바가 아닙니다. 혹 제가 생물 교사이기 때문에 이런 생각을 하는 것일까요?

수염 난 여인과
난쟁이의 비밀

난쟁이 어릿광대는 타고난 기지와 민첩함으로 기쁨 조 역할을 톡톡히 해 냈으며,
민심을 전달하는 일도 도맡았기 때문에 국왕의 총애를 한몸에 받았어요.
말하자면 그들은 절대 권력자의 장난감인 동시에 조언자의 역할을 한 것이지요.
난쟁이 어릿광대에 깊이 심취했던 국왕은 이들의 익살스런 모습을
영원히 기념하고 싶은 마음에 궁정화가인 벨라스케스에게 왕실 어릿광대의 초상화를
그리도록 지시했습니다. 벨라스케스의 작품에 유독 난쟁이가 자주 등장하는 것도
이런 국왕의 이색취미가 반영되었기 때문이지요.

먼저 17세기 이탈리아에서 벌어졌던 한 기이한 사건을 소개하겠어요. 나폴리 왕국의 아브루치에 막달레나 벤튜라라는 여성이 살고 있었습니다. 여인은 잘생긴 남자를 만나서 자식도 낳으면서 행복한 나날을 보냈어요. 그런데 이게 웬일일까요. 그녀가 서른일곱 살 되던 해 어느 날 아침, 잠자리에서 일어나 보니 얼굴에 수염이 무성하게 자랐지 않았겠습니까.

더욱 기막힌 것은 얼굴뿐 아니라 가슴에도 온통 털이 났다는 점입니다. 여인은 불과 하룻밤 사이에 털복숭이 괴물로 변한 자신의 모습에 기겁을 하지 않을 수 없었어요. 여인은 하늘이 자신에게 재앙을 내린 것이 분명하다는 생각에 절망에 빠졌으며, 점차 사람들을 피하게 되었습니다.

그런데 재미있는 현상이 벌어졌어요. 털북숭이가 된 여인의 모습이 이전보다 훨씬 매력적이라며 노골적으로 구애하는 남성들이 늘어났어요. 얼마나 여인의 꽁무니를 따라 다니는 남자들이 많았던지 이를 보다 못한 남편이 질투심을 낼 정도였어요. 수염 달린 여자가 나타났다는 소문이 전국으로 퍼지면서, 호기심이 동한 나폴리 총독 페르난도 2세가 여인을 나폴리로 불렀어요. 그리고 이를 기념하기 위해서 스페인 출신의 화가 리베라에게 그녀의 초상화를 의뢰했습니다.

p.279 ◀┅┅ 화면 중앙에 수심이 가득 찬 표정을 지은 채 아기에게 젖을 물리는 사람이 바로 막달레나 벤튜라에요. 여인의 얼굴에는 검은 수염이 무성하게 자라서 도저히 여자로 보이지 않아요. 그러나 한쪽 젖가슴을 드러낸 채 아기에게 젖을 주는 것으로 비춰볼 때 여자가 분명합니다. 그림은 흥미로운 사실을 알려 주

<막달레나 벤튜라의 초상>의 부분

고 있어요.

여인의 젖가슴을 보세요. 인체구조에 맞지 않아요. 왼쪽 젖가슴이 상체 중앙에 위치하고 있거든요. 실력이 뛰어난 화가로 소문난 리베라가 인체를 묘사할 능력이 없을 리가 만무한데, 대체 리베라는 왜 이런 치명적인 실수를 저지른 것일까요? 여인의 가슴을 시커멓게 뒤덮은 털을 강조하기 위해서이지요. 화가는 의도적으로 가슴에 난 털 부위에 빛을 비추었어요. 그 바람에 관객은 여인이 털보라는 사실을 확인할 수 있습니다.

막달레나 뒤쪽에 침울한 표정을 지은 채 서 있는 남자가 보이지요? 남자는 그녀의 남편인 페리키 데 아미키입니다. 남자가 수심에 가득 차 있다는 것은 한눈에 보아도 알 수 있어요. 당시는 의학적 지식이 없던 시절이니까, 남자는 여인의 호르몬에 이상이 생겨서 수염이 생겼다는 사실을 알 리가 없어요. 그저 하늘이 벌을 내린 것이라고 낙담하면서 한숨만 쉴 뿐이지요. 그러나 실망한 남편과는 달리 정작 주변 사람들은 막달레나를 흉측한 괴물로 취급하지 않았어요. 전 유럽에 널리 퍼진 전설을 믿고 있었기 때문이지요.

그 전설이란 '우수에 잠긴 성녀'에 관한 것입니다. 독실한 기독교 신자였던 운쿠버 공주는 무신론자인 아버지의 강요로 신앙심이라고는 털끝만큼도 없는 남자와 결혼할 운명에 처했어요. 신앙의 위기에 처한 공주는 제발 결혼이 성사되지 않게 해달라고 신께 간절히 기도를 올렸습니다. 신은 그녀의 간청을 버리지 않았어요. 결혼식 전날 밤 그녀의 얼굴에 잡초처럼 무성한 털을 자라게 한 것이지요. 거친 털로 뒤덮인 공주의 모습에 정나미가 떨어진 구혼자는 파혼을 요청했으며, 공주는 무사히 순결을 지킬 수 있었습니다. 그러나 자신의 명령을 거역한 딸의 행동에 화가 머리끝까지 치민 왕은 공주를 십자가에 매달았어요. 비정한 아버지에 의해 목숨을 잃은 공주는 이후 기독교인들이 떠받드는 성녀가 되었어요.

사람들은 막달레나 경우도 '우수에 잠긴 성녀'의 사례와 같다고 생각했어요. 막달레나의 깊은 신앙심이 기적을 일어나게 했다고 지레 짐작한 것이지요. 이처럼 기독교적 관점에서는 여인의 수염을 흉으로 여기지 않았지만 이는 극히 예외적인 일에 속해요.

대부분은 수염 난 여자를 늑대여인으로 부르며, 혐오하면서 조롱했어요. 이를 증명하는 뜻에서 곤살부스 가족의 일화를 소개하겠어요.

16세기 최고의 여성화가로 명성이 자자한 라비니아 폰타나는 어느 날 이색적인 그림 주문을 받았어요. 당시 화제의 대상이었던 곤살부스 일가의 딸인 토니나의 초상화를 그려달라는 요청이었어요. 곤살부스 가족은 온몸이 털로 뒤덮인 야수 인간이었어요. 아버지인 페트루스는 선천성 다모증이라는 피부병을 앓았어요. 이후 그는 병의 후유증으로 온몸에 털이 나기 시작했으며, 자녀들에게도 유전되어 '야수 가족'이라는 불명예를 안게 되었습니다.

화면에 등장한 소녀가 바로 딸인 토니나입니다.

1572년생인 토니나의 본명은 안토니에타 곤살부스, 하지만 토니나라는 애칭으로 더 잘 알려져 있어요. 토니나는 멋진 드레스 차림에, 가슴에는 커다란 보석 십자가를 달았으며, 머리에도 보석 관을 썼어요. 그런데 섬세한 레

라비니아 폰타나 | 토니나 곤살부스 | 1580 | 캔버스에 유채

루돌프 2세 황제의 동물 우화집에 실린 반 라베스틴의 곤살부스 가족

이스 장식 위로 드러난 얼굴을 보세요. 야생동물처럼 온통 털투성입니다. 화가는 야수의 얼굴과 문명을 상징하는 패션을 극적으로 대비시켜서 괴기한 분위기를 연출하고 있어요. 화려한 옷차림에 털로 뒤덮인 얼굴을 지닌 토니나의 모습은 너무도 엽기적입니다. 그러나 토니나는 자신의 운명에 맞서듯 의연한 표정을 짓고 있어요. 비록 야수의 몸을 지녔지만 자신이 엄연한 인격체임을 당당히 보여 주고 있습니다.

당대 최고의 여성화가인 라비니아에게 곤살부스 가족의 초상화를 의뢰한 고객의 신분은 아직껏 밝혀지지 않았어요. 혹 볼로냐의 과학자들이 기록을 남기기 위해서 라비니아에게 초상화를 주문한 것은 아닐까 추정할 뿐입니다. 왜냐하면 당시 유럽의 과학자들은 곤살부스 가족에게 엄청난 관심을 쏟았거든요. 과학자들은 진화의 시계바늘이 일시에 멈춰버린 곤살부스 일가를 과학적 실험의 모델로 삼았어요. 자연의 법칙에서 벗어난 이유를 밝혀내기 위해서 앞 다투어 이들을 관찰하고 연구했습니다. 의사들 역시 털이 생긴 원인이 궁금해서 경쟁적으로 검진을 했습니다.

김 선생님, 혹 선생님께서도 수염 난 여성에 대해 들어본 적이 있으세요? 만일 생물에서 이런 사례가 있다면 과학적으로 설명해 주세요.

사실 수염 난 여성은 저에게도 익숙하지 않은 이야기입니다. 이 신기한 현상이 아버지와 딸 모두에게 발현되는 것으로 보아 유전적 요인이 관여하는 것은 분명한 것 같습니다만 그것이 어떤 방식의 유전인지, 유전자는 어떤 염색체에 위치하는지 등에 대해서는 아직 정확히 알려지지 않은 것 같습니다.

보통 의학에서는 이런 유형의 이상을 '다모증'이라고 하더군요. 몸의 일부나 전체에 비정상으로 털이 많이 나는 다모증은 선천적인 경우도 있고 후천적으로 내분비선 질환이나 호르몬제의 사용에 의해서 그렇게 되는 경우도 있답니다. 어린아이나 여성이 남성들처럼 털이 많이 나면 이를 '남성형 다모증'이라고 합니다. 또한 국소적 혹은 전신적으로 비정상적으로 털이 많이 나면 이를 그냥 다모증이라고 하지요. 그림의 토니나의 경우는 얼굴이 야수처럼 온통 털투성이인 것으로 보아 '전신성 다모증'이라고 할 수 있을 것 같습니다.

p.279 ◀··· 리베라의 〈막달레나 벤튜라의 초상〉을 보았으니 수염에 대해서도 한마디 안 할 수가 없군요. 이는 남성의 대표적인 상징이라고 할 수 있습니다. 남성의 경우 사춘기에 남성호르몬이 분비되기 시작하면서 수염이 나기 시작하지요. 〈맨 워칭〉의 저자인 데스몬드 모리스에 따르면 수염은 강렬한 남성의 신호로서 옛날에는 권력, 체력과 정력의 상징으로 보았다고 합니다. 그래서

인지 여왕 하트셉수트는 그녀의 권력을 과시하기 위해 가짜수염을 달았다
고 하더군요.

하지만 현대의 남자들은 이 남성의 상징이랄 수 있는 수염을 말끔히 면도하
고 다닙니다. 이에 대해 진화생물학자인 모리스는 '자발적으로 수염을 제거
하는 행위는 남성들이 그들의 원시적 독단성을 누그러뜨리는 욕구가 있음을
말해 준다.' 라고 설명하고 있습니다. 즉 면도란 일종의 '남성들의 유화의사
표시'라는 것이죠. 생각해 보세요. 면도를 하면 훨씬 젊게 보이는 효과도 있
고 얼굴표정이 보다 분명히 살아나 자신의 의사전달이 훨씬 용이할 테니 말
입니다.

이런 남성의 전유물이랄 수 있는 수염이 여성에게 났으니 이는 정말 희귀한
구경거리임에 틀림없었겠지요. 그래서 옛날 서커스의 인기 있는 구경거리
중 하나는 수염 난 여성이었나 봅니다. 하지만 요즘엔 수염 난 여성을 보기
어렵죠. 이는 새롭고 강력한 효능을 지닌 탈모제들이 속속 등장하면서 여성
들이 자신의 몸에 난 털을 좀 더 쉽게 제거할 수 있기 때문인 것 같습니다. 그
러면서 자연스럽게 수염 난 여성들도 점차 우리의 시선에서 사라져 간 것이
겠지요.

> **❝** 저도 다니엘라 마이어의 저서 〈털의 문화사〉를 읽고서 현대의 권력자들이
> 늘 말끔하게 면도를 하는 이유와 이슬람 문화권에서 남자의 수염은 권력과 힘을 상징한다는 새로
> 운 사실을 깨달았어요. 이런 다양한 사례들을 통해서 과연 인간에게 털은 어떤 의미를 지녔는가
> 되새기는 기회를 가졌습니다. 그럼 다시 명화이야기로 넘어갈까요? **❞**

이번에 감상할 명화는 기형인간을 주제로 다루고 있어요. 17세기 스페인이
낳은 위대한 화가 벨라스케스의 작품입니다.

벨라스케스 | 세바스티안 데 모라의 초상 Dwarf Sitting on the Floor (Don Sebastián de Morra?) | 1645 | 캔버스에 유채

벨라스케스 | 프란시스코 레스카노 Francisco Lezcano | 1636~1638 | 캔버스에 유채

그림의 모델은 스페인 왕세자 발타사르 카를로스를 섬기던 궁정 난쟁이 세바스티안 데 모라예요. 세바스티안은 두 손을 허벅지에 얹고, 두 발을 뻗은 채 철퍼덕 바닥에 앉았어요. 비록 짧은 팔다리를 지녔지만 모라의 무성한 턱수염과 예리한 눈길은 그가 자부심이 강한 인간임을 말해 주고 있어요.

그런데 이색적인 것은 어릿광대 난쟁이가 초상화의 모델이 되었다는 점입니다. 17세기에는 왕족이나, 귀족, 성직자, 부유한 상인만이 초상화의 주인공이 될 수 있었어요. 가난한 하층계급은 초상화의 주인공이 된다는 것을 감히 꿈조차 꾸지 못했어요. 그러나 모라는 어릿광대라는 천한 신분에도 불구하고 당당하게 초상화의 모델이 되었어요. 어떻게 이런 일이 가능했을까요? 바로 스페인 국왕 펠리페 4세가 둘째가라면 서러운 난쟁이 애호가였기 때문입니다. 당시 스페인을 통치했던 펠리페 4세는 난쟁이나 익살꾼, 어릿광대를 무척 좋아했어요.

특히 난쟁이 어릿광대는 타고난 기지와 민첩함으로 기쁨 조 역할을 톡톡히 해 냈으며, 민심을 전달하는 일도 도맡았기 때문에 국왕의 총애를 한몸에 받았어요. 말하자면 그들은 절대 권력자의 장난감인 동시에 조언자의 역할을 한 것이지요. 난쟁이 어릿광대에 깊이 심취했던 국왕은 이들의 익살스런 모습을 영원히 기념하고 싶은 마음에 궁정화가인 벨라스케스에게 왕실 어릿광대의 초상화를 그리도록 지시했습니다. 벨라스케스의 작품에 유독 난쟁이가 자주 등장하는 것도 이런 국왕의 이색취미가 반영되었기 때문이지요.

벨라스케스 최고의 걸작으로 손꼽히는 〈시녀들〉에도 역시 난쟁이가 등장해요. 화면에 펠리페 4세의 딸 마르가리타 공주와 궁녀들, 가신들이 보입니다. 화가인 벨라스케스도 거대한 캔버스 옆으로 몸을 내밀며 자신의 존재를 드러냅니다. 그림에는 두 명의 난쟁이가 등장했어요. 한 난쟁이는 드레스를 입은 채 관객을 뚫어지게 응시해요. 또 다른 난쟁이는 장난스레 개에게 발길질을 합니다. 두 난쟁이는 여느 궁정인들처럼 화려한 옷차림에, 고귀한 신분

⋯⋯▶ p.288

벨라스케스 | 시녀들 Las Meninas | 1656 | 캔버스에 유채

의 공주 앞에서 개에게 감히 발길질을 할 만큼 허물없이 굴고 있어요. 이런
사실에 비추어 볼 때 펠리페 4세가 이들을 얼마나 아꼈던가를 확인할 수 있
습니다.

이렇게 벨라스케스의 그림을 통해서 난쟁이 어릿광대가 17세기 에스파냐 궁
정의 마스코트가 된 배경을 살펴보았는데요, 미술이야기를 마무리 짓기 전
에 그림이 회화의 신학이라는 극찬을 받는 까닭을 살펴보겠어요. 그림이 최
고의 찬사를 받는 것은 뛰어난 구성과 색채의 완벽한 조화, 또 영원히 풀리지
않은 수수께끼를 관객에게 던지고 있기 때문입니다.
그 수수께끼란 바로 그림 속 거울입니다. 배경의 중간쯤에 눈길을 돌려 보세
요. 작은 거울을 발견할 수 있을 거예요. 거울에는 두 남녀의 모습이 희미하
게 비칩니다. 두 사람은 국왕부처입니다. 아직도 '왕과 왕비가 왜 거울에 비
쳤을까?'라는 수수께끼를 명쾌하게 푸는 사람이 없어요. 혹 이 책을 읽은 독
자 중 누군가 명화의 궁금증을 풀어준다면 얼마나 좋을까요?

김 선생님, 미술이야기가 끝났는데도 아직도 벨라스케스 그림의 난쟁이에게
서 눈길을 떼지 못하세요. 선생님이 난쟁이에게 그토록 흥미를 느끼시는 까
닭이 궁금합니다. 제 짧은 과학적 지식으로 난쟁이는 유전병에 의한 것으로
알고 있는데, 만약 그렇다면 왜 이런 현상이 일어나는지 말씀해 주세요.

❝ 관장님께서도 난쟁이에 대해 잘 알고 계시는군요. 맞습니다. 벨라스케스

그림 속에 등장하는 난쟁이는 유전병입니다. 악극단에서 가끔 이런 분을 볼 수 있었는데 요즘엔

상대적으로 보기가 어려워졌습니다. TV나 영화에서 왜소증을 가진 미국의 유명 연예인이 나오는

경우가 있기든 하더군요. **❞**

이런 왜소증에는 여러 원인이 있습니다. 가장 흔한 것이 '연골무형성증'이

라는 꽤 어려운 명칭의 유전병 때문입니다. 이것은 우리 몸의 성장판에서 연골이 장골로 바뀌게 되는 과정상의 이상으로 뼈가 성장하지 못해 나타나게 됩니다. 보통 성인 환자의 평균키가 남성의 경우 130cm 내외, 여성의 경우 125cm 정도로 초등학교 저학년의 키라고 할 수 있습니다. 벨라스케스의 그림은 이 질병의 외형상 특징을 잘 보여 줍니다. 짧은 팔다리와 큰 머리, 튀어나온 이마, 가운데 얼굴의 발육부전, 삼지창 모양의 짧은 손, 배가 나오고 엉덩이 부위가 튀어나오는 증상이 보이며, 눈에 띄게 흔들거리면서 걷는 것도 특징적입니다. 머리가 다른 신체 부위에 비해 크고, 근육의 긴장도가 떨어지기 때문에 이 질병을 가진 아이는 근육발달 단계에 있어서 정상인보다 뒤쳐질 수 있지요. 그러나 지능과 생식능력은 정상인과 같습니다. 성장호르몬으로 치료하여 효과가 있었다는 연구보고가 있긴 하지만 아직까지 확실한 치료법은 없는 것으로 알고 있습니다.

왜소증이 유전병이라면 난쟁이의 부모 중 한 분은 왜소증이라고 쉽게 생각하는 분이 있을 겁니다. 더구나 연골무형성증은 유전자가 상염색체 위에 존재하는 '우성유전병'입니다. 그러므로 본인이 난쟁이라면 부모 중 적어도 한 사람은 반드시 난쟁이여야 합니다. 그러나 항상 그런 것은 아닙니다. 왜냐하면 돌연변이로 나타날 수 있기 때문입니다. 즉 부모가 모두 정상이라 할지라도 자식이 연골무형성증일 수 있습니다. 수치적으로 보면 보통 정상인 부모에게서도 연골무형성증 아이가 돌연변이로 태어날 확률이 약 1/25,000 정도가 됩니다. 또한 여성의 출산 나이가 많으면 많을수록 이 가능성은 더 높아질 수 있지요. 실제로 연골무형성증인 아이의 90%가 부모는 정상이라고 합니다.

연골무형성증이 우성 유전병이라면 시간이 지나면서 연골무형성증인 사람이 더 많아져야 할 것 같은 느낌에 사로잡히실 겁니다. 이런 생각의 근거에는 멘델의 유전법칙이 자리 잡고 있습니다. 멘델의 유전법칙에 의하면 잡종 제1대에서는 우성인 형질만 나타나게 되고 그 다음 대에선 우성과 열성이 3:1

의 비로 분리되어 나오니 그렇게 생각할 수 있습니다. 그러나 실제는 그렇지 않습니다. 하디바인베르크의 법칙에 의한다면 대립유전자의 빈도는 대를 거듭해도 그 빈도에는 변화가 없습니다. 더구나 대체로 정상인은 연골무형성증인 사람과 결혼하기를 꺼려할 수 있습니다. 이런 이유들로 연골무형성증을 가진 사람의 수가 대를 거듭하며 늘어날 가능성은 거의 없다고 생각할 수 있지요.

연골무형성증과 같은 사람의 돌연변이도 여러 가지 종류와 사례들이 많습니다. 크게 유전자 돌연변이와 염색체 돌연변이가 있습니다. 연골무형성증의 경우는 유전자 돌연변이입니다. 유전자, 즉 DNA상의 이상에 의해서 나타나는 유전병입니다.

유전 종류	유전적 이상	주된 증상	발생 확률
열성유전	알비노	피부, 머리카락, 눈에 색소 결핍	1/22,000
	세포성 낭포증	폐나 소화관, 간에서 과도한 점액질 분비, 감염에 민감, 치료받지 않으면 어려서 사망	1/1,800(코카시안인)
	페닐케톤뇨증	혈중 페닐알라닌이 축적, 정신 지체	1/10,000(미국과 유럽인)
	겸형 적혈구병	겸형 적혈구, 많은 조직에 손상	1/500(아프리카 출신 미국인)
	테이삭병	뇌세포에 지질 축적, 정신 지체, 눈이 멈, 어린 시절에 죽음	1/3,500(중유럽 유태인)
	갈락토오스혈증	조직에 갈락토오스가 축적됨, 정신 지체, 눈과 간의 손상, 갈락토오스를 줄이는 식이요법으로 치료됨	1/100,000
우성유전	연골무형성증	난쟁이	1/25,000
	알츠하이머병	정신적 황폐, 항상 말년에 발병	알려지지 않음
	헌팅턴병	정신적 황폐와 통제 불가능한 행동	1/25,000
	콜레스테롤 과잉 혈증	혈중 과다 콜레스테롤	1/500이 헤테로임

여러 가지 유전병

피부가 온통 희어 백화병으로 알려진 '알비노' 나 폐나 소화관 등에서 과도한 점액질이 분비되는 '세포성 낭포증', 혈중 페닐알라닌이 축적되고 나중에

정신 지체를 야기하는 '페닐케톤뇨증', 말라리아의 관계로 유명한 '낫형적 혈구병', '테이삭병' 등이 유전자 돌연변이에 의한 대표적인 유전병으로 알려져 있지요. 거의 대부분은 열성 유전병이나 몇몇은 연골무형성증처럼 우성 유전병입니다. 특히 레이건 대통령 때문에 유명해진 알츠하이머나 헌팅턴병 같은 치명적인 유전병은 종종 우성인 경우가 있어요.

이들 치명적인 우성 유전병은 사실 어떻게 보면 사람의 수명이 짧았던 예전에는 거의 문제가 되지 않았거나 알려지지 않았을 유전병입니다. 대부분 50세 이후에 발병하니까요. 어떤 면에서 보면 오래 살게 되면서 새롭게 등장한 유전병이라고 해야 할 것입니다.

염색체 이상에 의한 유전병은 더 유명하지요. 대표적인 병으로 21번 염색체가 세 개인 '다운증후군'이 있는데 이 병을 모르는 사람은 거의 없을 것 같아요. 또한 X염색체가 하나 밖에 없는 '터너 증후군' X염색체를 하나만 가지고 있어 여성이지만 불임이다, 남자인데 X염색체를 더 가진 '클라인펠트 증후군' 등도 있답니다. 이같은 염색체 이상은 감수분열 시 염색체가 반반씩 나뉘어져 들어가야 하는데 때때로 알지 못할 이유들로 한두 개의 염색체가 생식세포 속으로 더 들어가거나 덜 들어가는 '염색체의 비분리 현상'으로 나타나게 되는 것이랍니다.
또 어떤 경우는 염색체의 구조이상으로 유전병이 나타나기도 합니다. 염색체의 일부가 소실되거나 중복되는 경우, 혹은 염색체의 일부가 잘라져서 다른 염색체에 붙거나 혹은 잘라져 거꾸로 붙게 되어 돌연변이가 나타나게 된 것이지요. 가장 널리 알려진 예가 5번 염색체의 일부가 결실되어 고양이 울음을 하다 곧 죽고 마는 '고양이 울음증후군'이 있습니다.

사실 이런 유전병은 본인뿐 아니라 가족에게도 상당한 어려움과 불행이겠지요. 다행스럽게 최근 과학기술의 발달로 출산 전 양수 검사나 융모막 검사, 초음파 검사 등으로 이런 유전병검사가 가능하게 되었습니다. 또한 의학의 발달로 상당수의 유전병은 적절한 시기에 주의 깊게 조치하면 평생 건강하게 살 수 있는 길을 마련하였어요. 다분히 치료를 위한 진단이기도 한 것이지요. 이런 면에서 볼 때 유전검사는 유전적 결함 유무를 미리 확인하려는 것이 주목적이지 유전병을 가진 태아의 낙태를 조장하려는 행위가 아니라는 것입니다. 어떤 생명이든 소중하고 존중받아야 합니다. 혹 여러분이 불행하게 유전병을 지닌 분들을 우연히 마주치게 된다면 그들에게 경계심을 갖기보다는 따뜻하게 이해하고 배려하는 자세가 더 중요할 것입니다. 유전병은 결코 그들이 원해서 얻은 질병이 아니니까요.

Merian

위대한 두 여성화가가 그린

곤충의 세계

메리안은 보란 듯 1679년에, 자신의 관찰기록과 스케치를 바탕으로
〈애벌레의 경이로운 변태와 그 특별한 식탁〉이라는 곤충화집을 발간합니다.
그녀 나이 서른두 살 때의 일이지요.
제작기간만 5년이 걸린 화집의 위대함은 곤충의 알과 번데기, 성충으로 변하는
과정을 실시간대로 묘사한 점입니다. 아울러 곤충을 발견한 장소와
곤충의 먹이인 화초도 함께 표현했어요. 더욱 놀라운 것은 감상문 같은
짧은 해설을 그림에 곁들인 점입니다. 이런 획기적인 책의 구성방식은
훗날 곤충도감에까지 고스란히 영향을 끼쳤어요.

이번에 소개할 명화는 작은 것이 소중하고 아름답다는 것을 감동적으로 증명하고 있습니다. 먼저 사람들이 하찮게 여기는 곤충의 세계가 얼마나 경이로운가 확인하겠어요.

p.295 ···· 화면 한가운데 열대과일인 파인애플이 우뚝 서 있어요. 푸른색 이파리와 황토색 과육의 껍질이 유난히도 싱싱해 보입니다. 과즙에서 풍기는 달콤한 향내가 열대림 속의 곤충들을 유혹한 것일까요? 나비와 애벌레, 작은 벌레들이 제각기 모여들어 과즙을 빨면서 주린 배를 채웁니다. 곤충과 식물이 함께 어우러진 열대의 생태계를 묘사한 그림은 세계 최초의 곤충화가인 메리안의 작품입니다. 1647년 독일 프랑크프루트 출신인 메리안은 평생 곤충과 식물을 탐구한 여성화가예요. 그런데 이 여성화가의 삶이 너무도 감동적이어서 발 벗고 나서서 소개하지 않을 수 없어요. 물론 앞서 소개한 다른 화가들도 둘째가라면 서러운 예술혼의 화신들입니다만 감히 메리안과 비교할 수 없다는 생각이 들어요. 왜냐하면 그녀는 여성화가인데다 한낱 미물에 불과한 곤충이 주제인 그림을 그렸기 때문이지요.

제가 이처럼 책을 통해 공개적으로 성 차별적인 발언을 하는 것에 불만을 갖는 독자들도 있을 거예요. 그러나 메리안이 살았던 17세기의 사회분위기를 경험하게 되면 독자들도 너그러이 이해할 수 있을 거예요. 당시에는 남녀차별이 유별났습니다. 아니, 유별난 정도를 지나쳐 한심할 정도였어요. 특히 미술계의 성차별은 상상을 초월했어요. 대체 화단에서는 왜 그토록 성차별이 극성을 부린 것일까요?
성차별의 원인을 제공한 주범은 바로 인체 데생입니다. 당시만 해도 여성화

가들은 남성화가들처럼 화실에서 인체수업을 받을 수 없었어요. 17세기에는
위대한 화가가 되려면 반드시 인체 데생 훈련을 쌓아야 했는 데 그것은 서양
미술의 주인공은 늘 인간이었기 때문이지요. 따라서 인간을 실감나게 묘사하
기 위해서는 벗은 몸을 관찰하고 그리는 연습이 필수적으로 요구되었어요.
그러나 불행히도 여성에게는 인체 데생의 기회가 주어지지 않았습니다. 그
것은 지극히 당연한 현상입니다. 자, 17세기로 되돌아간다고 가정해 보세요.
그 시절은 여성을 인격체로 여기지 않았던 때입니다. 여성을 남성의 소유물
로 여겼던 시대에, 여성화가가 벌거벗은 남자를 눈앞에 두고 인체를 그린
다? 어떻게 그런 일이 가능하겠어요. 품행이 나쁜 여자라는 구설수를 감수
하던가, 신세를 망칠 각오를 하지 않고서는 불가능한 일이지요.

총명한 메리안은 여성에게 불평등한 미술계의 풍토를 일찍부터 깨달았어요.
자신이 남성화가들과 어깨를 나란히 겨루기 위해서는 그 어떤 남자화가도
넘볼 수 없는 새로운 장르를 개척해서 승부를 걸어야 한다고 생각했어요. 그
미지의 영역이란 곤충화라고 믿었습니다. 다행히 그녀는 어렸을 적부터 곤
충을 유난히 좋아하고 탐구하는 습성을 지녔어요.
열세 살 때 우연히 누에의 변태과정을 관찰한 후 곤충의 세계에 매혹당했어
요. 징그러운 애벌레가 어느 순간 아름다운 나비로 변신해 날아가는 모습을
보고 자연의 신비함과 경이로움에 그만 할 말을 잃었습니다. 그녀는 곤충의
변태과정을 그림에 담고 싶은 충동이 들었어요. 다행이 의붓아버지가 정물
화가였기 때문에 그림을 그릴 수 있는 환경은 갖춰진 셈이지요. 그녀는 이렇
게 최초의 곤충화가의 길을 더듬어 갑니다.

그러나 메리안이 살던 시절에는 곤충을 연구하면서 그리는 화가가 없었어
요. 심지어 학자들마저 곤충에 무지했어요. 하찮은 곤충 따위를 학문적으로
연구한다는 것은 학자의 자존심을 구기는 일이라고 생각했기 때문입니다.
따라서 과학자들조차 곤충의 변태과정을 정확히 이해하지 못했습니다.
현미경이 발명되기 전까지 과학자들은 곤충은 부패한 물체에서 자연적으로

메리안 | 파인애플과 바퀴벌레(수리남 곤충의 변태) - 곤충 그림책

메리안 | 주머니쥐와 사마귀(수리남 곤충의 변태) - 곤충 그림책

발생한다는 아리스토텔레스의 자연발생설을 신봉했습니다. 심지어 개구리와 뱀은 곤충의 일종이며, 나비와 애벌레를 별개의 생물 종으로 여길 정도였어요. 하지만 메리안은 세심한 관찰을 통해서 곤충이 썩은 물체에서 자연발생적으로 생겨나지 않는다는 사실을 발견했어요. 그녀는 애벌레가 성충의 교미를 통해 태어난 것을 확인했어요. 진실을 밝히기 위해서 메리안은 한 장의 그림에 곤충의 먹이인 화초와 알, 유충과 번데기, 성충들까지 죄다 묘사했어요. 다시 말해 곤충의 일대기를 적나라하게 표현한 것이지요.

그러나 하찮은 곤충을 미술의 주역으로 승격시킨 메리안의 이 같은 행동은 무모하기 짝이 없는 일이었어요. 잘못하면 마녀재판정에 끌려가서 화형을 당할 위험이 높았으니까요. 당시 유럽의 교회들은 성난 민심을 회유하기 위해서 대대적인 마녀사냥에 나섰어요. 천재지변이 일어나도, 해충이 극성을 부리거나 악성 전염병이 돌아도 모두 마녀 탓으로 돌렸어요. 교회로 향한 증오심을 마녀라는 희생양에게 덮어씌우면서 위기를 모면한 것이지요. 그 바람에 애꿎은 여성들만 마녀의 누명을 쓴 채 소중한 목숨을 잃었습니다. 이런 살벌한 시절에 여성이 곤충을 연구한다는 것은 스스로 화를 자초하는 일입니다. 그러나 메리안은 보란 듯 1679년에, 자신의 관찰기록과 스케치를 바탕으로 〈애벌레의 경이로운 변태와 그 특별한 식탁〉이라는 곤충화집을 발간합니다. 그녀 나이 서른두 살 때의 일이지요.

제작기간만 5년이 걸린 화집의 위대함은 곤충의 알과 번데기, 성충으로 변하는 과정을 실시간대로 묘사한 점입니다. 아울러 곤충을 발견한 장소와 곤충의 먹이인 화초도 함께 표현했어요. 더욱 놀라운 것은 감상문 같은 짧은 해설을 그림에 곁들인 점입니다. 이런 획기적인 책의 구성방식은 훗날 곤충도감에까지 고스란히 영향을 끼쳤어요. 즉 곤충도감의 기본적인 양식을 개발한 원조가 메리안이라는 뜻입니다. 메리안은 세계 최초의 곤충화집을 발간한 자신이 못내 대견스러웠던가 작품집에서 이렇게 뽐내고 있어요.

'독자 여러분은 이 책에서 100종류 이상의 곤충의 변태를 확인할 수 있을 것입니다.'

메리안이 아무도 거들떠보지 않던 곤충을 관찰하고 탐구한 곤충화집을 발간하기가 무섭게 미술계는 발칵 뒤집혔어요. 그중 정물화가들은 가장 충격을 받았습니다. 왜냐하면 정물화가들은 그동안 곤충을 단지 정물화를 장식하는 상징물로 여겼기 때문입니다. 그러나 메리안은 주제를 돋보이게 하는 엑스트라 역할에 불과한 곤충을 깜짝스타로 변신시켰어요. 당시 미술계의 호들갑을 이해하기 위해서 메리안과 동시대에 살았던 아스트의 정물화를 비교해보겠어요.

아스트 | 과일바구니 | 1632년경 | 목판에 유채

탁자에 올려진 과일바구니에 갖가지 과일이 수북하게 담겼어요. 과일은 바구니를 가득 채우고도 넘쳐서 탁자 위에까지 쏟아집니다. 그런데 과일이 그다지 싱싱해 보이지 않아요. 검은 반점이 생긴 과일이 태반이며, 이미 썩기 시작한 것도 있습니다. 또 하나 이상한 점이 눈에 띄어요. 제철 과일이 아닌데도 같이 모여 있어요. 포도와 버찌, 모과는 각각 수확하는 계절이 다른데도 함께 놓여 있습니다.

대체 화가는 왜 계절이 다른 과일들을 한곳에 모아놓은 것일까요? 사계절의 순환과 인생의 각 단계를 상징적으로 보여 주기 위해서입니다. 예를 들면 모과는 노년의 지혜를 뜻해요. 모과는 날 것으로는 먹을 수 없으며 설탕에 절여 숙성시킨 후 섭취해야하기 때문에 노년기에 어울립니다. 한편 저승꽃이 핀 사과는 부패를 의미해요. 제 아무리 달콤한 과일도 시간이 흐르면 썩기 마련이지요. 인간 역시 저 사과처럼 언젠가는 부패하고 만다는 것을 암시합니다.

메리안 | 바나나와 참나무산누에나방(수리남 곤충의 변태) – 곤충 그림책   메리안 | 수리남 곤충의 변태에 실린 그림

다음은 이야기의 주제인 곤충이 상징하는 바를 살펴보겠어요. 모과에 달라붙어 단 즙을 빨아 먹는 파리와 잠자리는 부패를 상징합니다. 이들은 썩은 생물체를 먹고 사는 해충이기 때문이지요. 한편 나비는 부활을 의미해요. 애벌레의 굴레를 벗고 날개가 달린 화려한 생물로 거듭났기 때문입니다. 반면 바구니 테두리를 기어 다니는 애벌레는 탐욕을 뜻해요. 쉴 새 없이 잎사귀를 먹어치우는 식성은 식탐으로, 땅을 기어 다니는 습성은 물질의 집착에서 헤어나지 못한 것에 비유했습니다. 또 벌레 먹은 과일 주변을 맴도는 도마뱀은 기만과 죄악을 의미합니다. 도마뱀은 뱀의 형상을 닮았다는 이유만으로 죄악을 상징하게 된 것이지요.

이렇게 정물화에 등장하는 곤충과 과일들의 의미를 헤아려보았는데요, 흥미로운 것은 화가들이 생의 덧없음을 경고하기 위해서 곤충을 활용한 점입니다. 정물화는 곤충의 생태를 절묘하게 인생에 접목시키면서 모든 생명체는 죽음을 향한다는 교훈을 던져주고 있어요. 그러나 엄중한 경고를 하는 한편 희망을 전해 줍니다. 탐욕과 죄의 유혹에 벗어나 충실한 신의 종으로 살면 하늘나라에서 천상의 과일인 버찌를 먹고 허물을 벗는 나비처럼 화려하게 부활한다는 뜻이지요.

김 선생님, 이렇게 최초의 곤충화가가 탄생한 사연을 살펴보았는데요. 앞서 감상한 메리안의 그림에 나타난 곤충의 변태과정을 과학적으로 설명해 주셨으면 합니다.

메리안을 가리켜 '화가이자 뛰어난 곤충학자'라고 말하는 이유를 관장님의 설명으로 더욱 잘 이해할 수 있었어요. 저도 이 작가에 대해 관심이 많아 최근 발간된 메리안과 관련된 책자 몇 권을 읽었습니다. 그 책들을 통해 알게 된 흥미로운 사실이 있어 여기서 잠깐 소개할까 합니다.

메리안이 이 그림들을 그렸던 시기에는 곤충의 변태에 대해 잘 알려져 있지 않았어요. 하지만 그녀는 곤충의 변태과정에 대한 관찰과 정확한 기록을 남겨 곤충학의 새로운 지평을 연 위대한 업적을 남겼습니다. 지금 우리는 많은 곤충들이 알에서 유충과 번데기를 거쳐 성체가 되는 변태의 과정을 거친다는 것을 잘 알고 있기 때문에 별 것 아닌 것으로 생각하기 쉽지만 메리안이 살았던 시대에는 아직 이런 내용들이 잘 알려지지 않았을 뿐만 아니라 곤충에 대해 별로 관심들도 없었던 것이지요.

그렇다고 모든 사람이 변태가 무엇인지 다 알고 있는 것은 아니겠지요? 그래서 이쯤에서 여러분께 변태와 관련된 한 가지 질문을 드리겠습니다. 알에서 유충과 번데기를 거쳐 성체가 되는 것이 변태라면 불완전변태는 무엇일까요? 갑작스런 질문에 당황하신 분들도 있을 겁니다. 불완전변태는 알에서 애벌래를 거쳐 바로 성체가 되는 것을 말합니다. 불완전변태를 하는 대표적인 곤충으로는 잠자리, 하루살이, 매미, 메뚜기, 풀무치 등이 있어요. 반면 번데기를 거쳐 성체가 되는 것을 완전변태라 하는데 이런 놈들에는 나비, 나방, 파리, 벌, 모기 등이 있습니다. 알에서 꼬물꼬물 애벌레가 기어 나오고 이것이 다시 번데기를 거쳐 아름다운 나비로 변하는 과정은 무척 경이롭습니다. 이를 유심히 관찰하지 않았다면 어느 누구도 징그러운 애벌레가 아름다운 나비로 변한다는 사실을 믿으려 하지 않았을 것입니다. 메리안이 처음 그림을 발표했을 때 많은 사람들이 이를 믿으려 하지 않았다는 것도 어느 정도 납득이 가는 측면이 있는 것이지요.

나비이야기가 나온 김에 한 가지 질문을 더 던져 보겠습니다. 우리가 흔히 볼 수 있는 나비와 나방은 어떤 차이점이 있을까요? 잘 모르신다면 다음 이야기를 잘 들어보세요. 나비와 나방은 둘 다 나비목에 속합니다. 날개에 비늘가루가 있고 머리 아래에 시계태엽처럼 감겨진 입이 있어요. 당연히 이 입으로 물이나 꿀을 빨아 먹습니다. 나비와 나방을 모두 잘 그린 메리안도 비슷한 질문에 답을 찾아 고민에 빠졌던 모양입니다. 그녀는 이 질문에 대한 답으로 낮에 날아다니는 것은 나비, 밤에 날아다니는 것은 나방으로 구분했습니다. 메리안의 이런 경험적인 분류는 아주 특별한 예외를 제외하면 대체로 옳다고 할 수 있습니다. 하지만 낮에 날아다닌다고 모두 나비이고 밤에 날아다닌다고 전부 나방이라고 할 수는 없어요.

⋯▶ p.304

또 다른 나비와 나방의 구분 방법으로 흔히 아름답고 화려한 것은 나비, 좀 못생기고 어둡고 칙칙하며 단조로운 것은 나방이라고 하는 경우가 많습니다. 이것 역시 나방과 나비를 구분하는 한 가지 방법일 수 있지만 확실히 구

나비의 모습 | 출처 이미지클릭

나방의 모습 | 출처 이미지클릭

분하는 방법은 아닙니다. 조금 더 관찰해 본 사람이라면 이렇게 말할 것입니다. 앉아있을 때 나비의 모양을 살피면 몸이 가늘고 날개를 접고 쉬지만 나방은 나비에 비해 몸이 크고 날개를 펴고 앉아 있다고 말입니다. 물론 이것도 맞습니다. 하지만 조금 더 관찰해 보면 나비와 나방을 분명히 구분할 수 있습니다. 가령 나비는 더듬이 끝이 곤봉모양으로 부풀어 있지만 나방은 실모양, 깃털모양, 톱니모양으로 다양하지요. 몸의 비늘가루도 나비의 경우 잘 떨어지지 않으나 나방은 잘 떨어집니다. 또한 나비는 앞날개와 뒷날개를 연결하는 특별한 구조물이 없으나 나방은 여러 형태의 날개가시가 있어 앞날개와 뒷날개가 연결되어 있어요.

메리안의 그림을 보면 그녀는 애벌레와 번데기, 그리고 나비의 변태과정에 매우 관심이 많았던 것 같습니다. 이중에서 특히 애벌레의 묘사는 아주 깊은 감명을 주는 군요. 꼬물꼬물 징그럽기만 한 모습이 뭐 그리 인상적이라고 제게 반문할 수도 있겠지만 이 애벌레를 볼 때마다 저는 식물과 동물 간의 아주 ···› p.301 흥미로운 관계가 떠오릅니다. 그림에 등장하는 이 애벌레는 풀이나 식물의 잎을 게걸스럽게 먹어치우는 대식가입니다. 언뜻 보면 식물은 애벌레에게 일방적으로 공격당하는 희생양으로 비쳐집니다. 그러나 실제로는 그렇지 않지요. 많은 식물들은 이 유충들로부터 스스로를 보호하는 방법을 가지고 있습니다. 뾰족한 가시나 소화되지 않는 물질을 잎에 포함하고 있거나 심지어 애벌레에게 뜯어 먹힌 부분에서 더 적극적으로 털페노이드와 같은 물질을 방출하는데요, 이 물질은 애벌레의 천적인 말벌을 불러들이기는 미끼로 작용합니다. 털페노이드에 이끌린 기생말벌은 자신의 알을 애벌레 속에 낳지요. 애벌레 안에서 깨어난 말벌의 유충은 애벌레를 먹으면서 자라게 됩니다. 물론 메리안이 그림을 그릴 때는 물론 이런 애벌레와 식물 그리고 기생말벌 사이의 관계가 알려져 있지 않았을 것이며 다만 애벌레를 가끔 기생말벌이 공격하는 것을 관찰할 수는 있었을 겁니다. 이런 사실을 메리안이 알았더라면 제 생각에 그녀는 아마도 알에서 유충, 번데기를 거쳐 성체가 되는 일련의 과정의 어디인가에 기생말벌을 그려 넣었을 것으로 생각됩니다.

저는 아무래도 미술인의 입장에서 이야기를 풀어나가니까 비과학적인 시대 분위기에 굴하지 않고 당당하게 곤충 그림책까지 발간한 메리안의 배짱과 집념에 초점을 맞추고 싶어요. 그래서 못다 한 메리안의 이야기를 좀 더 나누고 싶습니다. 아무도 못말리는 메리안의 곤충사랑은 끝날 줄을 모릅니다. 그녀는 쉰두 살 때 다른 화가들은 엄두조차 내지 못할 일을 또 다시 벌입니다. 1699년, 열대곤충을 연구하기 위해서 네덜란드 식민지 남아메리카 수리남으로 떠난 것이지요.

그녀가 먼 오지인 수리남을 점찍은 까닭이 있어요. 암스테르담에서 활동하던 시절 수리남에서 건너온 열대곤충 표본을 본 적이 있었기 때문입니다. 난생처음 열대곤충을 대한 그녀는 감탄을 금치 못했어요. 부쩍 호기심이 동했습니다. 하지만 제 아무리 진귀한 곤충표본이라고 한들 그것은 엄연히 죽은 생물입니다. 살아 움직이는 곤충을 직접 대하고, 체계적으로 연구하고 싶은 갈망이 싹트면서 그녀는 열병을 앓게 됩니다. 그러나 수리남으로 가려면 먼저 막대한 여행경비와 체류비, 연구비용을 마련해야 했어요. 결심 끝에 메리안은 자연과학자들의 연구자금을 적극적으로 지원했던 동인도회사에 탄원서를 제출하기에 이릅니다. 문서에는 메리안의 절박한 심정이 생생하게 드러나 있어요.

> '저는 지금까지 암스테르담 지식인들을 통해서 많은 곤충수집표본을 보았습니다. 하지만 열대곤충표본만 보고서는 그 발생과 번식과정을 정확히 알 수 없습니다. 실제 곤충을 관찰하고 싶은 마음에 막대한 자금이 필요한 수리남 여행을 계획하게 된 것입니다.'

발 벗고 뛰어다닌 덕분에 가까스로 지원금은 마련했지만 이번에는 친지와 주변인들이 수리남 여행을 극구 말렸어요. 그들은 메리안은 여성이며, 탐험을 하기에는 너무 나이가 많다는 이유를 내세웠습니다. 이는 당연한 반응입니다. 생각해 보세요. 암스테르담에서 수리남까지는 뱃길로만 3개월이 걸려요. 비위생적인 선상 생활과 영양부족으로 인해 툭하면 악성전염병이 번지는데 이 모든 상황을 다 견뎌야합니다. 어디 그뿐인가요. 험난한 항해를 이겨내고 무사히 수리남에 도착한다 하더라도 이번에는 고온다습한 기후가 건강을 해칠 기회를 호시탐탐 노립니다. 오죽하면 건장한 남자들도 수리남 여행을 꺼릴 정도였을까요? 하지만 그 어떤 충고와 겁주는 말도 메리안의 굳은 결심을 꺾지 못했어요. 마침내 그녀는 자신의 소원대로 곤충의 천국인 밀림에 도착하게 되고, 원주민과 함께 생활하면서 열대림 속의 곤충을 탐구하게 됩니다.

메리안은 수리남에서 지낸 2년 동안 열대의 곤충을 관찰하면서 그 생태과정을 수채화로 옮겼어요. 그림에는 제작 연월과 간단한 메모가 적힌 목록표를 붙였습니다. 그러나 건기에도 그늘의 온도가 28도가 넘고, 습도가 100%인 고온다습한 정글 속에서만 생활하다보니 그만 건강을 해치게 되었어요. 결국 말라리아에 걸려 사경을 헤매다가 할 수없이 암스테르담으로 돌아오게 됩니다. 귀국한 메리안은 꼬박 3년 동안 그림에 매달려 드디어 1705년, 양피지에 손수 채색한 72장의 연작 동판화집 〈수리남 곤충의 변태〉를 발간하게 되지요.

열대곤충의 생태를 수록한 그림책은 출간되기가 무섭게 입 소문을 타고 단숨에 자연분야의 베스트셀러 자리에 올랐어요. 박물학자나 곤충수집가뿐만 아니라 미술애호가들도 앞 다투어 그녀의 화집을 샀습니다. 유럽 각국의 박물관이나 도서관, 상류층 응접실에서도 그녀의 화집을 볼 수 있을 정도가 되었어요. 심지어 러시아 표트르 대제마저 그녀의 명성을 듣고 화집을 구입했습니다. 한 우물을 판 집념이 말년에 보상을 받은 셈이지요. 메리안은 최고의 곤충학자요. 천재적인 동판화가로 전 유럽에 명성을 떨치다가 1717년, 69세로 세상을 떠납니다.

메리안 | 수리남 곤충의 변태에 실린 그림

메리안은 나비와 나방, 매미와 귀뚜라미조차 구분하지 못하던 시절에 곤충
이 주제인 걸작품들을 창조했어요. 그러나 세계 최초이며, 최고의 곤충화가
로 이름을 떨쳤건만 정작 남성중심의 과학계에서는 그녀의 업적을 인정하지
않았습니다. 1834년 란즈다운 길딩이라는 과학자는 박물학 학술지에 〈수리
남 곤충의 변태〉는 오류투성인데다 그림도 조잡한 학문적 가치가 없는 책이
라며 혹평을 했어요. 또 독일의 박물학자인 헤르만 부르메스터 역시 '메리안
의 곤충화집은 전혀 학문적이지 않으며, 단지 빼어난 그림 때문에 인기를 끈
다.'며 책의 가치를 깎아 내렸어요. 물론 앞서 김 선생님도 지적했듯 남성과
학자들이 곤충학의 선구자라는 그녀의 명성을 고깝게 여긴 것은 전혀 근거
가 없지 않아요. 메리안의 곤충화집은 과학자들이 지적한 것처럼 학문적 오

류를 안고 있어요. 그렇지만 메리안을 비난한 과학자들조차 그녀가 가장 위대한 사이언스 아티스트라는 사실만은 인정했습니다.

메리안 스스로도 생전에 과학자이기보다 화가로 불리기를 바랐어요. 그것은 그녀가 뼛속 깊이 예술가였기 때문입니다. 메리안은 자신의 과학적 지식을 예술성을 꽃피우는 비옥한 거름으로 활용했어요. 이렇게 예술성에 집착했던 점이 훗날에는 장점으로 바뀝니다. 그녀의 곤충화집은 일반곤충도감과는 비교할 수 없을 만큼 예술성이 빼어나요. 사실적이면서 초현실적이며, 섬세하면서도 화려하고, 정교하면서도 대담합니다. 이처럼 예술과 과학을 접목시킨 공로를 인정받아서 1987년에는 우표에, 1992년에는 독일 500마르크짜리 지폐에까지 그녀의 초상화가 실렸어요.
참, 그녀의 위대함을 증명할 수 있는 또 한 가지 증거를 말씀드릴게요. 메리안은 예술가와 과학자가 공통점을 지녔다는 것을 모범적으로 보여 주고 있어요. 그녀는 불굴의 의지와 열정, 끈질긴 탐구정신과 관찰력을 지녔어요. 이것은 곧 예술가와 과학자가 반드시 갖춰야 할 덕목이 아니던가요? 참고로 현재 메리안의 이름을 딴 곤충은 나비가 아홉 종, 풍뎅이가 두 종, 식물은 여섯 종임을 알려드립니다.

끝으로 여성화가이며, 독학으로 곤충을 공부했고, 빼어난 곤충그림을 남긴 점에서 메리안과 놀랍도록 유사한 한국인 화가를 소개하면서 곤충화에 대한 이야기를 마무리 짓겠어요. 바로 가장 한국적인 여성상의 모델로 추앙받는 신사임당입니다.

탐스런 가지가 줄기를 타고 주렁주렁 매달려 있어요. 가지 주위에 벌과 나 ⋯⋯▶ p.310
비, 여치, 개미들이 먹이를 찾아 부지런히 몸을 움직입니다. 식물과 곤충들이 다정하게 살아가는 모습은 정겹기 그지없어요. 신사임당은 초충도의 대가예요. 율곡 이이의 어머니이며, 우아하고 정숙한 여인의 표본으로 인기를 한몸에 받고 있지만 그림에서도 일가를 이루었습니다.

신사임당 | 초충도 중 제1폭 : 가지와 벌 | 조선시대

신사임당 | 초충도 중 제2폭 : 수박과 들쥐 | 조선시대

신사임당 | 초충도 중 제3폭 : 원추리와 개구리 | 조선시대

신사임당 | 초충도 중 제4폭 : 산차조기와 사마귀 | 조선시대

신사임당은 이조시대를 통틀어 초충도에 관한 한 단연 최고의 화가였어요. 조금 과장해서 말한다면 조선시대에 그려진 초충도는 신사임당의 작품이라고 잘라 말할 정도예요. 초충도란 화초와 벌, 나비와 같은 곤충이 주제인 그림을 말합니다. 초충도와 유사한 그림으로 화조도가 있는데, 화조도는 꽃과 초목, 새가 주제인 그림을 뜻하지요. 그래서 키가 큰 나무와 꽃, 새를 조합한 화조도는 남성에, 작은 풀과 꽃, 그와 친밀한 관계인 곤충들을 묘사한 초충도는 여성에 비유하곤 합니다.

그림은 초충도의 대가다운 신사임당의 재능과 솜씨를 여실히 드러내고 있어요. 아름다운 색채와 시정이 넘치는 주제, 부드럽고 섬세한 붓 터치가 완벽한 조화를 이룹니다. 수박을 갉아먹는 저 생쥐들을 보세요. 평소에 느끼던 쥐에 대한 부정적인 선입견을 단숨에 사라지게 해요. 붉은 수박의 살점을 떼어먹는 앙증스런 모습은 저절로 미소를 자아내게 합니다. 신사임당은 자연을 노래하는 시인의 품성을 지녔던 것이 분명해요. 그렇지 않다면 하찮은 곤충과 식물, 들쥐들을 저토록 빛나는 존재로 부각시키지 않았겠지요.

신사임당은 메리안보다 무려 150여년이나 앞선 시기에 곤충과 화초가 주제인 그림을 그렸어요. 물론 그녀는 과학적인 자세로 곤충을 탐구했던 메리안과 달리 교양과 정서를 위한 목적에서 그림을 그렸어요. 그러나 두 여성화가는 영혼의 자매로 불릴 만큼 닮은 점이 많아요. 두 여성은 아무도 거들떠보지 않는 곤충과 식물에게 지대한 관심을 베풀었으며, 귀한 생명을 지녔다는 사실을 각인시켰어요. 그래서 감히 이런 추측을 해 봅니다. 혹 두 화가는 약자인 여성이었기 때문에 자신들과 같은 처지인 작은 생명체들에게 더욱 애정을 쏟지는 않았을까요?

김학현 선생님, 그동안 신기한 생물이야기로 저의 과학적 안목을 무한대로 넓혀주신 점, 깊이 감사드립니다. 끝으로 생물이야기를 매듭짓는 의미에서 곤충의 정의를 내려주셨으면 합니다.

하지만 어쩌면 이것이 가장 명쾌한 설명일 수 있겠어요. 잘 보시면 이들은 모두 몸이 여러 개의 체절로 되어 있고 몸이 딱딱한 외골격으로 덮여 있으며 탈피를 한다는 공통점을 갖습니다. 이런 공통점을 갖는 동물을 절지동물이라고 합니다만 절지동물이 모두 곤충은 아니지요. 그들 중에는 거미류와 갑각류, 다지류도 있습니다. 사실 동물 중에 가장 많은 것이 절지동물이고 그중에도 가장 많은 비중을 차지하는 것이 곤충입니다. 자연히 곤충이 지구에 서식하는 동물 중 가장 많은 개체가 살고 있는 것이고 그런 이유로 환경에 가장 잘 적응한 동물로 알려져 있어요. 그래서 지구는 사람의 세상이 아니라 곤충의 세상이라고 말하는 사람도 있습니다.

곤충의 몸은 크게 머리와 가슴, 배 이렇게 세 부분으로 구분되며 머리에 한 쌍의 촉각과 한 쌍의 겹눈이 있고 가슴에 세 쌍의 다리가 있어요. 또한 대부분 육상생활을 하고 변태를 합니다. 반면 새우나 게, 따개비, 가재 등이 속하는 갑각류는 몸이 머리, 가슴과 배의 두 부분으로 크게 구분되고 머리, 가슴에 두 쌍의 촉각과 한 쌍의 겹눈이 있고 다섯 쌍의 다리가 있습니다. 거미류는 촉각은 없고, 다리가 네 쌍이며 거미, 진드기, 전갈, 투구게 등이 이에 속합니다. 마지막으로 다지류는 몸이 머리와 몸통으로 구분되며 같은 구조의 여러 체절로 나누어져 있어요. 체절마다 한두 쌍의 다리가 있습니다. 지네나 그리마, 노래기 등이 바로 다지류의 대표적인 것이지요.

신사임당이 자신의 그림에 유독 곤충을 많이 그린 까닭은 다른 동물들보다도 곤충이 가장 흔하게 볼 수 있고 그만큼 친근했기 때문일 것이라는 생각이 듭니다. 하지만 현대 도시생활에서 곤충을 관찰하기란 그렇게 쉬운 일이 아니며 심지어 찾아보기조차 힘들게 되었어요. 그나마 자주 보이는 곤충마저도 개똥벌레, 개미, 귀뚜라미, 여치, 메뚜기처럼 정이 가고 친근한 것이 아니라 파리, 모기나 바퀴벌레처럼 우리를 괴롭히고 병을 옮기는 유해한 곤충이 대부분입니다. 아마도 이런 까닭 때문에 곤충하면 징그럽고 더럽다고 생각하는 사람들이 많은 것 같아요. 따지고 보면 우리에게 해가 되기보다는 득이 되고, 또한 지저분한 곤충보다는 아름답고 예쁜 곤충이 훨씬 더 많은데도 말입니다. 개미, 벌, 나비, 개똥벌레, 귀뚜라미를 떠올리면 곤충에 대한 이런 부정적인 생각이 좀 더 긍정적으로 바뀌지 않을까 싶군요. 그런 마음을 담아 신사임당이 우리에게 남긴 〈초충도〉를 애정 어린 시선으로 다시 한번 감상 ⋯⋯▸ p.310 해 보죠. 아마 그 작품 속에서 우리가 잃어버린 곤충의 아름다움과 친근함, 더 나아가 자연과 인간이 조화롭게 하나가 되어 살아가는 옛 선인들의 지혜마저 읽을 수 있을 것입니다. 여러분 꼭 기억하세요. 지구는 인간만을 위한 세상이 아닌 곤충을 위한 세상이기도 하다는 사실을 말입니다.

작품목록

위대한 두 여성화가가 그린 곤충의 세계

메리안 | 파인애플과 나비(수리남 곤충의 변태) - 곤충 그림책

　　　　파인애플과 바퀴벌레(수리남 곤충의 변태) - 곤충 그림책

　　　　주머니쥐와 사마귀(수리남 곤충의 변태) - 곤충 그림책

　　　　바나나와 참나무산누에나방(수리남 곤충의 변태) - 곤충 그림책

　　　　수리남 곤충의 변태에 실린 그림

아스트 | 과일바구니 | 1632년 경 | 목판에 유채

신사임당 | 초충도 | 조선시대

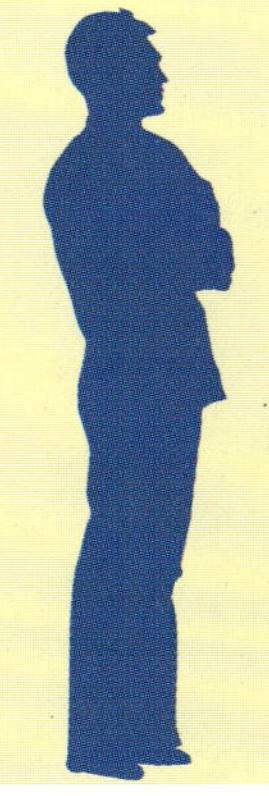

편집후기

세상에서 공짜란 없는 법이다. 이 말은 편집에도 지독하게도 잘 들어맞아 온갖 공력을 책 한 권에 쏟아 붓지 않으면 독자들을 만족시키기란 여간 어렵지 않다. 여러분이 들고 계신 이 한 권의 책을 위해 각 분야에서 내로라하는 다섯 분의 저자분들이 한자리에 모여 지난 6개월 동안 명화와 과학의 앙상블을 위해 최선을 다했다. 과학 공부라고는 대학 2학년 때가 마지막이었던 내게도 이 과정은 참으로 쉽지 않은 시간들이었다. 중·고등학교 교과서와 각종 과학서적, 예술서적을 뒤지며 저자분들과 목차를 상의하고 주제를 선별하는 과정들은 즐거움이기도 했지만 무거운 짐이기도 했다. 이 과정과 책 전체에 중추적인 힘을 발휘한 이명옥 관장님께 다시 한번 고개 숙여 감사한다. '뇌수가 녹아내린다.' 라는 그녀의 표현대로 이 한 권의 책에는 다섯 분의 저자와 편집자의 땀이 한데 어울린 노력의 결정체다.

바쁘신 와중에도 집필을 허락하신 한국 물리학계의 대부 김제완 박사님과 고민하는 편집자를 위해 위로와 격려를 아끼지 않으신 김학현 선생님, 그리고 지방에서 원고 집필로 고생하신 이식 선생님께도 그 노고와 열성에 감사의 말을 전한다. 원고 시간과 여러 일정을 가장 정확하고 깔끔하게 처리하신 이상훈 교수님의 땀방울에도 큰 박수를 보낸다.
끝으로 까다로운 편집자를 만나 결코 넉넉하지 않은 시간에 이 책을 편집디자인한 문선정님께 감사드리고, 귀찮은 자료 조회에도 눈살 한번 찌푸리지 않고 친절하게 도움을 주신 시공사 자료실 식구들에게도 고마움을 전한다.

이렇듯 어렵고 소중하게 엮은 이 책이 아무쪼록 오래 오래 독자들에게 사랑받기를 간구하며 이제 이 책을 세상 밖으로 내놓으려 한다. 한 권의 책이 아닌 다섯 권의 책을 한꺼번에 세상에 내놓는 포만감과 행복의 이 순간을 독자들과 함께 하고 싶다. 이 책을 통해 이제껏 경험하지 못했던 명화와 과학의 신세계를 여행하는 즐거움을 여러분이 꼭 만끽하길 바라면서 말이다.

2006년, 새로운 출발과 함께. 기획·편집 전우석

명화 속 흥미로운 과학이야기

2006년 1월 11일 | 초판　1쇄 발행
2017년 5월 30일 | 초판 10쇄 발행

지은이 | 이명옥, 김제완, 김학현, 이상훈, 이식
발행인 | 이원주

발행처 | (주)시공사
출판등록 | 1989년 5월 10일(제3-248호)

주소 | 서울시 서초구 사임당로 82(우편번호 06641)
전화 | 편집 (02)2046-2843 · 영업 (02)2046-2800
팩스 | 편집 · 영업 (02)585-1755
홈페이지 www.sigongart.com

ISBN 978-89-527-4513-2 03400